科学出版社"十四五"普通高等教育本科规划教材

大数据管理与应用系列教材

多元统计分析

党耀国 王俊杰 李雪梅／编著

科学出版社

北京

内 容 简 介

本书系统地介绍了多元统计分析中的经典理论和方法，重点讲解了多元正态总体的参数估计和假设检验、聚类分析、判别分析、主成分分析、因子分析、对应分析、典型相关分析。本书力求以统计思想为主线，以 SPSS 软件为工具，深入浅出地介绍各种多元统计方法的理论和应用，以大量实际问题为背景，介绍多元统计分析的基本概念和方法，具有很强的实用性；在基本原理和方法的介绍方面，本书尽量避免复杂的理论证明，通过大量通俗易懂的例子进行理论方法的讲解，具有较强的趣味性，又不失理论性，理论难度由浅入深，适合不同层次的读者。

本书将 SPSS 软件的学习和案例分析有机结合，体现了多元统计分析方法的应用。本书配备多媒体教学课件，可作为经济类、管理类等有关专业的高年级本科生或研究生教材，也适合自学多元统计分析的读者阅读参考。同时也为市场研究、数据分析等各个领域的实际工作者提供一本实用的多维数据分析参考书。

图书在版编目(CIP)数据

多元统计分析/党耀国，王俊杰，李雪梅编著．—北京：科学出版社，2024.3
科学出版社"十四五"普通高等教育本科规划教材　大数据管理与应用系列教材

ISBN 978-7-03-074662-7

Ⅰ.①多…　Ⅱ.①党…　②王…　③李…　Ⅲ.①多元分析–统计分析–高等学校–教材　Ⅳ.①O212.4

中国国家版本馆 CIP 数据核字(2023)第 013411 号

责任编辑：方小丽　王晓丽　/责任校对：贾伟娟
责任印制：吴兆东　/封面设计：有道设计

科学出版社 出版
北京东黄城根北街 16 号
邮政编码：100717
http://www.sciencep.com
北京中石油彩色印刷有限责任公司印刷
科学出版社发行　各地新华书店经销
*
2024 年 3 月第　一　版　　开本：787×1092　1/16
2025 年 1 月第三次印刷　　印张：12 3/4
字数：302 000

定价：48.00 元
(如有印装质量问题，我社负责调换)

前　言

党的二十大报告对强化网络、数据等安全保障体系建设作出重大决策部署。数据是数字经济发展的关键要素，其在不同应用场景间的流动为数字经济持续健康发展提供了强劲动力。多元统计分析是数据处理和大数据分析的重要工具之一，是近几十年来迅速发展起来的一门学科。随着计算机的普及和软件的发展，信息储存手段以及数据信息的成倍增长，多元统计分析在自然科学和社会科学的各个领域中得到了越来越广泛的应用，是一种非常重要和实用的多元数据处理方法。在实际中我们还面临复杂数据的处理问题，特别是研究客观事物中多个变量（或多个因素）之间相互依赖的统计规律性，它的重要理论基础之一就是多元统计分析。多元统计分析是统计学中一个非常重要的分支，是一套非常有用的数据处理方法。

到目前为止，世界上已经出版的多元统计分析教材不下百种，各种教材各有特色。实际上，对以解决实际问题为目标的经济管理类专业学生而言，最重要的是通过本门课程的学习，培养系统解决问题的能力，促成运用多元统计分析的知识解决实际问题。对此，在编写过程中，本书力求以统计思想为主线，深入浅出地介绍各种多元统计方法的理论和应用，并以经济管理中的实际问题为基本素材，强调实践中的理念和悟性，通过大量实际案例的分析和讲解，加深读者对实际问题的认识，增强其学习兴趣；深入浅出地讲解多元统计分析的基本概念、基本方法和求解思路，尽力避开纯粹数学上的复杂推导，易于学生理解和自学；教材体系结构清晰，包括了多元统计分析的经典理论和方法，内容选择安排合理，简单实用。本书适用于高等院校经济管理类专业的本科生和研究生，面向实际应用的工程类、管理类和各类管理干部进修班的学员。

书中内容包括多元统计分析概述、多元正态分布及其参数估计、多元正态分布均值向量和协差阵的检验、聚类分析、判别分析、主成分分析、因子分析、对应分析、典型相关分析等相关内容，最后介绍了 SPSS 软件的应用。其中第 1 章至第 4 章由党耀国执笔，第 5 章至第 7 章由王俊杰执笔，第 8 章至第 10 章由李雪梅执笔。

本书在编写过程中参考了一些国内外相关文献资料，书后列出了主要参考文献。本书的出版得到了科学出版社、南京航空航天大学研究生院、南京航空航天大学经济与管理学院的大力支持，在此一并表示衷心的感谢。由于作者水平有限，本书的疏漏和不足在所难免，敬请专家、学者及读者不吝指正，以便今后进一步修改与完善。

党耀国

2024 年 1 月

目　录

第1章 多元统计分析概述

1.1 引　言

多元统计分析是运用数理统计的方法来研究解决多变量（多指标）问题的理论和方法，是一元统计学的推广。

客观世界中任何事物的形成、变化和发展都受多种因素的影响，并且各种因素之间又存在着广泛而又错综复杂的联系。例如，疾病的产生就受到多种因素的支配，各种病因之间也常存在着一定的内在联系和相互制约。要了解一个国家、省、市经济发展的类型，需要观测很多指标，如人均国民收入、人均工农业产值、R&D（research and development，科学研究与试验发展）经费支出占 GDP（gross domestic product，国内生产总值）比重、万人科技活动人员数等；要衡量一个地区经济发展情况，需要观测的指标有社会消费品零售总额、城镇居民人均可支配收入、农村居民人均纯收入、劳动生产率、万元产值能耗、财政收入等。对于这些指标，我们需要分析哪些指标是主要的、本质的，哪些指标是次要的、片面的，它们之间的相互关系等问题。多元统计分析正是为了解决这些问题而产生的。

多元统计分析起源于 20 世纪初，1928 年，威沙特 (Wishart) 发表论文《多元正态总体样本协差阵的精确分析》，可以说是多元统计分析的开端。随后多元统计分析得到了迅速发展，20 世纪 40 年代多元统计分析在心理、教育、生物等方面有不少应用，但由于计算量大，其发展受到一定的影响。20 世纪 50 年代中期，随着电子计算机的出现和发展，多元统计分析在地质、气象、医学、社会学等方面得到应用。20 世纪 60 年代通过应用和实践，新的理论和方法不断涌现，多元统计分析的应用范围更加扩大。20 世纪 70 年代初期，多元统计分析在我国得到关注，并在理论研究和应用上取得了显著成绩，有些研究工作已达到了国际水平，并形成了一支科技队伍，活跃在各条战线上。进入 21 世纪，人们获得的数据正以前所未有的速度急剧增加，产生了许多超大型数据库，其遍及各个行业，这为多元统计分析与其他学科融合提供了重要的平台。

近几十年来，随着计算机应用技术的发展和科研生产的迫切需要，多元统计分析已被广泛地应用于工业、农业、医学、地质、气象、水文、环境以及经济、管理等诸多领域，成为解决实际问题的有效方法。多元统计学广泛吸收和融合相关学科的新理论，不断开发应用新技术和新方法，深化和丰富了统计学传统领域的理论与方法研究，并拓展了统计学研究的新领域。具体表现在以下方面。

（1）统计学和计算机科学相互促进。在统计信息搜集、存储和传递过程中利用计算机提高工作效率，使统计信息时空结构有了新发展；在网络推断、统计软件包、统计建模中的计算机诊断等方面，提出了统计思想直接转化为计算机软件，通过软件对统计过程实行控制，以及利用计算机程序识别模型、改善统计量性质的新方法。这些研究成果使人们认识到计算机技术正在促使统计研究发生革命性的变化。在软件质量评估和统计程序及方法对软件可靠性的检验等方面也有了新的发展。

（2）统计理论与分析方法不断发展。近年来，统计方法研究硕果累累，在贝叶斯方法、非线性时间序列、多元分析、统计计算、线性模型、极值统计、稳健统计、混沌理论和统计检验等方面取得大量研究成果。不同方法之间相互渗透、交叉融合，衍生出许多新的分析方法，如马尔可夫链在贝叶斯似然计算中的应用、参数估计方法的非参数校正等。

（3）统计调查方法的创新。调查方法是统计学的重要组成部分，近年来，在抽样理论与方法、抽样调查、实验设计等方面进行了大量探索，对于如何改进调查技术、减小抽样误差进行了研究。在调查过程的综合管理、不等概率抽样设计、分层总体的样本分配、抽样比例的回归分析和实验设计正交数组的构造方法等方面也有了新的突破。

1.2   多元统计分析的应用背景

通过阐述多元统计分析方法与研究目的、研究内容之间的关系，可以了解多元统计分析中每种方法能够解决的具体问题。它们之间的关系见表 1.1。

表 1.1   多元统计分析方法与研究内容之间的关系

问题	内容	方法
数据或结构性简化	尽可能简单地表示所研究的现象，但不损失很多有用的信息，并希望这种表示能够解释所研究问题的现象	聚类分析、主成分分析、因子分析
分类和组合	基于研究问题，对测量到的一些现象特征，给出好的分组方法，对相似的对象或变量分组	聚类分析、判别分析、主成分分析、因子分析
变量之间的相关关系	变量之间是否存在相关关系，相关关系又是如何体现的	典型相关分析、多元回归分析、主成分分析、因子分析
预测与决策	通过统计模型或最优准则，对未来进行预测或判断	多元回归分析
假设的提出与检验	检验多元总体参数的某种假设，并验证该假设的合理性	多元总体参数估计、假设检验

为了让读者从感性上加深对多元统计分析的认识，下面举例说明多元统计分析的应用领域。

1. 经济学

（1）在社会经济领域中存在着大量分类问题。例如，对我国 31 个省（自治区、直辖市）（不含港澳台）城镇居民收支分布规律进行分析，一般不是逐个省（自治区、直辖市）去分析，而是选取能反映城镇居民收支分布规律的代表性指标，如城镇居民收入来源及支出指标（在收入方面，如工资性收入、财产性收入等；在支出方面，如食品、住房、生活用品、文化等），根据这些指标对全国各省（自治区、直辖市）城镇居民收支分布情况进行分类，然后根据分类结果对城镇居民收支状况进行综合评价。

（2）研究国民收入（工农业国民收入、运输业国民收入等）与投资（生产建设投资、劳动者人数等）之间的相关关系，研究经济效益与资金、利税等主要财务指标之间的关系，这些可以使用相关分析法，也可以利用典型相关分析法。

（3）对我国 31 个省（自治区、直辖市）经济效益进行综合评价，需要选择很多指标，如固定资产投资完成额、工业全员劳动生产率、工业销售利税率、万元工业产值能耗、职工工资总额等。如何将这些有错综复杂关系的指标综合成几个较少的指标来分析和解释问题，又不至于使所研究的问题信息丢失过多。可利用主成分分析和因子分析方法。

（4）研究国民收入的生产、分配与最终使用的关系。例如，研究我国财政收入与国民收入、工农业总产值、人口、就业、固定资产投资等因素的关系，可利用回归分析方法建立预测模型，对今后的财政收入进行预测。

2. 工业

（1）例如，对我国 31 个省（自治区、直辖市）独立核算工业企业经济效益进行分析时，选取能反映企业经济效益的代表性指标，如百元固定资产实现利税、资金利税、产值利税率等，根据这些指标对全国各省（自治区、直辖市）进行分类，然后根据分类结果对企业经济效益进行综合评价，就易于得出科学的分析。

（2）考察某产品质量指标（多个）与影响产品质量的因素（多个）之间的关系。在商品需求研究中，考察商品销售量与商品价格、消费者收入等之间的关系，可以利用回归分析方法建立数学模型进行分析。

（3）研究某产品使用不同原料进行生产时，原料对产品质量有无显著影响；研究某商场今年与以前年份经营状况在经营指标方面有没有显著性的差异。可以利用多元正态总体均值向量和协差阵的假设检验进行分析。

3. 农业

（1）某地区种植某种农作物，有多种种子在该地区播种，有多种化肥，判断各种种子与化肥对该农作物产量的影响。

（2）有 n 个地区，有 m 种农作物，每个地区可以种植多种农作物，每种农作物在不同的地区的产出不同，可以通过比较分析哪个地区适合种植哪些农作物，使生产效率最高。

4. 教育学

（1）某高中对参加高考的考生成绩进行预测分析。根据以往大量的资料，分析考生高考成绩与高中学习期间成绩之间的相关关系，并根据该考生在高中学习期间的成绩预测考生的综合成绩。

（2）某大学对该校在校学生的学习成绩与该生高考入学成绩的各门课程成绩之间的关系进行分析。分析该校高考入学成绩的排队问题，可以按录取总成绩排队，也可以按其他方式排队，如某工科院校，直接按总成绩排队并不是很合适，可以根据某些要求，对数学、物理、化学、英语等课程进行加权求和排队，有些课程权重可能大一些，有些课程权重可能小一些，它们之间的权重如何确定是关键的问题。

（3）某高校根据 n 个学生在一学年的 m 门课程成绩，对学生学习成绩进行分类，以便确定该校学生奖学金类别。

5. 医学

（1）由于疾病的产生受到多种因素的支配，各种病因之间也常存在着一定的内在联系和相互制约，这就需要分析哪些因素是主要的、本质的，哪些因素是次要的、片面的，它们之间的相互关系如何等问题。

（2）如果知道胃炎患者和健康人的一些化验指标，就可以从这些化验指标发现两类人的区别。把这种区别资料利用判别分析方法建立诊断的准则，然后就可以根据其化验指标用判别公式进行诊断。

（3）可以根据患者的多种症状（体温、恶心、呕吐、腹部压疼感等），来判断该患者的患病情况。

6. 社会学

（1）某公司对招聘人员的知识和能力进行测评，主要测评六个方面的内容：语言表达能力、逻辑思维能力、判断事物的敏捷和果断程度、思想修养、兴趣爱好、生活常识等，根据这六个方面的内容对招聘人员进行综合评价，决定是否录取。

（2）某调查公司从一个大型零售公司随机调查 n 人，测量 5 个职业特性指标和 7 个职业满意变量。职业特性指标如用户反馈、任务重要性、任务多样性、任务特殊性、自主权，各职业满意变量如主管满意度、事业前景满意度、财政满意度、工作强度满意度、公司地位满意度、工作满意度、总体满意度，讨论两组指标之间是否相联系。

7. 体育学

（1）如何对影响运动员成绩的多项心理、生理测试指标（简单反应、时间知觉、综合反应等）进行主要因素分析。

（2）研究运动员体能指标（反复横向跳、立定体前屈、俯卧上体后仰等）与运动能力测试指标（耐力跑、跳远、投球等）之间的相关关系。

8. 气象学

根据气象站资料，研究某地降雨量与前一天的气温、气压、湿度、风速、风向等之间的关系；有 n 个地区的降雨量、气温、湿度等指标，根据这些指标判断这 n 个地区所属的气候类型。

9. 其他

多元统计分析方法在其他很多领域也有广泛的应用，如环境保护、地质学、考古学、地震预报、军事科学、生态学、文学、心理学等。

第 2 章 多元正态分布及其参数估计

在多元统计分析中，多元正态分布占有重要的地位，这是因为许多实际问题涉及的随机变量大都服从正态分布或近似服从正态分布。因此首先介绍多元正态分布的基本概念与性质。

2.1 基本概念

1. 随机向量及其概率分布

本章讨论的是多个变量的总体，所研究的数据是由多个指标构成的，又是观测 n 次得到的，因此常常把它们看成一个整体进行研究。

定义 2.1 将 p 个随机变量 $X_1, X_2, \cdots, X_p$ 的整体称为 p 维随机向量，记为 $X = (X_1, X_2, \cdots, X_p)^{\mathrm{T}}$。

在多元统计中，仍将所研究的对象称为总体。它是由许多个个体构成的集合，如果构成总体的个体是具有 p 个需要观测指标的个体，则称这样的总体为 p 维总体。由于从 p 维总体中随机抽取一个个体，而 p 个指标观测值依赖于被抽到的个体，因此 p 维总体可用一个 p 维随机向量来表示。若从 p 维总体中观测了 n 个个体，称每一个个体的 p 个变量组成为一个样品，而全体 n 个样品组成一个样本。常把 n 个样品排成一个 $n \times p$ 矩阵，记为

$$
X = \begin{bmatrix} x_{11} & x_{12} & \cdots & x_{1p} \\ x_{21} & x_{22} & \cdots & x_{2p} \\ \vdots & \vdots & & \vdots \\ x_{n1} & x_{n2} & \cdots & x_{np} \end{bmatrix} = \begin{bmatrix} X_{(1)}^{\mathrm{T}} \\ X_{(2)}^{\mathrm{T}} \\ \vdots \\ X_{(n)}^{\mathrm{T}} \end{bmatrix} = (X_1, X_2, \cdots, X_p)
$$

多维随机向量的统计特性可用它的分布函数来完整地描述。

定义 2.2 设 $X = (X_1, X_2, \cdots, X_p)^{\mathrm{T}}$ 是 p 维随机向量，称

$$
F(x) = F(x_1, x_2, \cdots, x_p) = P(X_1 \leqslant x_1, X_2 \leqslant x_2, \cdots, X_p \leqslant x_p)
$$

为 X 的联合分布函数，简称为分布函数，记为 $X \sim F(x)$，其中 $x = (x_1, x_2, \cdots, x_p)^{\mathrm{T}} \in R^p$，$R^p$ 表示 p 维欧氏空间。

定义 2.3 设 $X = (X_1, X_2, \cdots, X_p)^{\mathrm{T}}$ 是 p 维随机向量，若存在有限个或可列个 p 维向量 $x_1, x_2, \cdots, x_p$，记为 $P(X = x_k) = p_k, (k = 1, 2, \cdots)$，且满足 $p_1 + p_2 + \cdots = 1$，则称 X 为离散型随机向量，称 $P(X = x_k) = p_k, (k = 1, 2, \cdots)$ 为 X 的概率分布。

若存在一个非负函数 $f(x_1, x_2, \cdots, x_p)$，使得对于一切 $x = (x_1, x_2, \cdots, x_p)^T \in R^p$ 有

$$F(x) = F(x_1, x_2, \cdots, x_p) = \int_{-\infty}^{x_1} \cdots \int_{-\infty}^{x_p} f(t_1, t_2, \cdots, t_p) \mathrm{d}t_1 \mathrm{d}t_2 \cdots \mathrm{d}t_p$$

则称 X 为连续型随机向量，称 $f(x_1, x_2, \cdots, x_p)$ 为 X 的联合分布密度函数，简称密度函数或分布密度。

一个 p 元函数 $f(x_1, x_2, \cdots, x_p)$ 能作为 R^p 中某个随机向量的密度函数，它必须满足条件：

(1) $f(x_1, x_2, \cdots, x_p) \geqslant 0, \quad \forall (x_1, x_2, \cdots, x_p)^T \in R^p$；

(2) $\int_{-\infty}^{+\infty} \cdots \int_{-\infty}^{+\infty} f(t_1, t_2, \cdots, t_p) \mathrm{d}t_1 \mathrm{d}t_2 \cdots \mathrm{d}t_p = 1$。

离散型随机向量的统计性质可由它的概率分布完全确定，连续型随机向量的统计性质可由它的分布密度完全确定。

例 2.1 试证函数

$$f(x_1, x_2) = \begin{cases} \mathrm{e}^{-(x_1+x_2)}, & x_1 \geqslant 0, x_2 \geqslant 0 \\ 0, & \text{其他} \end{cases}$$

为随机向量 $X = (x_1, x_2)^T$ 的密度函数。

证明 只要证明它满足密度函数的两个条件即可：

(1) 显然，当 $x_1 \geqslant 0, x_2 \geqslant 0$ 时，有 $f(x_1, x_2) \geqslant 0$；

(2) $\displaystyle\int_{-\infty}^{+\infty} \int_{-\infty}^{+\infty} f(x_1, x_2) \mathrm{d}x_1 \mathrm{d}x_2 = \int_{0}^{+\infty} \int_{0}^{+\infty} \mathrm{e}^{-(x_1+x_2)} \mathrm{d}x_1 \mathrm{d}x_2$

$$= \int_{0}^{+\infty} \left[\int_{0}^{+\infty} \mathrm{e}^{-(x_1+x_2)} \mathrm{d}x_1 \right] \mathrm{d}x_2$$

$$= \int_{0}^{+\infty} \mathrm{e}^{-x_2} \mathrm{d}x_2 = 1$$

定义 2.4 设 $X = (X_1, X_2, \cdots, X_p)^T$ 是 p 维随机向量，它的分布函数为 $F(x_1, x_2, \cdots, x_p)$，则

$$F_{(X_1, X_2, \cdots, X_r)}(x_1, x_2, \cdots, x_r) = P(X_1 \leqslant x_1, X_2 \leqslant x_2, \cdots, X_r \leqslant x_r)$$

$$= F(x_1, x_2, \cdots, x_r, +\infty, +\infty, \cdots, +\infty)$$

称为随机向量 $(X_1, X_2, \cdots, X_r)^T$ 的边缘分布函数。

$$f(x_1, x_2, \cdots, x_r) = \int_{-\infty}^{+\infty} \cdots \int_{-\infty}^{+\infty} f(t_1, t_2, \cdots, t_p) \mathrm{d}t_{r+1} \mathrm{d}t_{r+2} \cdots \mathrm{d}t_p$$

称 $f(x_1, x_2, \cdots, x_r)$ 为随机向量 $(X_1, X_2, \cdots, X_r)^\mathrm{T}$ 的边缘分布密度函数, 简称为边缘密度函数。

例 2.2 对例 2.1 中的 $X = (x_1, x_2)^\mathrm{T}$, 求边缘密度函数。

解 $f_1(x_1) = \displaystyle\int_0^\infty \mathrm{e}^{-(x_1+x_2)}\mathrm{d}x_2 \begin{cases} \displaystyle\int_0^\infty \mathrm{e}^{-(x_1+x_2)}\mathrm{d}x_2 = \mathrm{e}^{-x_1}, & x_1 \geqslant 0 \\ 0, & \text{其他} \end{cases}$

同理可得

$$f_2(x_2) = \begin{cases} \mathrm{e}^{-x_2}, & x_2 \geqslant 0 \\ 0, & \text{其他} \end{cases}$$

定义 2.5 设 $X = (X_1, X_2, \cdots, X_p)^\mathrm{T}$ 是 p 维随机向量, 若 p 个随机变量 $X_1, X_2, \cdots, X_p$ 的联合分布函数 $F(x_1, x_2, \cdots, x_p)$ 等于各自的边缘分布函数的乘积, 则称随机变量 $X_1, X_2, \cdots, X_p$ 是相互独立的。即

$$F(x_1, x_2, \cdots, x_p) = \prod_{i=1}^p F_{x_i}(x_i)$$

若 p 个随机变量 $X_1, X_2, \cdots, X_p$ 的联合密度函数 $f(x_1, x_2, \cdots, x_p)$ 等于各自的边缘密度函数的乘积, 则称随机变量 $X_1, X_2, \cdots, X_p$ 是相互独立的。即

$$f(x_1, x_2, \cdots, x_p) = \prod_{i=1}^p f_{x_i}(x_i)$$

需要注意的是, 若 $X_1, X_2, \cdots, X_p$ 相互独立, 可以推知 X_i 与 X_j 独立 $(i \neq j)$, 但反之不成立。

例 2.3 试问例 2.2 中的 X_1 与 X_2 是否相互独立?

解 由于 $f(x_1, x_2) = \begin{cases} \mathrm{e}^{-(x_1+x_2)}, & x_1 \geqslant 0, x_2 \geqslant 0 \\ 0, & \text{其他} \end{cases}$

$$f_1(x_1) = \begin{cases} \mathrm{e}^{-x_1}, & x_1 \geqslant 0 \\ 0, & \text{其他} \end{cases}$$

$$f_2(x_2) = \begin{cases} \mathrm{e}^{-x_2}, & x_2 \geqslant 0 \\ 0, & \text{其他} \end{cases}$$

$$f(x_1, x_2) = f_1(x_1) \cdot f_2(x_2)$$

故 X_1 与 X_2 相互独立。

2. 随机向量的数字特征

定义 2.6 设 $X = (X_1, X_2, \cdots, X_p)^\mathrm{T}$ 是 p 维随机向量, 若 $E(X_i)(i = 1, 2, \cdots, p)$ 存在且有限, 则称 $E(X) = (E(X_1), E(X_2), \cdots, E(X_p))$ 为 X 的数学期望, 通常把 $E(X)$ 和 $E(X_i)$ 分别记为 μ 和 μ_i, 即

$$E(X) = \mu = (\mu_1, \mu_2, \cdots, \mu_p)$$

随机向量的数学期望具有下列性质:

(1) $E(AX) = AE(X)$

(2) $E(AXB) = AE(X)B$

(3) $E(AX + BY) = AE(X) + BE(Y)$

其中, X, Y 为随机向量, A, B 为大小适合运算的常数矩阵。

定义 2.7 设 $X = (X_1, X_2, \cdots, X_p)^{\mathrm{T}}$ 具有数学期望, 则称

$$D(X) = E(X - E(X))(X - E(X))^{\mathrm{T}}$$

$$= \begin{bmatrix} \mathrm{Cov}(X_1, X_1) & \mathrm{Cov}(X_1, X_2) & \cdots & \mathrm{Cov}(X_1, X_p) \\ \mathrm{Cov}(X_2, X_1) & \mathrm{Cov}(X_2, X_2) & \cdots & \mathrm{Cov}(X_2, X_p) \\ \vdots & \vdots & & \vdots \\ \mathrm{Cov}(X_p, X_1) & \mathrm{Cov}(X_p, X_2) & \cdots & \mathrm{Cov}(X_p, X_p) \end{bmatrix}$$

为随机向量 X 的协方差矩阵。

$D(X)$ 简记为 Σ, $\mathrm{Cov}(X_i, X_j)$ 简记为 σ_{ij}^2。从而有

$$\Sigma = (\sigma_{ij}^2)_{p \times p}$$

Σ 为对称矩阵。当 $p = 1$ 时, Σ 就是一元统计分析中的方差。

定义 2.8 设随机向量 $X = (X_1, X_2, \cdots, X_p)^{\mathrm{T}}, Y = (Y_1, Y_2, \cdots, Y_p)^{\mathrm{T}}$, 则称

$$\mathrm{Cov}(X, Y) = E(X - E(X))(Y - E(Y))^{\mathrm{T}}$$

$$= \begin{bmatrix} \mathrm{Cov}(X_1, Y_1) & \mathrm{Cov}(X_1, Y_2) & \cdots & \mathrm{Cov}(X_1, Y_p) \\ \mathrm{Cov}(X_2, Y_1) & \mathrm{Cov}(X_2, Y_2) & \cdots & \mathrm{Cov}(X_2, Y_p) \\ \vdots & \vdots & & \vdots \\ \mathrm{Cov}(X_p, Y_1) & \mathrm{Cov}(X_p, Y_2) & \cdots & \mathrm{Cov}(X_p, Y_p) \end{bmatrix}$$

为随机向量 X 与 Y 的协方差矩阵。

两个随机向量的协方差矩阵一般不是对称的。

当 $X = Y$ 时, 有

$$\mathrm{Cov}(X, Y) = E(X - E(X))(Y - E(Y))^{\mathrm{T}} = D(X) = \Sigma$$

若 $X = (X_1, X_2, \cdots, X_p)^{\mathrm{T}}$ 的协方差矩阵存在, 且每个分量的方差大于零, 则称

$$\rho_{ij} = \frac{\sigma_{ij}^2}{\sqrt{\sigma_{ii}^2}\sqrt{\sigma_{jj}^2}} = \frac{\mathrm{Cov}(X_{ij})}{\sqrt{\mathrm{Var}(X_i)}\sqrt{\mathrm{Var}(X_j)}}$$

为 X_i 与 X_j 的相关系数。

由相关系数 ρ_{ij} 组成的矩阵

$$R = (\rho_{ij})_{p \times p} = \begin{bmatrix} \rho_{11} & \rho_{12} & \cdots & \rho_{1p} \\ \rho_{21} & \rho_{22} & \cdots & \rho_{2p} \\ \vdots & \vdots & & \vdots \\ \rho_{p1} & \rho_{p2} & \cdots & \rho_{pp} \end{bmatrix}$$

称为随机向量 X 的相关矩阵。

在数据处理时，为了克服由于指标的量纲不同给统计分析结果带来的影响，在使用各种统计分析之前，常常将每个指标 "标准化"，即进行如下变换：

$$X_j^* = \frac{X_j - E(X_j)}{\sqrt{D(X_j)}}, \quad j = 1, 2, \cdots, p$$

由上式构成的随机向量记为

$$X^* = (X_1^*, X_2^*, \cdots, X_p^*)^{\mathrm{T}}$$

设

$$C = \begin{bmatrix} \sigma_{11} & & 0 \\ & \ddots & \\ 0 & & \sigma_{pp} \end{bmatrix}$$

有

$$X_j^* = C^{-1}(X - E(X))$$

$$E(X_j^*) = E[C^{-1}(X - E(X))] = C^{-1}E[(X - E(X))] = 0$$

$$D(X_j^*) = D[C^{-1}(X - E(X))] = C^{-1}D[(X - E(X))]C^{-1} = C^{-1}D(X)C^{-1} = C^{-1}\Sigma C^{-1} = R$$

则有 $\Sigma = CRC$。

这说明由 Σ, C 可以得到 R，也可以由 C, R 得到 Σ，并且由于 $\Sigma \geqslant 0$，可知 $R \geqslant 0$。

上式还说明标准化数据的协方差矩阵正好是原指标的相关矩阵。

若 $\mathrm{Cov}(X, Y) = 0$，则称 X 和 Y 不相关。

由 X 和 Y 相互独立，可推知 $\mathrm{Cov}(X, Y) = 0$，即 X 和 Y 不相关，但反过来当 X 和 Y 不相关时，一般不能推得它们相互独立。

协方差矩阵有以下性质：

（1）$D(X) \geqslant 0$，即 X 的协方差矩阵是对称非负定阵；

（2）$D(X + a) = D(X)$，对任意的常数向量 a；

（3）设 A, B 为常数矩阵，$\mathrm{Cov}(AX, BY) = A\mathrm{Cov}(X, Y)B^{\mathrm{T}}$；

（4）设 A 为常数矩阵，则 $D(AX) = AD(X)A^{\mathrm{T}}$。

其中，a, A, B 为大小适合运算的常数向量和矩阵。

2.2 多元正态分布

1. 多元正态分布的定义

多元正态分布在多元统计分析中的重要地位，与一元统计分析中一元正态分布所占的地位一样。多元统计分析中的许多重要理论和方法都是直接或间接建立在正态分布的基础上的，多元正态分布是多元统计分析的基础。此外在实用中遇到的随机向量常常是服从正态分布或近似服从正态分布。因此现实世界中许多实际问题的解决办法都是以总体服从正态分布或近似服从正态分布为前提的。

定义 2.9 若 p 维随机向量 $X = (X_1, X_2, \cdots, X_p)^{\mathrm{T}}$ 的密度函数为

$$f(x_1, x_2, \cdots, x_p) = \frac{1}{(2\pi)^{p/2} |\Sigma|^{1/2}} \exp\left\{-\frac{1}{2}(x - \mu)^{\mathrm{T}} \Sigma^{-1}(x - \mu)\right\}$$

其中，$x = (x_1, x_2, \cdots, x_p)^{\mathrm{T}}$，$\mu$ 是 p 维向量，Σ 是 p 阶正定矩阵，则称 X 服从 p 元正态分布，简记为 $X \sim N_p(\mu, \Sigma)$，μ 是随机向量 X 的数学期望，Σ 是随机向量 X 的协方差矩阵。

当 $|\Sigma| = 0$ 时，Σ^{-1} 不存在，随机向量 X 也就不存在通常意义下的密度函数，然而可以形式地给出一个表达式，使得有些问题可以利用这一形式对 $|\Sigma| \neq 0$ 及 $|\Sigma| = 0$ 的情况给出一个统一的处理，在此不再详述，有兴趣的读者可参考相应的参考书。

当 $p = 2$ 时，设 $X = (X_1, X_2)$ 服从二元正态分布，则

$$\Sigma = \begin{bmatrix} \sigma_{11} & \sigma_{12} \\ \sigma_{21} & \sigma_{22} \end{bmatrix} = \begin{bmatrix} \sigma_1^2 & \sigma_1\sigma_2\rho \\ \sigma_2\sigma_1\rho & \sigma_2^2 \end{bmatrix} \quad \rho \neq \pm 1$$

其中，σ_1^2, σ_2^2 分别是 X_1, X_2 的方差，ρ 是 X_1, X_2 的相关系数。即有

$$|\Sigma| = \sigma_1^2 \sigma_2^2 (1 - \rho^2)$$

$$\Sigma^{-1} = \frac{1}{\sigma_1^2 \sigma_2^2 (1 - \rho^2)} \begin{bmatrix} \sigma_2^2 & -\sigma_1\sigma_2\rho \\ -\sigma_2\sigma_1\rho & \sigma_1^2 \end{bmatrix}$$

故 X_1, X_2 的密度函数为

$$f(x_1, x_2) = \frac{1}{2\pi\sigma_1\sigma_2 (1 - \rho^2)^{1/2}}$$

$$\cdot \exp\left[-\frac{1}{2(1 - \rho^2)}\left[\frac{(x_1 - \mu_1)^2}{\sigma_1^2} - 2\rho\frac{(x_1 - \mu_1)(x_2 - \mu_2)}{\sigma_1\sigma_2} + \frac{(x_2 - \mu_2)^2}{\sigma_2^2}\right]\right]$$

对于 $\rho = 0$，X_1 与 X_2 是相互独立的；如果 $\rho > 0$，则 X_1 与 X_2 正相关；如果 $\rho < 0$，则 X_1 与 X_2 负相关。

　　定理 2.1　设 $X \sim N_p(\mu, \Sigma)$，则有 $E(X) = \mu, D(X) = \Sigma$。

　　这里需要说明的是，多元正态分布的定义有多种，可以采用特征函数来定义，也可以采用线性组合的方式来定义。

2. 多元正态分布的基本性质

　　在讨论多元统计分析的理论和方法时，经常会用到多元正态变量的某些性质，利用这些性质可使得正态分布的处理变得更容易一些。

　　（1）若 $X = (X_1, X_2, \cdots, X_p)^{\mathrm{T}} \sim N_p(\mu, \Sigma)$，$\Sigma$ 是对角阵，则 $X_1, X_2, \cdots, X_p$ 相互独立。

　　（2）若 $X = (X_1, X_2, \cdots, X_p)^{\mathrm{T}} \sim N_p(\mu, \Sigma)$，$A$ 是 $s \times p$ 的常数矩阵，d 为 s 维常数向量，则 $AX + d \sim N_s(A\mu + d, A\Sigma A^{\mathrm{T}})$。

　　即正态随机向量的任意线性组合仍然服从正态分布。

　　（3）若 $X = (X_1, X_2, \cdots, X_p)^{\mathrm{T}} \sim N_p(\mu, \Sigma)$，将 X, μ, Σ 作如下划分

$$X = \begin{bmatrix} Y_1 \\ Y_2 \end{bmatrix}, \mu = \begin{bmatrix} \mu_1 \\ \mu_2 \end{bmatrix}, \Sigma = \begin{bmatrix} \Sigma_{11} & \Sigma_{12} \\ \Sigma_{21} & \Sigma_{22} \end{bmatrix}$$

　　则

$$Y_1 \sim N_q(\mu_1, \Sigma_{11}), Y_2 \sim N_{p-q}(\mu_2, \Sigma_{22})$$

　　注意：（1）多元正态分布的边缘分布仍为正态分布，但反之不成立。

　　（2）由于 $\Sigma_{12} = \mathrm{Cov}(X_1, X_2)$，故 $\Sigma_{12} = 0$ 表示 X_1 与 X_2 不相关。对于正态分布而言，X_1 与 X_2 不相关与它们独立是等价的。

　　顺便指出，多元分析中的很多统计方法，大都假定数据来自多元正态总体。但是要判断已有的一批数据是否来自多元正态总体，并不是一件容易的事情。但是反过来要确定数据不是来自正态总体，倒是有一些简易的方法，其依据是：如果 $X = (X_1, X_2, \cdots, X_p)^{\mathrm{T}}$ 服从 p 元正态分布，则每个分量必须服从一元正态分布，因此把某个分量的 n 个样本值作成直方图，如果断定其不呈正态分布，就可以断定随机向量 $X = (X_1, X_2, \cdots, X_p)^{\mathrm{T}}$ 也不可能服从 p 元正态分布。

2.3　多元正态分布的参数估计

　　在实际应用中，多元正态分布中的均值向量 μ 与协方差阵 Σ 通常是未知的，需要由样本来估计，参数估计的方法很多，这里只介绍最常用的最大似然估计法。

1. 多元样本的概念

　　从多元总体中随机抽取 n 个个体 $X_{(1)}, X_{(2)}, \cdots, X_{(n)}$，若 $X_{(1)}, X_{(2)}, \cdots, X_{(n)}$ 相互独立且与总体 X 同分布，则称 $X_{(1)}, X_{(2)}, \cdots, X_{(n)}$ 为该总体的一个多元随机样本，简称为简单样本。样本中的每一个个体称为样品，样本中含有的样品的个数称为样本容量。

　　多元总体的样本观测数据常是观测 n 个样品的 p 个变量的取值，因此多元总体的样本观测数据用一个 $n \times p$ 的矩阵 X 表示

$$X = \begin{bmatrix} x_{11} & x_{12} & \cdots & x_{1p} \\ x_{21} & x_{22} & \cdots & x_{2p} \\ \vdots & \vdots & & \vdots \\ x_{n1} & x_{n2} & \cdots & x_{np} \end{bmatrix} = \begin{bmatrix} X_{(1)}^{\mathrm{T}} \\ X_{(2)}^{\mathrm{T}} \\ \vdots \\ X_{(n)}^{\mathrm{T}} \end{bmatrix}$$

（1）多元样本中的每个样品，对 p 个指标的观测值往往是有相关关系的，但不同样品之间的观测值一定是相互独立的。

（2）多元分析处理的多元样本观测值一般都属于横截面数据，即在同一时间横截面上的数据。

（3）对于数据按时间顺序排列的，它属于多元时间序列分析研究的范畴。

2. 多元样本的数字特征

设 $X_{(1)}, X_{(2)}, \cdots, X_{(n)}$ 为来自 p 元总体的样本。其中 $X_{(i)} = (X_{i1}, X_{i2}, \cdots, X_{ip})$，$i=1, 2, \cdots, n$。

（1）样本均值向量

$$\hat{\mu} = \bar{X} = \frac{1}{n}\sum_{i=1}^{n} X_{(i)} = \begin{bmatrix} \dfrac{1}{n}\sum_{i=1}^{n} X_{i1} \\ \dfrac{1}{n}\sum_{i=1}^{n} X_{i2} \\ \vdots \\ \dfrac{1}{n}\sum_{i=1}^{n} X_{ip} \end{bmatrix} = \begin{bmatrix} \bar{X}_1 \\ \bar{X}_2 \\ \vdots \\ \bar{X}_p \end{bmatrix}$$

$\bar{X}_i$ 是样本数据矩阵第 i 列数据的平均值。

（2）样本离差阵

$$\begin{aligned} S_{p\times p} &= \sum_{i=1}^{n}(X_{(i)} - \bar{X})(X_{(i)} - \bar{X})^{\mathrm{T}} \\ &= \begin{bmatrix} \sum\limits_{i=1}^{n}(X_{i1}-\bar{X}_1)^2 & \sum\limits_{i=1}^{n}(X_{i1}-\bar{X}_1)(X_{i2}-\bar{X}_2)^{\mathrm{T}} & \cdots & \sum\limits_{i=1}^{n}(X_{i1}-\bar{X}_1)(X_{ip}-\bar{X}_p)^{\mathrm{T}} \\ \sum\limits_{i=1}^{n}(X_{i2}-\bar{X}_2)(X_{i1}-\bar{X}_1)^{\mathrm{T}} & \sum\limits_{i=1}^{n}(X_{i2}-\bar{X}_2)^2 & \cdots & \sum\limits_{i=1}^{n}(X_{i2}-\bar{X}_2)(X_{ip}-\bar{X}_p)^{\mathrm{T}} \\ \vdots & \vdots & & \vdots \\ \sum\limits_{i=1}^{n}(X_{ip}-\bar{X}_p)(X_{i1}-\bar{X}_1)^{\mathrm{T}} & \sum\limits_{i=1}^{n}(X_{ip}-\bar{X}_p)(X_{i2}-\bar{X}_2)^{\mathrm{T}} & \cdots & \sum\limits_{i=1}^{n}(X_{ip}-\bar{X}_p)^2 \end{bmatrix} \\ &= \begin{bmatrix} s_{11} & s_{12} & \cdots & s_{1p} \\ s_{21} & s_{22} & \cdots & s_{2p} \\ \cdots & \cdots & & \cdots \\ s_{p1} & s_{p2} & \cdots & s_{pp} \end{bmatrix} = (s_{ij})_{p\times p} \end{aligned}$$

（3）样本协方差矩阵

$$\hat{\Sigma} = V = \frac{S}{n} = \left(\frac{1}{n} \sum_{\alpha=1}^{n} (X_{\alpha i} - \bar{X}_i)(X_{\alpha j} - \bar{X}_j)^{\mathrm{T}} \right)_{p \times p} = (v_{ij})_{p \times p}$$

（4）样本相关矩阵

$$R = (r_{ij})_{p \times p}$$

其中：

$$r_{ij} = \frac{v_{ij}}{\sqrt{v_{ii}}\sqrt{v_{jj}}} = \frac{s_{ij}}{\sqrt{s_{ii}}\sqrt{s_{jj}}}$$

3. 均值向量和协方差矩阵的最大似然估计及其性质

多元正态分布有两组参数，均值向量 μ 和协方差矩阵 Σ，在许多问题中它们是未知的，需要通过样本来估计。那么，通过样本来估计总体的参数称为参数估计。

设 $X_{(1)}, X_{(2)}, \cdots, X_{(n)}$ 为来自 p 元正态总体 $N_p(\mu, \Sigma)$，容量为 n 的样本，每个样品 $X_{(i)} = (X_{i1}, X_{i2}, \cdots, X_{ip})$，$i=1,2,\cdots,n$，样本矩阵为

$$X = \begin{bmatrix} x_{11} & x_{12} & \cdots & x_{1p} \\ x_{21} & x_{22} & \cdots & x_{2p} \\ \vdots & \vdots & & \vdots \\ x_{n1} & x_{n2} & \cdots & x_{np} \end{bmatrix}$$

则用最大似然法求出的 μ 和 Σ 的估计量分别为

$$\hat{\mu} = \bar{X}, \quad \hat{\Sigma} = S/n$$

μ 和 Σ 的估计量有如下性质。

（1）$E(\bar{X}) = \mu$，即 $\bar{X}$ 是 μ 的无偏估计量；

$E\left(\frac{1}{n}S \right) = \frac{n-1}{n}\Sigma$，即 S/n 不是 Σ 的无偏估计量；

$E\left(\frac{1}{n-1}S \right) = \Sigma$，即 $\frac{1}{n-1}S$ 是 Σ 的无偏估计量；

（2）$\bar{X}, \frac{1}{n-1}S$ 分别是 μ, Σ 的有效估计量；

（3）$\bar{X}, \frac{1}{n-1}S$ 分别是 μ, Σ 的一致估计量。

样本均值向量与样本协方差矩阵在多元统计推断中具有十分重要的作用，并有如下性质。

定理 2.2　设 $\bar{X}, S$ 分别是正态总体 $N_p(\mu, \Sigma)$ 的样本均值向量和离差阵，则

（1）$\bar{X} \sim N_p\left(\mu, \dfrac{1}{n}\Sigma\right)$;

（2）$\bar{X}$ 与 S 相互独立;

（3）离差阵 S 可以写为

$$S = \sum_{i=1}^{n-1} Z_i Z_i^{\mathrm{T}}$$

其中, $Z_1, Z_2, \cdots, Z_{n-1}$ 独立同分布于 $N_p(0, \Sigma)$。

（4）离差阵 S 为正定矩阵的充要条件是 $n > p$。

4. 威沙特 (Wishart) 分布

在实际应用中, 常用 $\bar{X}$ 和 $\dfrac{1}{n-1}S$ 来估计 μ 和 Σ, 前面已经指出, 均值向量 $\bar{X}$ 仍服从正态分布, 而离差阵 S 又服从什么分布呢? 为此给出威沙特分布, 并指出它是一元 χ^2 分布的推广, 也是构成其他分布的基础。

定义 2.10 设 $X_{(i)} = (X_{i1}, X_{i2}, \cdots, X_{ip})^{\mathrm{T}} \sim N_p(\mu_i, \Sigma), i = 1, 2, \cdots, n$ 且相互独立, 则由 $X_{(i)}$ 组成的随机矩阵

$$W_{p \times p} = \sum_{i=1}^{n} X_{(i)} X_{(i)}^{\mathrm{T}}$$

的分布称为非中心威沙特分布, 记为 $W_p(n, \Sigma, Z)$, 其中 $Z = \sum_{i=1}^{n} \mu_i \mu_i^{\mathrm{T}}$。

当 $\mu_i = 0$ 时, 称为中心威沙特分布, 记为 $W_p(n, \Sigma)$。

当 $p = 1, \Sigma = \sigma^2$ 时, 它就是 χ^2 分布。

下面给出威沙特分布的基本性质。

（1）若 $X_{(i)} \sim N_p(\mu, \Sigma), i = 1, 2, \cdots, n$ 且相互独立, 则样本离差阵 $S \sim W_p\left(n - 1, \Sigma\right)$;

（2）若 $S_i \sim W_p(n_i, \Sigma), i = 1, 2, \cdots, k$ 且相互独立, 则

$$S = S_1 + S_2 + \cdots + S_k \sim W_p(n_1 + n_2 + \cdots + n_k, \Sigma)$$

（3）若 $X \sim W_p(n, \Sigma)$, C 为非奇异矩阵, 则 $CXC^{\mathrm{T}} \sim W_p(n, c\Sigma c^{\mathrm{T}})$。

这里需要说明什么是随机矩阵的分布。随机矩阵的分布有不同的定义, 此处是利用已知向量分布的定义给出矩阵分布的定义。

设随机矩阵

$$X = \begin{bmatrix} x_{11} & x_{12} & \cdots & x_{1p} \\ x_{21} & x_{22} & \cdots & x_{2p} \\ \vdots & \vdots & & \vdots \\ x_{n1} & x_{n2} & \cdots & x_{np} \end{bmatrix}$$

将该矩阵的列向量（或行向量）一个接一个地连接起来，组成一个长的向量，即拉直向量

$$(X_{11}, X_{21}, \cdots, X_{n1}, X_{12}, X_{22}, \cdots, X_{n2}, X_{1p}, X_{2p}, \cdots, X_{np})$$

的分布定义为该矩阵的分布。若 X 为对称阵，由于 $X_{ij} = X_{ji}$，$p = n$，故只取其下三角部分组成的拉直向量即可。

习　　题

1. 设三维随机向量的联合密度函数为

$$f(x, y, z) = \begin{cases} kxyz, & 0 < x, y < 1, 0 < z < 3 \\ 0, & \text{其他} \end{cases}$$

（1）试求常数 k；

（2）随机变量 x, y, z 是否相互独立？

2. 设随机向量 $X = (X_1, X_2)^{\mathrm{T}}$ 的密度函数为

$$f(x_1, x_2) = \begin{cases} 2, & 0 \leqslant x_2 \leqslant x_1 \leqslant 1 \\ 0, & \text{其他} \end{cases}$$

试求：（1）$F(x_1, x_2)$；

　　　　（2）$f(x_1), f(x_2)$；

　　　　（3）X_1 与 X_2 相互独立。

3. 设三维随机向量 $X \sim N_3(\mu, 2I)$，已知

$$\mu = \begin{bmatrix} 2 \\ 0 \\ 0 \end{bmatrix}, A = \begin{bmatrix} 0.5 & -1 & 0.5 \\ -0.5 & 0 & -0.5 \end{bmatrix}, d = \begin{bmatrix} 1 \\ 2 \end{bmatrix}$$

试求 $Y = AX + d$ 的分布。

4. 设随机向量 $X = (X_1, X_2, X_3)^{\mathrm{T}}$ 的协方差矩阵为

$$\Sigma = \begin{bmatrix} 9 & 1 & -2 \\ 1 & 20 & 3 \\ -2 & 3 & 12 \end{bmatrix}$$

试求相关系数阵 R。

5. 试证多元正态总体 $N_p(\mu, \Sigma)$ 的样本均值向量 $\bar{X} \sim N_p\left(\mu, \dfrac{1}{n}\Sigma\right)$。

6. 试证多元正态总体 $N_p(\mu, \Sigma)$ 的样本协方差矩阵 $\dfrac{1}{n-1}S$ 为 Σ 的无偏估计量。

第 3 章 多元正态分布均值向量和协差阵的检验

3.1 均值向量的检验

1. 霍特林（Hotelling）T^2 分布

为了对多元正态分布均值向量作检验，首先需要给出霍特林 T^2 分布的定义。

定义 3.1 设 $X \sim N_p(\mu, \Sigma)$，$S \sim W_p(n, \Sigma)$，且 X 与 S 相互独立，$n \geqslant p$，则称统计量 $T^2 = nX^{\mathrm{T}}S^{-1}X$ 的分布为非中心霍特林 T^2 分布，记为 $T^2 \sim T^2(p, n, \mu)$。当 $\mu = 0$ 时，称 T^2 服从（中心）霍特林 T^2 分布，记为 $T^2 \sim T^2(p, n)$。

由于这一统计量的分布首先是由霍特林提出来的，故称为霍特林 T^2 分布。值得指出的是，我国著名的统计学家许宝騄在 1938 年用不同的方法也导出了 T^2 分布的密度函数。

在一元统计中，若 $X_1, X_2, \cdots, X_n$ 为来自总体 $N(\mu, \sigma^2)$ 的样本，则统计量

$$t = \frac{\bar{X} - \mu}{S/\sqrt{n}} \sim t(n-1)$$

其中

$$S = \frac{1}{n-1} \sum_{i=1}^{n} (X_i - \bar{X})^2$$

显然

$$t^2 = \frac{n(\bar{X} - \mu)^2}{S^2} = n(\bar{X} - \mu)^{\mathrm{T}}(S^2)^{-1}(\bar{X} - \mu)$$

与上面给出的 T^2 统计量形式类似，且 $\bar{X} - \mu \sim N_p\left(0, \dfrac{\sigma^2}{n}\right)$，可见 T^2 分布是 t 分布的推广。

在一元统计中，若 $t \sim t(n-1)$ 分布，则 $t^2 \sim F(1, n-1)$ 分布，即把 t 分布转化为 F 分布来处理，在多元统计分析中 T^2 统计量也有类似的性质。

定理 3.1 若 $X \sim N_p(0, \Sigma)$，$S \sim W_p(n, \Sigma)$，且 X 与 S 相互独立，令 $T^2 = nX^{\mathrm{T}}S^{-1}X$，则

$$\frac{n-p+1}{np}T^2 \sim F(p, n-p+1)$$

这个公式在后面检验中经常用到。

2. 一个正态总体均值向量的假设检验

设 $X_{(1)}, X_{(2)}, \cdots, X_{(n)}$ 为来自 p 元正态总体 $N_p(\mu, \Sigma)$，容量为 n 的样本，$n > p$，且

$$\bar{X} = \frac{1}{n} \sum_{i=1}^{n} X_{(i)}, \quad S = \sum_{i=1}^{n} (X_{(i)} - \overline{X})(X_{(i)} - \overline{X})^{\mathrm{T}}$$

（1）协方差阵 Σ 已知时，均值向量的检验。

$H_0: \mu = \mu_0(\mu_0$ 为已知向量)，$H_1: \mu \neq \mu_0$

假设 H_0 成立，检验统计量为

$$T_0^2 = n(\overline{X} - \mu_0)^{\mathrm{T}} \Sigma^{-1}(\overline{X} - \mu_0) \sim \chi^2(p)$$

给定显著性水平 α，查 χ^2 分布表，使 $P\{T_0^2 > \chi_\alpha^2\} = \alpha$，确定出临界值 χ_α^2。

再由样本值计算出 T_0^2，若 $T_0^2 > \chi_\alpha^2$，则拒绝 H_0，否则接受 H_0。

这里需要对统计量的选取做一些解释，说明为什么统计量服从 $\chi^2(p)$ 分布。根据二次型分布定理，若 $X \sim N_p(0, \Sigma)$，则 $X^{\mathrm{T}} \Sigma^{-1} X \sim \chi^2(p)$。显然

$$T_0^2 = n(\overline{X} - \mu_0)^{\mathrm{T}} \Sigma^{-1}(\overline{X} - \mu_0) = \sqrt{n}(\overline{X} - \mu_0)^{\mathrm{T}} \Sigma^{-1} \sqrt{n}(\overline{X} - \mu_0) = Y^{\mathrm{T}} \Sigma^{-1} Y$$

其中，$Y = \sqrt{n}(\overline{X} - \mu_0) \sim N_p(0, \Sigma)$。

因此 $T_0^2 = n(\overline{X} - \mu_0)^{\mathrm{T}} \Sigma^{-1}(\overline{X} - \mu_0) \sim \chi^2(p)$。

（2）协方差阵 Σ 未知时，均值向量的检验。

$H_0: \mu = \mu_0(\mu_0$ 为已知向量)，$H_1: \mu \neq \mu_0$

假设 H_0 成立，检验统计量为

$$F = \frac{(n-1) - p + 1}{(n-1)p} T^2 \sim F(p, n-p)$$

其中，$T^2 = (n-1)[\sqrt{n}(\overline{X} - \mu_0)^{\mathrm{T}} S^{-1} \sqrt{n}(\overline{X} - \mu_0)]$。

给定显著性水平 α，查 F 分布表，使 $P\{F > F_\alpha\} = \alpha$，确定出临界值 F_α。再由样本值计算出 F，若 $F > F_\alpha$，则拒绝 H_0，否则接受 H_0。

在处理实际问题时，单一变量的检验和多变量的检验可以联合使用，多元的检验具有概括和全面的特点，而一元的检验容易发现各变量之间的关系和差异，能给人们提供更多的统计分析的信息。

例 3.1 对某地区农村的 6 名 2 周岁男婴的身高、胸围、上半臂围进行测量，得样本数据如表 3.1 所示。

表 3.1　某地区农村男婴体格测量数据

编号	身高/cm	胸围/cm	上半臂围/cm
1	78	60.6	16.5
2	76	58.1	12.5
3	92	63.2	14.5
4	81	59.0	14.0
5	81	60.8	15.5
6	84	59.5	14.0

根据以往资料，该地区城市 2 周岁男婴的三个指标的均值为 (90, 58, 16)，假定总体服从正态分布，问该地区农村男婴与城市男婴在上述三个指标的均值有无显著性差异？显著性水平取 0.01。

解　这是一个假设检验问题

$$H_0: \mu = \mu_0 = (90, 58, 16), H_1: \mu \neq \mu_0$$

经计算 $\overline{X} = \begin{bmatrix} 82.0 \\ 60.2 \\ 14.5 \end{bmatrix}$，$\overline{X} - \mu_0 = \begin{bmatrix} -8.0 \\ 2.2 \\ -1.5 \end{bmatrix}$，$S = \begin{bmatrix} 31.60 & 8.04 & 0.50 \\ 8.04 & 3.17 & 1.31 \\ 0.50 & 1.31 & 1.90 \end{bmatrix}$

$$S^{-1} = \begin{bmatrix} 0.19 & -0.64 & 0.39 \\ -0.64 & 2.6 & -1.62 \\ 0.39 & -0.162 & 1.54 \end{bmatrix}$$

$$T^2 = (n-1)n(\overline{X} - \mu_0)^{\mathrm{T}} S^{-1} (\overline{X} - \mu_0) = 5 \times 6 \times 70.42 = 2112.60$$

查表得 $F_{0.01}(3, 3) = 29.5$

$$F = \frac{n-p}{(n-1)p} T^2 = \frac{3}{5 \times 3} \times 2112.60 = 422.52 > 29.5$$

所以，在显著性水平为 0.01 下，拒绝原假设，即认为该地区农村与城市 2 周岁男婴在上述三个指标均值上具有显著性的差异。

3. 两个正态总体均值向量的假设检验

设 $X_{(1)}, X_{(2)}, \cdots, X_{(n)}$ 为来自 p 元正态总体 $N_p(\mu_1, \Sigma)$ 的样本，容量为 n；设 $Y_{(1)}, Y_{(2)}, \cdots, Y_{(m)}$ 为来自 p 元正态总体 $N_p(\mu_2, \Sigma)$ 的样本，容量为 m；$n > p$，$m > p$，且 $\bar{X} = \frac{1}{n} \sum_{i=1}^{n} X_{(i)}$，$\bar{Y} = \frac{1}{m} \sum_{i=1}^{m} Y_{(i)}$。

1）当协方差阵相等时，两个正态总体均值向量的检验

（1）针对有共同已知协方差阵的情形。

$$H_0: \mu_1 = \mu_2, H_1: \mu_1 \neq \mu_2$$

假设 H_0 成立，检验统计量为

$$T_0^2 = \frac{nm}{n+m} (\overline{X} - \overline{Y})^{\mathrm{T}} \Sigma^{-1} (\overline{X} - \overline{Y}) \sim \chi^2(p)$$

给定显著性水平 α，查 χ^2 分布表，使 $P\{T_0^2 > \chi_\alpha^2\} = \alpha$，确定出临界值 χ_α^2。再由样本值计算出 T_0^2，若 $T_0^2 > \chi_\alpha^2$，则拒绝 H_0，否则接受 H_0。

在一元统计中，对单一变量进行均值相等检验时，所用统计量为

$$z = \frac{\bar{X} - \bar{Y}}{\sqrt{\frac{\sigma^2}{n} + \frac{\sigma^2}{m}}} \sim N(0, 1)$$

显然

$$U^2 = \frac{(\bar{X} - \bar{Y})^2}{\frac{\sigma^2}{n} + \frac{\sigma^2}{m}} = \frac{nm}{(n+m)\sigma^2}(\overline{X} - \overline{Y})^2 = \frac{nm}{(n+m)}(\overline{X} - \overline{Y})^{\mathrm{T}}(\sigma^2)^{-1}(\overline{X} - \overline{Y}) \sim \chi^2(1)$$

此式恰为统计量 T_0^2 当 $p = 1$ 时的情况，检验统计量 T_0^2 为单一变量的推广。

（2）针对有共同未知协方差阵的情形。

$$H_0 : \mu_1 = \mu_2; H_1 : \mu_1 \neq \mu_2$$

假设 H_0 成立，检验统计量为

$$F = \frac{(n+m-2) - p + 1}{(n+m-2)p}T^2 \sim F(p, n+m-p-1)$$

其中

$$T^2 = (n+m-2)\left(\sqrt{\frac{mn}{n+m}}(\overline{X} - \overline{Y})^{\mathrm{T}}S^{-1}\sqrt{n}(\overline{X} - \overline{Y})\right)$$

$$S = S_x + S_y, S_x = \sum_{i=1}^{n}(X_i - \overline{X})(X_i - \overline{X})^{\mathrm{T}}, S_y = \sum_{i=1}^{m}(Y_i - \overline{Y})(Y_i - \overline{Y})^{\mathrm{T}}$$

给定显著性水平 α，查 F 分布表，使 $P\{F > F_\alpha\} = \alpha$，确定出临界值 F_α。再由样本值计算出 F，若 $F > F_\alpha$，则拒绝 H_0，否则接受 H_0。

当两个总体的协方差阵未知时，自然会想到用每个总体的样本协方差阵 $\dfrac{S_x}{n-1}$ 和 $\dfrac{S_y}{m-1}$ 去代替，而

$$S_x = \sum_{i=1}^{n}(X_i - \overline{X})(X_i - \overline{X})^{\mathrm{T}} \sim W_p(n-1, \Sigma)$$

$$S_y = \sum_{i=1}^{m}(Y_i - \overline{Y})(Y_i - \overline{Y})^{\mathrm{T}} \sim W_p(m-1, \Sigma)$$

从而 $S = S_x + S_y \sim W_p(m+n-2, \Sigma)$，又由于 $\sqrt{\dfrac{mn}{n+m}}(\overline{X} - \overline{Y}) \sim N_p(0, \Sigma)$，所以有

$$F = \frac{(n+m-2) - p + 1}{(n+m-2)p}T^2 \sim F(p, n+m-p-1)$$

以后假设统计量的选取和前面统计量的选取思路是一样的，只提出待检验的假设，然后给出统计量及其分布，为节省篇幅，就不再重复解释。

例 3.2　为了研究日美两国在华投资企业对中国经营环境的评价是否存在差异，现从两国在华投资企业中各抽取 10 家，让其对中国的政治、经济、法律、文化等环境进行打

分，其结果如表 3.2 和表 3.3 所示。（数据来源于国务院发展研究中心 APEC（Asia-Pacific Economic Cooperation，亚洲太平洋经济合作组织）在华投资企业情况调查。）

表 3.2   美国在华投资企业的打分

序号	政治环境	经济环境	法律环境	文化环境
1	65	35	25	60
2	75	50	20	55
3	60	45	35	65
4	75	40	40	70
5	70	30	30	50
6	55	40	35	65
7	60	45	30	60
8	65	40	25	60
9	60	50	30	70
10	55	55	35	75

表 3.3   日本在华投资企业的打分

序号	政治环境	经济环境	法律环境	文化环境
1	55	55	40	65
2	50	60	45	70
3	45	45	35	75
4	50	50	50	70
5	55	50	30	75
6	60	40	45	60
7	65	55	45	75
8	50	60	35	80
9	40	45	30	65
10	45	50	45	70

解   比较日美两国在华投资企业对中国多方面经营环境的评价是否存在差异问题，就是两总体均值向量是否相等的检验问题。记日美两国在华投资企业对中国四个方面经营环境的评价可以看成是两个四元总体，因此可设两组样本分别来自正态总体，分别记为

$$X_{(i)} \sim N_4(\mu_1, \Sigma), i = 1, 2, \cdots, 10; \quad Y_{(i)} \sim N_4(\mu_2, \Sigma), \, i = 1, 2, \cdots, 10$$

且两组样本相互独立，有共同未知协方差阵 $\Sigma > 0$。

假设检验 $H_0 : \mu_1 = \mu_2, H_1 : \mu_1 \neq \mu_2$

构造统计量 $F = \dfrac{(n + m - 2) - p + 1}{(n + m - 2)p} T^2 \sim F(p, n + m - p - 1)$

经计算得 $\overline{X} = (64, 43, 30.5, 63), \overline{Y} = (51.5, 51, 40, 70.5)$

$$S_x = \begin{bmatrix} 490 & -170 & -120 & -245 \\ -170 & 510 & 10 & 310 \\ -120 & 10 & 332.5 & 260 \\ -245 & 310 & 260 & 510 \end{bmatrix}; S_y = \begin{bmatrix} 502.5 & 60 & 175 & -7.5 \\ 60 & 390 & 50 & 195 \\ 175 & 50 & 450 & -100 \\ -7.5 & 195 & -100 & 322.5 \end{bmatrix}$$

$$S = S_x + S_y = \begin{bmatrix} 992.5 & -110 & 55 & -252.5 \\ -110 & 900 & 60 & 505 \\ 55 & 60 & 782.5 & 160 \\ -252.5 & 505 & 160 & 832.5 \end{bmatrix}$$

进一步计算得 $F = 6.2214$。

对于给定的显著性水平 $\alpha = 0.01$，查 F 分布表，临界值 $F_{0.01}(4, 15) = 4.89$。

由于 $F > F_{0.01}$，则拒绝 H_0，即认为日美两国在华投资企业对中国经营环境的评价存在显著性差异。

2）当协方差阵不相等时，两个正态总体均值向量的检验

设 $X_{(1)}, X_{(2)}, \cdots, X_{(n)}$ 为来自 p 元正态总体 $N_p(\mu_1, \Sigma_1)$、容量为 n 的样本；设 $Y_{(1)}, Y_{(2)}, \cdots, Y_{(m)}$ 为来自 p 元正态总体 $N_p(\mu_2, \Sigma_2)$，容量为 m 的样本；且两组样本相互独立，$n > p$，$m > p$，$\Sigma_1 > 0$，$\Sigma_2 > 0$，$\bar{X} = \dfrac{1}{n} \sum\limits_{i=1}^{n} X_{(i)}$，$\bar{Y} = \dfrac{1}{m} \sum\limits_{i=1}^{m} Y_{(i)}$。

$$H_0 : \mu_1 = \mu_2; H_1 : \mu_1 \neq \mu_2$$

（1）当 $n = m$ 时，令

$$Z_{(i)} = X_{(i)} - Y_{(i)}, i = 1, 2, \cdots, n, \overline{Z} = \frac{1}{n} \sum_{i=1}^{n} Z_{(i)} = \overline{X} - \overline{Y}$$

$$S = \sum_{i=1}^{n} (Z_{(i)} - \overline{Z})(Z_{(i)} - \overline{Z})^{\mathrm{T}} = \sum_{i=1}^{n} (X_{(i)} - Y_{(i)} - \overline{X} + \overline{Y})(X_{(i)} - Y_{(i)} - \overline{X} + \overline{Y})^{\mathrm{T}}$$

假设 H_0 成立，检验统计量为

$$F = \frac{(n-p)n}{p} \overline{Z}^{\mathrm{T}} S^{-1} \overline{Z} \sim F(p, n-p)$$

给定显著性水平 α，查 F 分布表，使 $P\{F > F_\alpha\} = \alpha$，确定出临界值 F_α。再由样本值计算出 F，若 $F > F_\alpha$，则拒绝 H_0，否则接受 H_0。

（2）当 $n \neq m$ 时，不妨设 $n < m$。令

$$Z_{(i)} = X_{(i)} - \sqrt{\frac{n}{m}} Y_{(i)} + \frac{1}{\sqrt{mn}} \sum_{i=1}^{n} Y_{(i)} - \frac{1}{m} \sum_{i=1}^{n} Y_{(i)}, \ i = 1, 2, \cdots, n$$

$$\overline{Z} = \frac{1}{n} \sum_{i=1}^{n} Z_{(i)} = \overline{X} - \overline{Y}$$

$$S = \sum_{i=1}^{n} (Z_{(i)} - \overline{Z})(Z_{(i)} - \overline{Z})^{\mathrm{T}}$$

$$= \sum_{i=1}^{n} [(X_{(i)} - \overline{X}) - \sqrt{\frac{n}{m}} Y_{(i)} - \frac{1}{n} \sum_{i=1}^{n} Y_{(i)}] \cdot [(X_{(i)} - \overline{X}) - \sqrt{\frac{n}{m}} Y_{(i)} - \frac{1}{n} \sum_{i=1}^{n} Y_{(i)}]^{\mathrm{T}}$$

假设 H_0 成立，检验统计量为

$$F = \frac{(n-p)n}{p} \overline{Z}^{\mathrm{T}} S^{-1} \overline{Z} \sim F(p, n-p)$$

给定显著性水平 α，查 F 分布表，使 $P\{F > F_\alpha\} = \alpha$，确定出临界值 F_α。再由样本值计算出 F，若 $F > F_\alpha$，则拒绝 H_0，否则接受 H_0。

4. 多个正态总体均值向量的假设检验

多个正态总体均值向量的假设检验问题，实际上就是多元方差分析问题，多元方差分析是单因素方差分析的直接推广。为了容易理解多元方差分析方法，先回顾单因素方差分析方法。

1）单因素方差分析与威尔克斯（Wilks）分布

A. 单因素方差分析

设 k 个正态总体分别为 $N(\mu_1, \sigma^2), N(\mu_2, \sigma^2), \cdots, N(\mu_k, \sigma^2)$，从 k 个正态总体中分别取 n_i（$n_1 + n_2 + \cdots + n_k = n$）个独立样本如下：

$$X_1^{(1)}, X_2^{(1)}, \cdots, X_{n_1}^{(1)}$$

$$X_1^{(2)}, X_2^{(2)}, \cdots, X_{n_2}^{(2)}$$

$$\cdots$$

$$X_1^{(k)}, X_2^{(k)}, \cdots, X_{n_k}^{(k)}$$

$H_0: \mu_1 = \mu_2 = \cdots = \mu_k, H_1$: 至少存在 $i \neq j$ 使得 $\mu_i \neq \mu_j$

假设 H_0 成立，检验统计量 $F = \dfrac{\mathrm{SSA}/(k-1)}{\mathrm{SSE}/(n-k)} \sim F(k-1, n-k)$

其中，组间平方和 $\mathrm{SSA} = \sum\limits_{i=1}^{k} n_i (\overline{X}_i - \overline{X})^2$，组内平方和 $\mathrm{SSE} = \sum\limits_{i=1}^{k} \sum\limits_{j=1}^{n_i} (X_j^{(i)} - \overline{X}_i)^2$，总平方和 $\mathrm{SST} = \sum\limits_{i=1}^{k} \sum\limits_{j=1}^{n_i} (X_j^{(i)} - \overline{X})^2$。

$$\overline{X}_i = \frac{1}{n_i} \sum_{j=1}^{n_i} X_j^{(i)}, \quad \overline{X} = \frac{1}{n} \sum_{i=1}^{k} \sum_{j=1}^{n_i} X_j^{(i)}$$

给定显著性水平 α，查 F 分布表，使 $P\{F > F_\alpha\} = \alpha$，确定出临界值 F_α。再由样本值计算出 F，若 $F > F_\alpha$，则拒绝 H_0，否则接受 H_0。

B. 威尔克斯分布

在一元统计分析中，方差是刻画随机变量分散程度的一个重要指标，方差的概念在多变量情况下变为协差阵。如何用一个数量指标来反映协差阵所体现的分散程度呢？有的用行列式，有的用迹等方法，目前使用最多的是行列式。

定义 3.2 若 $X \sim N_p(\mu, \Sigma)$，则称协方差阵的行列式 $|\Sigma|$ 为 X 的广义方差。

称 $\left| \dfrac{1}{n} S \right|$ 为样本的广义方差。其中，$S = \sum\limits_{i=1}^{n} (X_{(i)} - \overline{X})(X_{(i)} - \overline{X})^{\mathrm{T}}$。

定义 3.3 若 $A_1 \sim W_p(n_1, \Sigma), n_1 \geqslant p, A_2 \sim W_p(n_2, \Sigma), \Sigma > 0$，且 A_1 与 A_2 相互独立，则称

$$\Lambda = \frac{|A_1|}{|A_1 + A_2|}$$

为威尔克斯统计量，Λ 的分布称为威尔克斯分布，简记为 $\Lambda \sim \Lambda(p, n_1, n_2)$。其中 n_1, n_2 为自由度。

需要说明的是，在实际应用中经常把 Λ 统计量化为 T^2 统计量，进而再化为 F 统计量，利用 F 统计量来解决多元统计分析中的有关检验问题。表 3.4 给出了常见的一些情形。

表 3.4 Λ 与 F 统计量的关系

p	n_1	n_2	F 统计量及自由度
任意	任意	1	$\dfrac{n_1 - p + 1}{p} \dfrac{1 - \Lambda(p, n_1, 1)}{\Lambda(p, n_1, 1)} \sim F(p, n_1 - p + 1)$
任意	任意	2	$\dfrac{n_1 - p}{p} \dfrac{1 - \sqrt{\Lambda(p, n_1, 2)}}{\sqrt{\Lambda(p, n_1, 2)}} \sim F(2p, 2(n_1 - p))$
1	任意	任意	$\dfrac{n_1}{n_2} \dfrac{1 - \Lambda(1, n_1, n_2)}{\Lambda(1, n_1, n_2)} \sim F(n_2, n_1)$
2	任意	任意	$\dfrac{n_1 - 1}{n_2} \dfrac{1 - \sqrt{\Lambda(2, n_1, n_2)}}{\sqrt{\Lambda(2, n_1, n_2)}} \sim F(2n_2, 2(n_1 - 1))$

以上几个关系式说明对一些特殊的 Λ 统计量可以转化为 F 统计量，当 $n_2 > 2$，$p > 2$ 时，可用 χ^2 统计量或 F 统计量来近似表示。

2）多元方差分析

设 k 个 p 维正态总体分别为 $N_p(\mu_1, \Sigma), N_p(\mu_2, \Sigma), \cdots, N_p(\mu_k, \Sigma)$，从 k 个 p 维正态总体中分别取 n_i（$n_1 + n_2 + \cdots + n_k = n$）个独立样本，每个样本观测 p 个指标，得观测数据如下。

第 1 个总体：$X_i^{(1)} = (X_{i1}^{(1)}, X_{i2}^{(1)}, \cdots, X_{ip}^{(1)}),\ i = 1, 2, \cdots, n_1$

第 2 个总体：$X_i^{(2)} = (X_{i1}^{(2)}, X_{i2}^{(2)}, \cdots, X_{ip}^{(2)}),\ i = 1, 2, \cdots, n_2$

$\cdots$

第 k 个总体：$X_i^{(k)} = (X_{i1}^{(k)}, X_{i2}^{(k)}, \cdots, X_{ip}^{(k)}),\ i = 1, 2, \cdots, n_k$

全部样本的总均值向量：

$$\overline{X}_{1 \times p} = \frac{1}{n} \sum_{r=1}^{k} \sum_{i=1}^{n_r} X_i^{(r)} = (\overline{X}_1, \overline{X}_2, \cdots, \overline{X}_p)$$

各总体样本的总均值向量:

$$\overline{X}_{1 \times p}^{(r)} = \frac{1}{n_r} \sum_{i=1}^{n_r} X_i^{(r)} = (\overline{X}_1^{(r)}, \overline{X}_2^{(r)}, \cdots, \overline{X}_p^{(r)}), \ r = 1, 2, \cdots, k$$

其中, $\overline{X}_j^{(r)} = \frac{1}{n_r} \sum_{i=1}^{n_r} X_{ij}^{(r)}, j = 1, 2, \cdots, p$。

类似一元方差分析方法, 将诸平方和变成离差阵有

$$A = \sum_{r=1}^{k} n_r (X^{(r)} - \overline{X})(X^{(r)} - \overline{X})^{\mathrm{T}}$$

$$E = \sum_{r=1}^{k} \sum_{i=1}^{n_r} (X_i^{(r)} - \overline{X}^{(r)})(X_i^{(r)} - \overline{X}^{(r)})^{\mathrm{T}}$$

$$T = \sum_{r=1}^{k} \sum_{i=1}^{n_r} (X_i^{(r)} - \overline{X})(X_i^{(r)} - \overline{X})^{\mathrm{T}}$$

称 A 为组间离差阵, E 为组内离差阵, T 为总离差阵。很显然有 $T = A + E$。

下面进行假设检验。

$H_0: \mu_1 = \mu_2 = \cdots = \mu_k, H_1$: 至少存在 $i \neq j$ 使得 $\mu_i \neq \mu_j$

假设 H_0 成立, 检验统计量 $\Lambda = \dfrac{|E|}{|T|} = \dfrac{|E|}{|A + E|} \sim \Lambda(p, n - k, k - 1)$。

给定显著性水平 α, 查威尔克斯分布表, 确定出临界值 Λ_α。再由样本值计算出 Λ, 若 $\Lambda > \Lambda_\alpha$, 则拒绝 H_0, 否则接受 H_0。

如果没有查威尔克斯分布表, 可以用 χ^2 分布表或 F 分布表来近似。

设 $\Lambda \sim \Lambda(p, n, m)$, 令

$$V = -(n + m - (p + m + 1)/2) \ln \Lambda$$

则 V 近似服从 $\chi^2(pm)$ 分布。其中, $t = n + m - (p + m + 1)/2$。

令

$$R = \frac{1 - \Lambda^{1/L}}{\Lambda^{1/L}} \frac{tL - 2\lambda}{pm}$$

则 R 近似服从 $F(pm, tL - 2\lambda)$ 分布。其中 $L = \left(\dfrac{p^2 m^2 - 4}{p^2 + m^2 - 5} \right)^{1/2}, \lambda = \dfrac{pm - 2}{4}$。

$tL - 2\lambda$ 不一定是整数, 可用与它最近的整数作为 F 的自由度, 且 $\min(p, m) > 2$。

例 3.3 为了研究某种疾病, 对一批人同时测量了四个指标: β 脂蛋白 (X_1), 甘油三酯 (X_2), α 脂蛋白 (X_3), 前 β 脂蛋白 (X_4), 按不同年龄、不同性别分为三组 (20~35 岁女性、20~25 岁男性和 35~50 岁男性), 数据见表 3.5~ 表 3.7, 试问这三组的四项指标间有无显著性差异? ($\alpha = 0.01$)

表 3.5 20~35 岁女性身体指标化验数据

序号	β 脂蛋白 (X_1)/(mg/dL)	甘油三酯 (X_2)/(mg/dL)	α 脂蛋白 (X_3)/(mg/dL)	前β 脂蛋白 (X_4)/(mg/dL)
1	260	75	40	18
2	200	72	34	17
3	240	87	45	18
4	170	65	39	17
5	270	110	39	24
6	205	130	34	23
7	190	69	27	15
8	200	46	45	15
9	250	117	21	20
10	200	107	28	20
11	225	130	36	11
12	210	125	26	17
13	170	64	31	14
14	270	76	33	13
15	190	60	34	16
16	280	81	20	18
17	310	119	25	15
18	270	57	31	8
19	250	67	31	14
20	260	135	39	29

表 3.6 20~25 岁男性身体指标化验数据

序号	β 脂蛋白 (X_1)/(mg/dL)	甘油三酯 (X_2)/(mg/dL)	α 脂蛋白 (X_3)/(mg/dL)	前β 脂蛋白 (X_4)/(mg/dL)
1	310	122	30	21
2	310	60	35	18
3	190	40	27	15
4	225	65	34	16
5	170	65	37	16
6	210	82	31	17
7	280	67	37	18
8	210	38	36	17
9	280	65	30	23
10	200	76	40	17
11	200	76	39	20
12	280	94	26	11
13	190	60	33	17
14	295	55	30	16
15	270	125	24	21
16	280	120	32	18
17	240	62	32	20
18	280	69	29	20
19	370	70	30	20
20	280	40	37	17

表 3.7　35～50 岁男性身体指标化验数据

序号	β 脂蛋白 (X_1)/(mg/dL)	甘油三酯 (X_2)/(mg/dL)	α 脂蛋白 (X_3)/(mg/dL)	前 β 脂蛋白 (X_4)/(mg/dL)
1	320	64	39	17
2	260	59	37	11
3	360	88	28	26
4	295	100	36	12
5	270	65	32	21
6	380	114	36	21
7	240	55	42	10
8	260	55	34	20
9	260	110	29	20
10	295	73	33	21
11	240	114	38	18
12	310	103	32	18
13	330	112	21	11
14	345	127	24	20
15	250	62	22	16
16	260	59	21	19
17	225	100	34	30
18	345	120	36	18
19	360	107	25	23
20	250	117	36	16

解　比较三个组（$k=3$）的四项指标（$p=4$）间是否有显著性差异问题，就是多总体均值向量是否相等的检验问题。设第 i 组为四维总体 $N_4(\mu^{(i)}, \Sigma)(i=1,2,3)$，来自三个总体的样本容量 $n_1 = n_2 = n_3 = 20$。

检验：$H_0: \mu^{(1)} = \mu^{(2)} = \mu^{(3)}, H_1: \mu^{(1)}, \mu^{(2)}, \mu^{(3)}$ 至少有一对不相等。

因统计量 $\Lambda \sim \Lambda(p, n-k, k-1)$，可利用 Λ 统计量与 F 统计量的关系，取检验统计量为 F 统计量：

$$F = \frac{(n-k)-p+1}{p} \times \frac{1-\sqrt{\Lambda}}{\sqrt{\Lambda}}$$

其中，$k=3, p=4, n=60$。

由样本计算得

$$\bar{X} = (259.08, 84.12, 32.37, 17.8)^{\mathrm{T}}$$

$$\bar{X}^{(1)} = \begin{bmatrix} 231.0 \\ 89.6 \\ 32.9 \\ 17.1 \end{bmatrix}, \bar{X}^{(2)} = \begin{bmatrix} 253.50 \\ 72.55 \\ 32.45 \\ 17.90 \end{bmatrix}, \bar{X}^{(3)} = \begin{bmatrix} 292.75 \\ 90.20 \\ 31.75 \\ 18.40 \end{bmatrix}$$

$$E = E_1 + E_2 + E_3 = \sum_{t=1}^{3} \sum_{\alpha=1}^{20} (X_{(\alpha)}^{(t)} - \bar{X}^{(t)})(X_{(\alpha)}^{(t)} - \bar{X}^{(t)})^{\mathrm{T}}$$

$$= \begin{bmatrix} 125408.8 & & & \\ 23278.5 & 40467.0 & & \\ -3950.8 & -1937.8 & 2082.5 & \\ 1748.0 & 2166.3 & -26.9 & 1024.4 \end{bmatrix}$$

$$T = \sum_{t=1}^{3} \sum_{\alpha=1}^{20} (X_{(\alpha)}^{(t)} - \bar{X})(X_{(\alpha)}^{(t)} - \bar{X})^{\mathrm{T}} = \begin{bmatrix} 164474.6 & & & \\ 25586.4 & 44484.2 & & \\ -4674.8 & -1973.6 & 2095.9 & \\ 2534.0 & 2139.4 & -41.6 & 1041.6 \end{bmatrix}$$

进一步计算可得

$$\Lambda = \frac{|E|}{|T|} = \frac{7.8419 \times 10^{15}}{1.1844 \times 10^{16}} = 0.6621$$

$$F = \frac{(n-k)-p+1}{p} \times \frac{1-\sqrt{\Lambda}}{\sqrt{\Lambda}} = \frac{54}{4} \times \frac{1-\sqrt{0.6621}}{\sqrt{0.6621}} = 3.0907$$

计算 F 统计量的两个自由度为 8 和 108。

对于给定的显著性水平 $\alpha = 0.01$，查 F 分布表，得临界值 $F_{0.01}(8,108) = 2.02$。由于样本值 $F = 3.0907 > 2.02$，则拒绝 H_0。

说明三个组的指标间有显著性的差异。

进一步，若还想了解三个组间指标的差异究竟是由哪几项指标引起的，可以对四项指标逐项用一元方差分析方法进行检验，则三个组指标间只有第一项指标（X_1）有显著性差异。

事实上，用一元方差分析检验第一项指标（X_1）在三个组中是否有显著性差异时，因

$$F_1 = \frac{(t_{11} - e_{11})/(k-1)}{e_{11}/(n-k)} = \frac{(164474.6 - 125408.8)/2}{125408.8/57} = 8.878$$

对于给定的显著性水平 $\alpha = 0.01$，查 F 分布表，得临界值 $F_{0.01}(2,57) = 3.16$。由于样本值 $F_1 = 8.878 > 3.16$，说明第一项指标（X_1）有显著性的差异。

3.2　协差阵的检验

1. 一个正态总体协差阵检验

设 $X_{(1)}, X_{(2)}, \cdots, X_{(n)}$ 为来自 p 维正态总体 $N_p(\mu, \Sigma)$ 的样本，Σ 未知，且 $\Sigma > 0$，容量为 n 的样本，$n > p$，且 $\bar{X} = \frac{1}{n} \sum_{i=1}^{n} X_{(i)}, S = \sum_{i=1}^{n} (X_{(i)} - \overline{X})(X_{(i)} - \overline{X})^{\mathrm{T}}$

检验：$H_0 : \Sigma = \Sigma_0$（$\Sigma_0 > 0$为已知矩阵），$H_1 : \Sigma \neq \Sigma_0$

（1）当 $\Sigma_0 = I_p$ 时，考虑假设检验：$H_0 : \Sigma = I_p, H_1 : \Sigma \neq I_p$。

构造检验统计量

$$\lambda = \exp\left\{-\frac{1}{2}\mathrm{tr}S\right\}|S|^{n/2}\left(\frac{e}{n}\right)^{np/2}$$

当 $\Sigma_0 = I_p$ 成立，n 很大时，统计量 $-2\ln\lambda$ 近似服从 $\chi^2\left(\frac{p(p+1)}{2}\right)$ 分布。

（2）当 $\Sigma_0 \neq I_p$ 时，考虑假设检验：$H_0: \Sigma = \Sigma_0 \neq I_p, H_1: \Sigma \neq \Sigma_0 \neq I_p$。

因为 $\Sigma_0 > 0$，所以存在 $D(|D| \neq 0)$，使得 $D\Sigma_0 D^{\mathrm{T}} = I_p$。

令 $Y_{(i)} = DX_{(i)}, i = 1, 2, \cdots, n$，则 $Y_{(i)} \sim N_p(D\mu, D\Sigma D^{\mathrm{T}}) = N_p(\mu^*, \Sigma^*)$。
因此，检验 $\Sigma = \Sigma_0$ 等价于 $\Sigma^* = I_p$。

此时构造检验统计量

$$\lambda = \exp\left\{-\frac{1}{2}\mathrm{tr}S^*\right\}|S^*|^{n/2}\left(\frac{e}{n}\right)^{np/2}$$

其中，$S^* = \sum_{i=1}^{n}(Y_{(i)} - \overline{Y})(Y_{(i)} - \overline{Y})^{\mathrm{T}}$。

给定显著性水平 α，因为直接由 λ 计算临界值 λ_α 比较困难，所以通常采用 λ 的近似分布。

在 H_0 成立时，$-2\ln\lambda$ 的极限分布是 $\chi^2\left(\frac{p(p+1)}{2}\right)$ 分布，因此当 $n >> p$ 时，由样本值计算出 λ 值，若 $-2\ln\lambda > \chi_\alpha^2$，或 $-2\ln\lambda < \chi_{1-\alpha}^2$，则拒绝 H_0，否则接受 H_0。

2. 多个正态总体协差阵检验

设有 k 个 p 维正态总体分别为 $N_p(\mu_1, \Sigma_1), N_p(\mu_2, \Sigma_2), \cdots, N_p(\mu_k, \Sigma_k)$，每个 $\Sigma_i > 0$，且未知，$i = 1, 2, \cdots, k$，从 k 个正态总体中分别取 n_i（$n_1 + n_2 + \cdots + n_k = n$）个独立样本如下。

第 1 个总体：$X_i^{(1)} = (X_{i1}^{(1)}, X_{i2}^{(1)}, \cdots, X_{ip}^{(1)}), i = 1, 2, \cdots, n_1$

第 2 个总体：$X_i^{(2)} = (X_{i1}^{(2)}, X_{i2}^{(2)}, \cdots, X_{ip}^{(2)}), i = 1, 2, \cdots, n_2$

$\cdots$

第 k 个总体：$X_i^{(k)} = (X_{i1}^{(k)}, X_{i2}^{(k)}, \cdots, X_{ip}^{(k)}), i = 1, 2, \cdots, n_k$

考虑假设检验：$H_0: \Sigma_1 = \Sigma_2 = \cdots = \Sigma_k$，$H_1: \{\Sigma_i\}$ 不全相等。

构造统计量

$$\lambda_k = np/2\prod_{i=1}^{k}|S_i|^{n_i/2}\Big/|S|^{n/2}\prod_{i=1}^{k}n_i^{pn_i/2}$$

其中

$$S = \sum_{i=1}^{k}S_i, S_i = \sum_{a=1}^{n_i}\left(X_{(a)}^{(i)} - \bar{X}^{(i)}\right)\left(X_{(a)}^{(i)} - \bar{X}^{(i)}\right)^{\mathrm{T}}, \bar{X}^{(i)} = \frac{1}{n_i}\sum_{a=1}^{n_i}X_{(a)}^{(i)}$$

在实际应用中，将统计量中的 n_i 改为 $n_i - 1$，n 改为 $n - k$，得到修正的统计量，记为 λ_k^*，则统计量 $\xi = -2(1-d)\ln \lambda_k^*$ 在 n 很大，H_0 成立时，近似服从 $\chi^2(f)$。

其中

$$f = p(p+1)(k-1)/2$$

$$d = \begin{cases} \dfrac{2p^2 + 3p - 1}{6(p+1)(k-1)}\left(\displaystyle\sum_{i=1}^{k}\dfrac{1}{n_i - 1} - \dfrac{1}{n-k}\right), & \text{至少有一对} n_i \neq n_j \\[4mm] \dfrac{(2p^2 + 3p - 1)(k+1)}{6(p+1)(n-k)}, & n_1 = n_2 = \cdots = n_k \end{cases}$$

给定显著性水平 α，由样本值计算出 ξ 值，若 $\xi > \chi_\alpha^2$ 或 $\xi < \chi_{1-\alpha}^2$，则拒绝 H_0，否则接受 H_0。

例 3.4　对例 3.3 给出的三组身体指标化验数据，试判断这三个组的协方差阵是否相等？（$\alpha = 0.1$）

解　这是三个四维正态总体的协方差阵是否相等的检验问题。设第 i 组为四维总体 $N_4(\mu^{(i)}, \Sigma_i)(i = 1, 2, 3)$，来自三个总体的样本容量 $n_1 = n_2 = n_3 = 20$。

检验：$H_0: \Sigma_1 = \Sigma_2 = \Sigma_3$，$H_1$：$\Sigma_1, \Sigma_2, \Sigma_3$ 至少有一对不相等。在 H_0 成立时，取近似检验统计量为 $\chi^2(f)$ 统计量：

$$\xi = -2(1-d)\ln \lambda_k^*$$

由样本值计算三个总体的样本协方差阵：

$$S_1 = \frac{1}{n_1 - 1}E_1 = \frac{1}{n_1 - 1}\sum_{\alpha=1}^{n_1}(X_{(\alpha)}^{(1)} - \bar{X}^{(1)})(X_{(\alpha)}^{(1)} - \bar{X}^{(1)})^{\mathrm{T}}$$

$$= \frac{1}{19}\begin{bmatrix} 30530 & & & \\ 6298 & 15736.8 & & \\ -1078 & -796.8 & 955.8 & \\ 198 & 1387.8 & 90.2 & 413.8 \end{bmatrix}$$

$$S_2 = \frac{1}{19}\begin{bmatrix} 51705 & & & \\ 7021.5 & 12288.9 & & \\ -1571.5 & -807.9 & 364.9 & \\ 827 & 321.1 & -5.1 & 133.8 \end{bmatrix},$$

$$S_3 = \frac{1}{19}\begin{bmatrix} 43173.8 & & & \\ 9959 & 12441.2 & & \\ -1301.3 & -333 & 761.8 & \\ 723 & 457.4 & -112 & 476.8 \end{bmatrix}$$

进一步可以计算出

$$|S| = \left|\frac{1}{57}E\right| = 742890016, \quad |S_1| = 791325317, \quad |S_2| = 145821806, \quad |S_3| = 1.081 \times 10^9$$

$$-2\ln\lambda_k^* = 22.6054, d = 0.1006, f = 20$$

则得

$$\xi = -2(1-d)\ln\lambda_k^* = 20.3313$$

对于给定的显著性水平 $\alpha = 0.1$，查 χ^2 分布表，得临界值 $\chi_{0.1}^2(20) = 37.566$。由于样本值 $\xi = 20.3313 < 37.566$，则接受 H_0。

说明这三个组的协方差阵之间没有显著性的差异。

3. 多个正态总体均值向量和协差阵同时检验

设有 k 个 p 维正态总体分别为 $N_p(\mu_1, \Sigma_1), N_p(\mu_2, \Sigma_2), \cdots, N_p(\mu_k, \Sigma_k)$，每个 $\Sigma_i > 0$，且未知，$i = 1, 2, \cdots, k$，从 k 个正态总体中分别取 n_i $(n_1 + n_2 + \cdots + n_k = n)$ 个独立样本如下。

第 1 个总体：$X_i^{(1)} = (X_{i1}^{(1)}, X_{i2}^{(1)}, \cdots, X_{ip}^{(1)}), i = 1, 2, \cdots, n_1$

第 2 个总体：$X_i^{(2)} = (X_{i1}^{(2)}, X_{i2}^{(2)}, \cdots, X_{ip}^{(2)}), i = 1, 2, \cdots, n_2$

$\cdots$

第 k 个总体：$X_i^{(k)} = (X_{i1}^{(k)}, X_{i2}^{(k)}, \cdots, X_{ip}^{(k)}), i = 1, 2, \cdots, n_k$

考虑假设检验：

$$H_0{:}\mu_1 = \mu_2 = \cdots = \mu_k \text{且} \Sigma_1 = \Sigma_2 = \cdots = \Sigma_k$$

$$H_1 : \mu_i \text{或} \Sigma_i (i = 1, 2, \cdots, k) \text{至少有一对不相等}$$

记

$$E_i = \sum_{i=1}^{n_r}(X_i^{(r)} - \overline{X}^{(r)})(X_i^{(r)} - \overline{X}^{(r)})^{\mathrm{T}}, E = E_1 + E_2 + \cdots + E_k$$

$$T = \sum_{r=1}^{k}\sum_{i=1}^{n_r}(X_i^{(r)} - \overline{X})(X_i^{(r)} - \overline{X})^{\mathrm{T}} = E + \sum_{r=1}^{k} n_r(X^{(r)} - \overline{X})(X^{(r)} - \overline{X})^{\mathrm{T}}$$

构造统计量

$$\lambda_k = \frac{\displaystyle\prod_{i=1}^{k}|E_i|^{n_i/2}}{|T|^{(n-k)/2}} \times \frac{(n-k)^{(n-k)p/2}}{\displaystyle\prod_{i=1}^{k}(n_i-1)^{(n_i-1)p/2}}$$

其中

$$E_i = \sum_{i=1}^{n_r}(X_i^{(r)} - \overline{X}^{(r)})(X_i^{(r)} - \overline{X}^{(r)})^{\mathrm{T}}, E = E_1 + E_2 + \cdots + E_k$$

$$T = \sum_{r=1}^{k}\sum_{i=1}^{n_r}(X_i^{(r)} - \overline{X})(X_i^{(r)} - \overline{X})^{\mathrm{T}} = E + \sum_{r=1}^{k} n_r(X^{(r)} - \overline{X})(X^{(r)} - \overline{X})^{\mathrm{T}}$$

在实际应用中，将统计量中的 $n_i - 1$ 改为 n_i，$n - k$ 改为 n，得到修正的统计量，记为 λ_k^*，则统计量 $\xi = -2(1-b)\ln\lambda_k^*$ 在 n 很大，H_0 成立时，近似服从 $\chi^2(f)$。

其中

$$f = p(p+3)(k-1)/2$$

$$b = \frac{2p^2 + 3p - 1}{6(p+3)(k-1)}\left(\sum_{i=1}^{k}\frac{1}{n_i - 1} - \frac{1}{n-k}\right) - \frac{p-k+2}{(n-k)(p+3)}$$

给定显著性水平 α，由样本值计算出 ξ 值，若 $\xi > \chi_\alpha^2$，或 $\xi < \chi_{1-\alpha}^2$，则拒绝 H_0，否则接受 H_0。

例 3.5　对例 3.3 给出的三组身体指标化验数据，试判断这三个组的均值向量和协方差阵是否相等。($\alpha = 0.05$)

解　这是三个四维正态总体的均值向量和协方差阵是否同时相等的检验问题。设第 i 组为四维总体 $N_4(\mu^{(i)}, \Sigma_i)(i=1,2,3)$，来自三个总体的样本容量 $n_1 = n_2 = n_3 = 20$。

检验：$H_0: \mu_1 = \mu_2 = \mu_3$ 且 $\Sigma_1 = \Sigma_2 = \Sigma_3$，$H_1 : \mu_i$ 或 $\Sigma_i(i=1,2,3)$ 至少有一对不相等

在 H_0 成立时，取近似检验统计量为 $\chi^2(f)$ 统计量：

$$\xi = -2(1-b)\ln\lambda_k^* \sim \chi^2(f)$$

由样本值计算三个总体的样本协方差阵及总离差阵 T，进一步可以计算出

$$\left|\frac{1}{n-k}T\right| = \left|\frac{1}{57}T\right| = 1.12198 \times 10^9$$

$$-2\ln\lambda_k^* = 46.1067, b = 0.06433, f = 28$$

则得 $\xi = -2(1-b)\ln\lambda_k^* = 43.1407$。

对于给定的显著性水平 $\alpha = 0.05$，查 χ^2 分布表，得临界值 $\chi_{0.05}^2(28) = 41.337$。由于样本值 $\xi = 43.1407 > 41.337$，则拒绝 H_0。

说明这三个组的均值向量和协方差阵之间有显著性的差异。

习　　题

1. 试述多元统计分析中的各种均值向量和协方差阵检验的基本思想和步骤。

2. 试述威尔克斯统计量在多元方差分析中的重要意义。

3. 人的出汗量与人体内钠和钾的含量有一定的关系。测 20 名健康成年女性的出汗量（X_1）、钠含量（X_2）和钾含量（X_3），其数据如表 3.8 所示，假定 $X = (X_1, X_2, X_3)^{\mathrm{T}}$ 服从三维正态分布，试检验 H_0：$\mu = \mu_0 = (4, 50, 10)^{\mathrm{T}}$，$H_1: \mu \neq \mu_0$。($\alpha = 0.05$)

表 3.8 出汗量与人体内钠含量、钾含量

序号	X_1	X_2	X_3
1	3.7	48.5	9.3
2	5.7	65.1	8.0
3	3.8	47.2	10.9
4	3.2	53.2	12.0
5	3.1	55.5	9.7
6	4.6	36.1	7.9
7	2.4	24.8	14.0
8	7.2	33.1	7.6
9	6.7	47.4	8.5
10	5.4	54.1	11.3
11	3.9	36.9	12.7
12	4.5	58.8	12.3
13	3.5	27.8	9.8
14	4.5	40.2	8.4
15	1.5	13.5	10.1
16	8.5	56.4	7.1
17	4.5	71.6	8.2
18	6.5	52.8	10.9
19	4.1	44.1	11.2
20	5.5	40.9	9.4

4. 有甲和乙两种品牌的轮胎, 现各抽取 6 只进行耐用性试验, 试验分为三个阶段, 每个阶段各旋转 1000 次, 耐用性指标测量数据如表 3.9 所示。

表 3.9 轮胎耐用性指标测量数据

甲品牌			乙品牌		
1 阶段	2 阶段	3 阶段	1 阶段	2 阶段	3 阶段
194	192	141	239	127	90
208	188	165	189	105	85
233	217	171	224	123	79
241	222	201	243	123	110
265	252	207	243	117	100
269	283	191	226	125	75

试问在多元正态性假设下, 甲和乙两种品牌的轮胎的耐用性指标是否有显著性差异 ($\alpha = 0.05$)? 如果有, 是哪个阶段不同?

5. 测量 30 名初生到 3 周岁婴幼儿的身高 (X_1) 和体重 (X_2) 数据如表 3.10 所示, 其中男女各 15 名。假定这两组都服从正态分布且协方差相等。

（1）检验男女婴幼儿的这两项指标是否有显著性差异 ($\alpha = 0.05$)?

（2）检验男性婴幼儿与女性婴幼儿的协方差阵是否相等 ($\alpha = 0.05$)?

表 3.10　初生到 3 周岁婴幼儿的身高和体重数据

编号	男		女	
	X_1/cm	X_2/kg	X_1/cm	X_2/kg
1	54	3	54	3
2	50.5	2.25	53	2.25
3	51	2.5	51.5	2.5
4	56.5	3.5	51	3
5	52	3	51	3
6	76	9.5	77	7.5
7	80	9	77	10
8	74	9.5	77	9.5
9	80	9	74	9
10	76	8	73	7.5
11	96	13.5	91	12
12	97	14	91	13
13	99	16	94	15
14	92	11	92	12
15	94	15	91	12.5

第 4 章　聚 类 分 析

4.1　聚类分析的概念

俗话说"物以类聚，人以群分"，就是聚类分析的道理。聚类分析就是通过对样品或指标进行量化分类，讨论的对象是大量的样品，要求能合理地按各自的特性来进行合理的分类，没有任何模式可供参考或依循，即是在没有先验知识的情况下进行的。聚类分析是定量地研究事物分类问题和地理分区问题的重要方法。

在社会经济领域中存在着大量类别划分问题，如对我国 31 个省（自治区、直辖市）（不包含港澳台）独立核算工业企业经济效益进行分析，一般不是逐省（自治区、直辖市）分析，较好的做法是选取能反映企业经济效益的代表性指标，如百元固定资产实现利税、资金利税、产值利税率等，根据这些指标对全国各省（自治区、直辖市）进行分类，然后根据分类结果对企业经济效益进行综合评价，就易于得出科学的分析结论；对某城市按大气污染的轻重程度分成几类区域；对某年级学生按各科的学习成绩分为几种类型；在经济学中，根据人均国民收入、人均工农业总产值、人均消费水平等多项指标对全国各省市的经济发展状况进行分类；在选拔少年运动员时，对少年的身体体型、身体素质及生理功能的各项指标进行测试，对少年进行分类；在地质学中，为了研究矿物勘探，需要根据各种矿石的化学和物理性质以及所含化学成分归于不同的矿石类；在人口学研究中，需要构造人口生育分类模式、人口死亡分类状况，来研究人类的生育和死亡规律。但历史上这些分类方法往往是人们主要依靠经验作定性分类，因此许多分类带有主观性和任意性，不能很好地揭示客观事物内在的本质差别与联系，特别是对于多因素、多指标的分类问题，定性分类所得结果的准确性不好把握。为了克服定性分类存在的不足，人们把数学方法引入类别划分中，形成了很多种聚类分析的方法。

常见的聚类分析方法有系统聚类法、动态聚类法、有序样品聚类法、灰色聚类法和模糊聚类法等。本章主要介绍系统聚类法和动态聚类法。

系统聚类法包括 Q 型聚类法、R 型聚类法两种。Q 型聚类是对样品进行聚类；R 型聚类是对变量进行聚类。

R 型聚类分析的目的有以下几个方面：

（1）可以了解变量间及变量组合的亲疏关系；

（2）对变量进行分类；

（3）根据分类结果及它们之间的关系，在每一个类中选择具有代表性的变量作为重要变量，利用少数几个重要变量进一步分析计算。如进行 Q 型聚类分析等。

系统聚类法的基本思想是根据事物本身的特性研究个体分类的方法；聚类原则是同一类中的个体有较大的相似性，不同类中的个体差异较大。

　　系统聚类法的基本程序是根据一批样品的多个观测指标，具体地找出一些能够度量样品或指标之间相似程度的统计量，然后利用统计量将样品或指标进行归类。

　　系统聚类法的步骤就是根据已知数据，计算各观察个体或变量之间亲疏关系的统计量（距离或相似性）。根据某种准则（最短距离法、最长距离法、中间距离法、重心法），使同一类内的个体或变量差别较小，而类与类之间的差别较大，最终将观察个体或变量分为若干类。系统聚类法中，被分的样品是相互独立的，分类时彼此是平等的。

　　有序样品聚类法要求样品按照一定的顺序排列，分类时是不能打乱次序的，即同一类样品是必须相互邻接的。比如，要将中华人民共和国成立以来国民收入的情况划分为几个阶段，此阶段的划分必须以年份的顺序为基础；又如，研究历史天气的演变时，样品是按从古到今的年代排列的，年代的次序也是不能打乱的。研究这类样品的分类问题就必须用有序样品聚类法。

　　有序样品的分类实质上是找一些分点，将有序样品划分为几个阶段，每个阶段看作一个类，所以这种分类也称为分割。显然分点取在不同的位置就可以得到不同的分割。通常寻找最好分割的一个依据就是使各段内部样品之间的差异最小，而各段样品之间的差异较大。有序样品聚类法就是研究这种最优分割法。

　　模糊聚类法是将模糊集的概念用到聚类分析中所产生的一种聚类方法，它是根据研究对象本身的属性而构造一个模糊矩阵，在此基础上根据一定的隶属度来确定其分类关系。

　　灰色聚类法是根据灰色关联矩阵或灰色可能度函数将观测指标或观测对象分成若干类。灰色聚类按聚类对象划分，可分为灰色关联聚类和灰色可能度函数聚类。灰色关联聚类主要用于同类因素的归并，以使复杂系统简化。通过灰色关联聚类，可以检查许多因素中是否有若干个因素关系十分密切，以便能够用这些因素的综合平均指标或其中的某一个因素来代表这几个因素，使信息不受严重损失。这属于系统变量的删减问题。灰色可能度函数聚类主要用于检查观测对象是否属于事先设定的不同类别。

　　聚类分析数据格式如表 4.1 所示。

表 4.1　聚类分析数据格式

样本序号	指标					
	X_1	X_2	$\cdots$	X_j	$\cdots$	X_p
1	x_{11}	x_{12}	$\cdots$	x_{1j}	$\cdots$	x_{1p}
2	x_{21}	x_{22}	$\cdots$	x_{2j}	$\cdots$	x_{2p}
$\vdots$	$\vdots$	$\vdots$		$\vdots$		$\vdots$
i	x_{i1}	x_{i2}	$\cdots$	x_{ij}	$\cdots$	x_{ip}
$\vdots$	$\vdots$	$\vdots$		$\vdots$		$\vdots$
n	x_{n1}	x_{n2}	$\cdots$	x_{nj}	$\cdots$	x_{np}

　　（1）个体由变量 $X_1, X_2, \cdots, X_p$ 描述。

　　（2）事先无分类变量对个体分类。

　　（3）问题是根据变量 $X_1, X_2, \cdots, X_p$，如何对 n 个个体进行分类。

4.2 距离与相似系数

1. 无量纲化方法

假设有 n 个聚类的对象，每一个聚类对象都由 p 个指标构成。它们所对应的指标数据由表 4.2 给出。

表 4.2 观察数据

样品序号	X_1	X_2	$\cdots$	X_p
1	x_{11}	x_{12}	$\cdots$	x_{1p}
2	x_{21}	x_{22}	$\cdots$	x_{2p}
$\vdots$	$\vdots$	$\vdots$		$\vdots$
n	x_{n1}	x_{n2}	$\cdots$	x_{np}

在聚类分析过程中，由于考察的 p 个变量可能都具有不同的量纲，不同的数量级单位，不同的取值范围。为了使不同量纲、不同取值范围的数据具有可比性，通常对数据进行无量纲化处理。

无量纲化处理就是将原始数据矩阵中每个元素按照某种特定的运算变成一个新的数值，且数值的变化不依赖于原始数据中其他数据的新值，并且新得到的数据不含有单位。常用的无量纲化方法有以下几种。

（1）极差正规化变换（规格化变换、阈值法）：

$$x'_{ij} = \frac{x_{ij} - \min_j(x_{ij})}{\max_j(x_{ij}) - \min_j(x_{ij})}, \ i = 1, 2, \cdots, n; j = 1, 2, \cdots, p$$

极差正规化变换后的数据 $0 \leqslant x'_{ij} \leqslant 1$，极差为 1。

（2）标准化变换：

$$x'_{ij} = \frac{x_{ij} - \bar{x}_j}{s_j}, \ i = 1, 2, \cdots, n; j = 1, 2, \cdots, p$$

其中，$\bar{x}_j = \frac{1}{n}\sum_{i=1}^{n} x_{ij}, s_j = \sqrt{\frac{1}{n-1}\sum_{i=1}^{n}(x_{ij} - \bar{x}_j)^2}, \ j = 1, 2, \cdots p$。

标准化变换后的数据，每个变量的样本均值为 0，标准差为 1。

（3）相对化变换：

$$x'_i = \frac{x_i}{x_0} \ \text{或} x'_i = \frac{x_0}{x_i}$$

（4）总和标准化变换：

$$x'_{ij} = \frac{x_{ij}}{\sum_{i=1}^{n} x_{ij}}, \ i = 1, 2, \cdots, n; j = 1, 2, \cdots, p$$

$$\sum_{i=1}^{n} x'_{ij} = 1, \ j = 1, 2, \cdots, p$$

例 4.1 已知某地区九个农业区的七项指标，如表 4.3 所示，试利用极差正规化变换对其进行变换。

表 4.3　某地区九个农业区的七项经济指标数据

区代号	人均耕地 x_1/（hm²/人）	劳均耕地 x_2/（hm²/个）	水田比重 x_3/%	复种指数 x_4/%	粮食亩产 x_5/（kg/hm²）	人均粮食 x_6/（kg/人）	稻谷占粮食比重 x_7/%
G1	0.294	1.093	5.63	113.6	4510.5	1036.4	12.2
G2	0.315	0.971	0.39	95.1	2773.5	683.7	0.85
G3	0.123	0.316	5.28	148.5	6934.5	611.1	6.49
G4	0.179	0.527	0.39	111	4458	632.6	0.92
G5	0.081	0.212	72.04	217.8	12249	791.1	80.38
G6	0.082	0.211	43.78	179.6	8973	636.5	48.17
G7	0.075	0.181	65.15	194.7	10689	634.3	80.17
G8	0.293	0.666	5.35	94.9	3679.5	771.7	7.8
G9	0.167	0.414	2.9	94.8	4231.5	574.6	1.17

解　对表 4.3 原始数据进行极差正规化变换，变换后的数据如表 4.4 所示。

表 4.4　极差正规化变换后的数据

	x_1	x_2	x_3	x_4	x_5	x_6	x_7
G1	0.91	1.00	0.07	0.15	0.18	1.00	0.14
G2	1.00	0.87	0.00	0.00	0.00	0.24	0.00
G3	0.20	0.15	0.07	0.44	0.44	0.08	0.07
G4	0.44	0.38	0.00	0.13	0.18	0.13	0.00
G5	0.03	0.03	1.00	1.00	1.00	0.45	1.00
G6	0.03	0.03	0.61	0.69	0.65	0.13	0.59
G7	0.00	0.00	0.90	0.81	0.84	0.13	1.00
G8	0.91	0.53	0.07	0.00	0.10	0.43	0.09
G9	0.38	0.26	0.04	0.00	0.15	0.00	0.00

2. 距离

描述样品之间的亲疏关系最常用的就是距离，它也是事物之间差异性的测度，是系统聚类分析的依据。

设每个样品有 p 个变量，则每个样品都可以看成 p 维空间中的一个点，n 个样品就是 p 维空间中的 n 个点，则第 i 样品 X_i 与第 j 样品 X_j 之间的距离记为 d_{ij}。d_{ij} 应满足以下条件：

（1）$d_{ij} \geqslant 0$，当且仅当 $X_i = X_j$ 时，$d_{ij} = 0$；

（2）$d_{ij} = d_{ji}$，对一切 X_i, X_j；

（3）$d_{ij} \leqslant d_{ik} + d_{kj}$，对一切 X_i, X_j, X_k。

常用的距离有如下几种。

1）闵可夫斯基 (Minkowski) 距离

$$d_{ij} = \left[\sum_{k=1}^{p} (x_{ik} - x_{jk})^q \right]^{1/q}, \quad i,j = 1,2,\cdots,n \tag{4.1}$$

（1）绝对值距离（Block 距离）：在式（4.1）中，当 $q=1$ 时的一阶闵可夫斯基距离为

$$d_{ij} = \sum_{k=1}^{p} |x_{ik} - x_{jk}|, \quad i,j = 1,2,\cdots,n \tag{4.2}$$

常被形象地称作"城市街区"距离。

（2）欧氏 (Euclidean) 距离：在式（4.1）中，当 $q=2$ 时的二阶闵可夫斯基距离为

$$d_{ij} = \left[\sum_{k=1}^{p} (x_{ik} - x_{jk})^2 \right]^{1/2}, \quad i,j = 1,2,\cdots,n \tag{4.3}$$

欧氏距离是聚类分析中使用最广泛的距离之一，但在解决多元数据的分析时，欧氏距离就显示出它的不足之处。一是欧氏距离与各变量的量纲有关，这对多元数据的处理是不利的；二是欧氏距离没有考虑指标间的相关性；三是欧氏距离也没有考虑到总体的变异对"距离"远近的影响，显然一个变异程度大的变量在距离中的作用（贡献）会越大，这是不合适的。解决以上不足的简单方法就是对各变量加权，如用标准差作为权重可得出"统计距离"（或方差距离）。

$$d_{ij}^* = \left[\sum_{k=1}^{p} \left(\frac{x_{ik} - x_{jk}}{s_k} \right)^2 \right]^{1/2}, \quad i,j = 1,2,\cdots,n$$

（3）切比雪夫 (Chebyshev) 距离：在式（4.1）中，当 q 趋于 ∞ 时，称

$$d_{ij}(\infty) = \max_{1 \leqslant k \leqslant p} |x_{ik} - x_{jk}|, \quad i = 1,2,\cdots,p, j = 1,2,\cdots,n \tag{4.4}$$

为切比雪夫距离。

2）兰氏距离

$$d_{ij} = \frac{1}{p} \sum_{l=1}^{p} \frac{|x_{il} - x_{jl}|}{x_{il} + x_{jl}}, \quad i,j = 1,2,\cdots,n \tag{4.5}$$

它仅适合于一切变量值大于零的情况。该距离与变量单位无关，对大的异常值不敏感，适用于较大变异的数据，但未考虑变量相关性问题。

3）马氏距离

$$d_{ij}(M) = \sqrt{(X_i - X_j)^{\mathrm{T}} S^{-1}(X_i - X_j)}, \quad i, j = 1, 2, \cdots, n \tag{4.6}$$

其中，$X_i = (x_{i1}, x_{i2}, \cdots, x_{ip})^{\mathrm{T}}$ 为第 i 样品的坐标，$X_j = (x_{j1}, x_{j2}, \cdots, x_{jp})^{\mathrm{T}}$ 为第 j 样品的坐标，S 为样本的协方差阵。

马氏距离又称为广义欧氏距离。显然马氏距离既排除了各指标间的相关性干扰，又消除了各指标的量纲；将原始数据做线性变换后，其马氏距离不发生改变。如果每个变量之间相互独立，即观测变量的协方差阵就是对角矩阵，则马氏距离就退化为用各个观测指标的标准差的倒数作为权数的加权欧氏距离。但在聚类分析之前用全部数据计算均值和协方差阵来求马氏距离，使样本协方差矩阵 S 不变，这就显得不合理。比较合理的办法就是用各个类的样本来计算各自的协方差阵，同一类样本间的马氏距离应当用这一类的样本协方差阵来计算，但类的形成需要依赖样本间的距离，样本间的合理马氏距离又依赖于类，这就形成了一个循环问题。因此在实际聚类分析中，马氏距离也不是最理想的距离。

4）斜交空间距离

$$d_{lj}^{*} = \left[\frac{1}{p^2} \sum_{k=1}^{p} \sum_{l=1}^{p} (X_{ki} - X_{kj})(X_{li} - X_{lj}) r_{kl} \right]^{1/2}, \quad i, j = 1, 2, \cdots, n \tag{4.7}$$

其中，r_{kl} 为变量 X_k 与变量 X_l 的相关系数。

当 p 个变量互不相关时，$d_{ij}^{*} = d_{ij}(2)/p$，即斜交空间距离退化为欧氏距离（它们相差一个常数倍）。

3. 距离选择的原则

一般来说，同一批样品采用不同的距离公式，会得到不同的分类结果。产生不同结果的原因，主要是不同的距离公式侧重点和实际意义都不相同。因此在聚类分析时，应注意距离公式的选择。在选择距离公式时应注意以下原则。

（1）要考虑所选择的距离公式在实际应用中有明确的意义。如欧氏距离具有明确的空间距离的概念，马氏距离有消除量纲影响的作用。

（2）要综合考虑对样本观测数据的预处理和将要采用的聚类分析方法的特性。如在进行聚类分析之前已经对变量作了标准化处理，则通常采用欧氏距离。

（3）要考虑研究对象的特点和计算量的大小。在实际中，不妨试探性地多选择几个距离公式分别进行聚类，然后对聚类分析的结果进行对比分析，以确定最合适的距离测度方法。

例 4.2 根据例 4.1 中某地区九个农业区的数据，计算其绝对值距离。

解 利用极差正规化变换对原始数据进行变换，计算结果见例 4.1，然后利用绝对值距离计算任意两个农业区的距离，可以得出九个农业区之间的绝对值距离矩阵如下：

$$
D = (d_{ij})_{9 \times 9} = \begin{bmatrix}
0 \\
1.52 & 0 \\
3.10 & 2.70 & 0 \\
2.19 & 1.47 & 1.23 & 0 \\
5.86 & 6.02 & 3.64 & 4.77 & 0 \\
4.72 & 4.46 & 1.86 & 2.99 & 1.78 & 0 \\
5.79 & 5.53 & 2.93 & 4.06 & 0.83 & 1.07 & 0 \\
1.32 & 0.88 & 2.24 & 1.29 & 5.14 & 3.96 & 5.03 & 0 \\
2.62 & 1.66 & 1.20 & 0.51 & 4.84 & 3.06 & 3.32 & 1.40 & 0
\end{bmatrix}
$$

4. 相似系数

聚类分析方法不仅对样品进行分类，还可以对变量进行分类，对样品进行分类时，常常采用距离来度量样品之间的亲疏关系，对变量进行分类时，常常采用相似系数来度量变量之间的相似性。

相似系数的绝对值越接近于 1，表示变量间的关系越密切；绝对值越接近于 0，表示变量间的关系越疏远。最常用的相似系数有如下两种。

（1）夹角余弦。将任意两个变量 X_i 与变量 X_j 看成 p 维空间的两个向量，这两个向量夹角余弦用 $\cos \theta_{ij}$ 表示。则

$$
\cos \theta_{ij} = \frac{\sum_{l=1}^{p} x_{il} x_{jl}}{\sqrt{\sum_{l=1}^{p} x_{il}^2} \sqrt{\sum_{l=1}^{p} x_{jl}^2}}, \quad i, j = 1, 2, \cdots, n \tag{4.8}
$$

显然 $|\cos \theta_{ij}| \leqslant 1$。

（2）相关系数。将任意两个变量 X_i 与变量 X_j 的相关系数定义为

$$
r_{ij} = \frac{\sum_{l=1}^{p} (x_{il} - \bar{x}_i)(x_{jl} - \bar{x}_j)}{\sqrt{\sum_{l=1}^{p} (x_{il} - \bar{x}_i)^2} \sqrt{\sum_{l=1}^{p} (x_{jl} - \bar{x}_j)^2}}, \quad i, j = 1, 2, \cdots, n \tag{4.9}
$$

显然也有 $|r_{ij}| \leqslant 1$。

无论夹角余弦还是相关系数，它们的绝对值都小于等于 1，作为变量近似性的工具，通常记为 c_{ij}。当 $|c_{ij}| = 1$ 时，说明变量 X_i 与 X_j 完全相似；当 $|c_{ij}|$ 接近于 1 时，说明变量 X_i 与 X_j 非常密切；当 $|c_{ij}| = 0$ 时，说明变量 X_i 与 X_j 完全不相似；当 $|c_{ij}|$ 接近于 0 时，说明变量 X_i 与 X_j 差别很大。据此将比较相似的变量聚为一类，将相似性较低的变量归到不同的类内。

在实际聚类过程中，为了计算方便，将变量间相似系数与距离的度量公式视为含义一致，因此对变量间相似系数作如下变换：

$$d_{ij} = 1 - |c_{ij}| \text{ 或 } d_{ij}^2 = 1 - c_{ij}^2, \quad i,j = 1, 2, \cdots, n$$

用 d_{ij} 表示变量 X_i 与 X_j 之间的距离，d_{ij} 小，则 X_i 与 X_j 就聚成一类，这比较符合人们的一般思维习惯。

4.3　系统聚类方法

系统聚类法是目前在实际应用中使用最多的聚类方法之一，它是将类由多变少的一种方法。

1. 系统聚类法的基本思想

首先，在聚类分析的开始，每个样本自成一类；其次按照某种方法度量所有样本之间的亲疏程度，并把最相似的样本首先聚成一小类；然后，度量剩余的样本和小类间的亲疏程度，并将当前最接近的样本或小类再聚成一类；重复执行该步骤，直到所有样本聚成一类。这个聚类过程可以用谱系聚类图表达出来。

由以上系统聚类法的基本思想，即可得出系统聚类法的基本步骤如下：

(1) 对数据进行变换处理，消除量纲；

(2) 构造 n 个类，每个类只包含一个样本；

(3) 计算 n 个样本两两间的距离 $D^{(0)} = \{d_{ij}\}$；

(4) 合并距离最近的两类为一个新类；

(5) 计算新类与当前各类的距离，重复步骤 (4)；

(6) 画聚类图；

(7) 决定类的个数和类。

2. 系统聚类分析的方法

系统聚类的原则取决于样品间的距离及类间的距离，类间距离测度方法的不同就对应了不同的系统聚类分析方法。本节介绍几种常用的系统聚类分析方法。

以下用 d_{ij} 表示样品 X_i 与 X_j 之间的距离，$G_1, G_2, \cdots$ 表示小类，用 D_{ij} 表示类 G_i 与 G_j 间的距离。

1) 最短距离法

以当前某个样品与已经形成的小类中的各样品距离中的最小值作为当前样品与该小类之间的距离。

最短距离法把类 G_i 与 G_j 之间的距离定义为两类相距最近的样品之间的距离，即

$$D_{ij} = \min_{X_i \in G_i, X_j \in G_j} \{d_{ij}\} \tag{4.10}$$

设类 G_p 与 G_q 合并为一个新类，记为 G_r，则任一类 G_k 与新类 G_r 的距离为

$$D_{kr} = \min\left\{\min_{X_i \in G_k, X_j \in G_p} d_{ij}, \min_{X_i \in G_k, X_j \in G_q} d_{ij}\right\} = \min\{D_{kp}, D_{kq}\},\ k \neq p, q \quad (4.11)$$

最短距离法进行聚类分析的步骤如下。

（1）定义样品之间的距离，计算 n 个样品的距离矩阵 $D^{(0)}$，开始每个样品自成一类，显然这时 $D_{ij} = d_{ij}$。

（2）找出 $D^{(0)}$ 中非对角线的最小元素，设为 D_{pq}，将 G_p 与 G_q 合并为一个新类，记为 G_r，即 $G_r = \{G_p, G_q\}$。

（3）计算出新类与其他类的距离。在 $D^{(0)}$ 中，G_p 和 G_q 所在的行和列合并为一个新行新列，对应于 G_r，该行与列的新值由式 (4.11) 计算求得，其余行列上的值不变，这样就得到新的距离矩阵 $D^{(1)}$。

（4）重复以上步骤，直到所有元素并为一类。

如果某一步最小元素不止一个，则对应这些最小元素的类可以同时合并。

例 4.3 为了研究辽宁等五省份某年城镇居民生活消费的分布规律，根据表 4.5 的调查资料，进行消费类型划分。

表 4.5   辽宁等五省份某年城镇居民生活消费数据

省份	x_1	x_2	x_3	x_4	x_5	x_6	x_7	x_8
辽宁	7.90	39.77	8.49	12.94	19.27	11.05	2.04	13.29
浙江	7.68	50.37	11.35	13.30	19.25	14.59	2.75	14.87
河南	9.42	27.93	8.20	8.14	16.17	9.42	1.55	9.76
甘肃	9.16	27.98	9.01	9.32	15.99	9.10	1.82	11.35
青海	10.06	28.64	10.52	10.05	16.18	8.39	1.96	10.81

解 定义样品间的距离采用欧氏距离，记 G_1={辽宁}，G_2={浙江}，G_3={河南}，G_4={甘肃}，G_5={青海}。计算样品两两间的距离，得距离矩阵 $D^{(0)}$，列于表 4.6。

表 4.6 $D^{(0)}$ 阵

	G_1	G_2	G_3	G_4	G_5
G_1	0				
G_2	11.67	0			
G_3	13.80	24.63	0		
G_4	13.12	24.06	2.2	0	
G_5	12.8	23.54	3.51	2.21	0

在 $D^{(0)}$ 中非对角线最小元素为 2.2，即河南与甘肃的距离最近，于是将 G_3 和 G_4 合为一类 G_6，G_6={G_3, G_4}，利用式 (4.11) 计算 G_6 与其他类的距离，列于表 4.7。

表 4.7 $D^{(1)}$ 阵

	G_6	G_1	G_2	G_5
G_6	0			
G_1	13.12	0		
G_2	24.06	11.67	0	
G_5	2.21	12.8	23.54	0

在 $D^{(1)}$ 中非对角线最小元素为 2.21，于是将 G_5 和 G_6 合为一类 G_7，即河南、甘肃与青海并为一新类 $G_7=\{G_5, G_6\}=\{G_3, G_4, G_6\}$，利用式 (4.11) 计算 G_7 与其他类的距离，列于表 4.8。

表 4.8 $D^{(2)}$ 阵

	G_7	G_1	G_2
G_7	0		
G_1	12.8	0	
G_2	23.54	11.67	0

在 $D^{(2)}$ 中非对角线最小元素为 11.67，于是将 G_1 和 G_2 合为一类 G_8，即辽宁与浙江并为一新类 $G_8=\{G_1,G_2\}$，利用式 (4.11) 计算 G_8 与其他类的距离，列于表 4.9。

表 4.9 $D^{(3)}$ 阵

	G_7	G_8
G_7	0	
G_8	12.8	0

最后将 G_7 和 G_8 合并为 G_9，这时五个样品聚为一类，过程终止，其聚类图如图 4.1 所示。

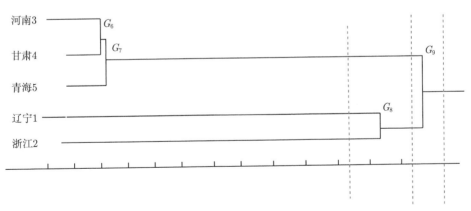

图 4.1 最短距离法聚类图

2）最长距离法

以当前某个样品与已经形成的小类中的各样品距离中的最大值作为当前样品与该小类之间的距离。

最长距离法把类 G_i 与 G_j 之间的距离定义为两类相距最远的样品之间的距离，即

$$D_{ij} = \max_{X_i \in G_i, X_j \in G_j} \{d_{ij}\} \tag{4.12}$$

设类 G_p 与 G_q 合并为一个新类，记为 G_r，则任一类 G_k 与新类 G_r 的距离为

$$D_{kr} = \max \left\{ \max_{X_i \in G_k, X_j \in G_p} d_{ij}, \max_{X_i \in G_k, X_j \in G_q} d_{ij} \right\} = \max \{D_{kp}, D_{kq}\}, \ k \neq p, q \tag{4.13}$$

最长距离法的聚类与最短距离法的聚类步骤完全一样。也就是先将各个样品自成一类，然后将类间距离最短的两类合并，直至所有的样品合并为一类。可以看出，最长距离法与最短距离法只有两点不同，一是类与类之间的距离定义不同，二是计算新类与其他类的距离所用公式不同。

例 4.4 对例 4.3 的数据以最长距离法进行聚类。

解 定义样品间的距离仍采用欧氏距离，记 G_1={辽宁}，G_2={浙江}，G_3={河南}，G_4={甘肃}，G_5={青海}。计算样品两两间的距离，距离矩阵 $D^{(0)}$，与例 4.3 $D^{(0)}$ 相同，见表 4.6。

在 $D^{(0)}$ 中非对角线最小元素为 2.2，即河南与甘肃的距离最近，于是将 G_3 和 G_4 合为一类 G_6，G_6={G_3, G_4}，利用式 (4.13) 计算 G_6 与其他类的距离，列于表 4.10。

表 4.10 $D^{(1)}$ 阵

	G_6	G_1	G_2	G_5
G_6	0			
G_1	13.80	0		
G_2	24.63	11.67	0	
G_5	3.51	12.80	23.54	0

在 $D^{(1)}$ 中非对角线最小元素为 3.51，于是将 G_5 和 G_6 合为一类 G_7，即河南、甘肃与青海并为一新类 G_7={G_5, G_6}={G_3, G_4, G_5}，利用式 (4.13) 计算 G_7 与其他类的距离，列于表 4.11。

表 4.11 $D^{(2)}$ 阵

	G_7	G_1	G_2
G_7	0		
G_1	13.80	0	
G_2	22.63	11.67	0

在 $D^{(2)}$ 中非对角线最小元素为 11.67，于是将 G_1 和 G_2 合为一类 G_8，即辽宁与浙江并为一新类 G_8={G_1,G_2}，利用式 (4.13) 计算 G_8 与其他类的距离，列于表 4.12。

表 4.12 $D^{(3)}$ 阵

	G_7	G_8
G_7	0	
G_8	24.63	0

最后将 G_7 和 G_8 合并为 G_9，这时五个样品聚为一类，过程终止，其聚类图如图 4.2 所示。

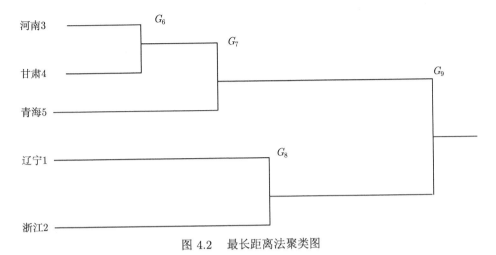

图 4.2 最长距离法聚类图

3) 中间距离法

最长距离夸大了类间距离，而最短距离低估了类间距离。介于两者间的距离称为中间距离。

设某一步将 G_p 和 G_q 合并为 G_r，对于任一类 $G_k (k \neq p, q)$，考虑由 D_{pk}、D_{gk} 和 D_{pq} 为边长组成的三角形，取 D_{pq} 边的中线作为 D_{kr}，得

$$D_{rk}^2 = \frac{1}{2}D_{pk}^2 + \frac{1}{2}D_{qk}^2 - \frac{1}{4}D_{pq}^2 \tag{4.14}$$

或更一般的情形：

$$D_{rk}^2 = \frac{1}{2}D_{pk}^2 + \frac{1}{2}D_{qk}^2 + \beta D_{pq}^2, \qquad -\frac{1}{4} \leqslant \beta \leqslant 0 \tag{4.15}$$

设 $D_{qk} > D_{pk}$，如果采用最短距离法，则 $D_{kr} = D_{pk}$；如果采用最长距离法，则 $D_{kr} = D_{qk}$。中间距离法示例如图 4.3 所示。

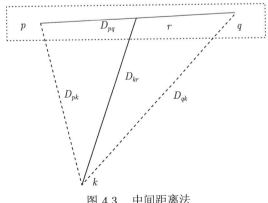

图 4.3 中间距离法

为了便于理解和计算，现举一个简单的例子。

例 4.5 设抽取五个样品，每个样品只测一个指标，它们是 1，2，3.5，7，9。试用中间距离法对五个样品进行分类。

解 （1）将每个样品看作自成一类，因此 $D_{ij}=d_{ij}$，取 $\beta=-1/4$，得表 4.13。

表 4.13 $D^{(0)}$ 阵

	G_1	G_2	G_3	G_4	G_5
$G_1=\{X_1\}$	0				
$G_2=\{X_2\}$	1	0			
$G_3=\{X_3\}$	6.25	2.25	0		
$G_4=\{X_4\}$	36	25	12.25	0	
$G_5=\{X_5\}$	64	49	30.25	4	0

（2）找出表 4.13 中非对角线最小元素是 1，则将 G_1 和 G_2 合并为一个新类 G_6。计算新类与其他类的距离，得表 4.14。

表 4.14 $D^{(1)}$ 阵

	G_6	G_3	G_4	G_5
$G_6=\{X_1,X_2\}$	0			
$G_3=\{X_3\}$	4	0		
$G_4=\{X_4\}$	30.25	12.25	0	
$G_5=\{X_5\}$	56.25	30.25	4	0

（3）找出表 4.14 中非对角线最小元素是 4，则将 G_3 和 G_6 合并为一个新类 G_7，将 G_4 和 G_5 合并为一个新类 G_8，最后计算它们的距离，得表 4.15。

$$D_{78}^2 = \frac{1}{2}D_{74}^2 + \frac{1}{2}D_{75}^2 - \frac{1}{4}D_{45}^2$$

$$= \frac{1}{2}\left[\frac{1}{2}D_{43}^2 + \frac{1}{2}D_{46}^2 - \frac{1}{4}D_{36}^2\right] + \frac{1}{2}\left[\frac{1}{2}D_{53}^2 + \frac{1}{2}D_{56}^2 - \frac{1}{4}D_{36}^2\right] - \frac{1}{4}D_{45}^2 = 30.25$$

表 4.15 $D^{(2)}$ 阵

	G_7	G_8
$G_7=\{X_1,X_2,X_3\}$	0	
$G_8=\{X_4,X_5\}$	30.25	0

其聚类图如图 4.4 所示。

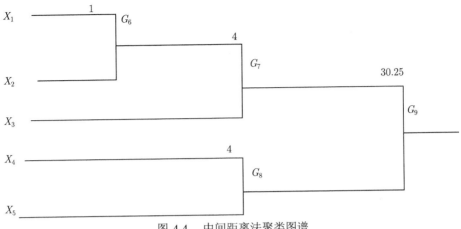

图 4.4 中间距离法聚类图谱

中间距离法还可以推广为更一般的情形，将式（4.15）的三项的系数都依赖于某个参数 β，即

$$D_{kr}^2 = \frac{1-\beta}{2}\left(D_{pk}^2 + D_{qk}^2\right) + \beta D_{pq}^2 \tag{4.16}$$

其中，$\beta < 1$，这种方法称为可变法。

4）重心法

以上方法在定义类与类之间的距离时，都没有考虑每一类中所包含的样品个数。如果将两类间的距离定义为两类重心间的距离，那么这种方法称为重心法。对样品进行分类时，每一类的重心就是属于该类样品的均值。

设某一步将 G_p 和 G_q 合并为 G_r，它们所包含的样品个数分别为 n_p, n_q 和 $n_r(n_r = n_p + n_q)$，各类的重心分别为 $\bar{X}^{(p)}, \bar{X}^{(q)}$ 和 $\bar{X}^{(r)}$，显然有

$$\bar{X}^{(r)} = \frac{1}{n_r}(n_p\bar{X}^{(p)} + n_q\bar{X}^{(q)}) \tag{4.17}$$

设某一类 $G_k(k \neq p, q)$ 的重心为 $\bar{X}^{(k)}$，它与新类 G_r 的距离为

$$D_{kr}^2 = d\left\{\bar{X}^{(r)}, \bar{X}^{(k)}\right\}$$

如果样品间的距离取欧氏距离，把式（4.17）代入 D_{kr}^2，则有

$$D_{kr}^2 = (\bar{X}^{(k)} - \bar{X}^{(r)})^{\mathrm{T}}(\bar{X}^{(k)} - \bar{X}^{(r)})$$

$$= \left[\frac{n_p}{n_r}(\bar{X}^{(k)} - \bar{X}^{(p)}) + \frac{n_q}{n_r}(\bar{X}^{(k)} - \bar{X}^{(q)})\right]^{\mathrm{T}}\left[\frac{n_p}{n_r}(\bar{X}^{(k)} - \bar{X}^{(p)}) + \frac{n_q}{n_r}(\bar{X}^{(k)} - \bar{X}^{(q)})\right]$$

$$= \frac{n_p}{n_r}D_{pk}^2 + \frac{n_q}{n_r}D_{qk}^2 - \frac{n_p}{n_r}\cdot\frac{n_q}{n_r}\cdot D_{pq}^2$$

$$D_{kr}^2 = \frac{n_p}{n_r}D_{pk}^2 + \frac{n_q}{n_r}D_{qk}^2 - \frac{n_p}{n_r}\cdot\frac{n_q}{n_r}\cdot D_{pq}^2, \quad k \neq p, q \tag{4.18}$$

当 $n_p = n_q$ 时，该公式就是中间距离法。

重心法的归类步骤与以上方法基本相同，所不同的是每合并一次，就要重新计算新类的重心及各类与新类的距离。

例 4.6 针对例 4.5 的数据，试用重心法对它们进行分类。

解 重心法的初始距离与中间距离法相同，具体距离见表 4.13。

在表 4.13 中非对角线最小元素是 1，则将 G_1 和 G_2 合并为一个新类 G_6，计算新类的重心，其与其他类的距离。

G_6 的重心为 $\bar{X}_6 = 1.5$,计算 G_6 与其他各类重心之间的距离。如计算 $D_{46}^2, n_1 = 1, n_2 = 1, n_6 = 2$。

$$D_{46}^2 = \frac{1}{2}\times 36 + \frac{1}{2}\times 25 - \frac{1}{4}\times 1 = 30.25$$

计算新类与其他类的距离，得表 4.16。

表 4.16　$D^{(1)}$ 阵

	G_6	G_3	G_4	G_5
$G_6=\{X_1,X_2\}$	0			
$G_3 =\{X_3\}$	4	0		
$G_4 =\{X_4\}$	30.25	12.25	0	
$G_5 =\{X_5\}$	56.25	30.25	4	0

在表 4.16 中非对角线最小元素是 4，则将 G_3 和 G_6 合并为一个新类 G_7，将 G_4 和 G_5 合并为一个新类 G_8，最后计算它们的距离，得表 4.17。

$$D_{78}^2 = \frac{1}{2}D_{74}^2 + \frac{1}{2}D_{75}^2 - \frac{1}{4}D_{45}^2 = \frac{1}{2}\left[\frac{1}{3}D_{43}^2 + \frac{2}{3}D_{46}^2 - \frac{2}{9}D_{36}^2\right]$$

$$+ \frac{1}{2}\left[\frac{1}{3}D_{53}^2 + \frac{2}{3}D_{56}^2 - \frac{2}{9}D_{36}^2\right] - \frac{1}{4}D_{45}^2 = 34.03$$

表 4.17　$D^{(2)}$ 阵

	G_7	G_8
$G_7 =\{X_1,X_2, X_3\}$	0	
$G_8=\{X_4,X_5\}$	34.03	0

其聚类图如图 4.5 所示。

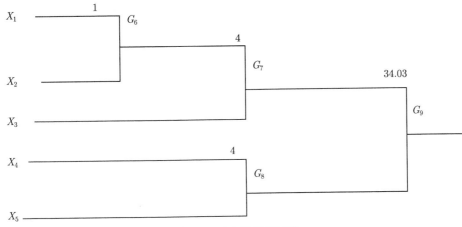

图 4.5　重心法聚类图谱

5）类平均法

类平均法就是用两类样品两两之间的距离的平方和的平均值作为两类间的距离的平方，它利用了所有样品对距离的信息。

$$D_{pq}^2 = \frac{1}{n_p n_q} \sum_{X_i \in G_p} \sum_{X_j \in G_q} d_{ij}^2$$

设某一步将 G_p 和 G_q 合并为 G_r，它们所包含的样品个数分别为 n_p, n_q 和 $n_r (n_r = n_p + n_q)$，设某一类 $G_k(k \neq p, q)$，它与新类 G_r 的距离为

$$D_{kr}^2 = \frac{1}{n_k n_r} \sum_{X_i \in G_k} \sum_{X_j \in G_r} d_{ij}^2 = \frac{1}{n_k n_r} \sum_{X_i \in G_k} \sum_{X_j \in G_p} d_{ij}^2 + \frac{1}{n_k n_r} \sum_{X_i \in G_k} \sum_{X_j \in G_q} d_{ij}^2$$

$$= \frac{n_p}{n_r} \frac{1}{n_k n_p} \sum_{X_i \in G_k} \sum_{X_j \in G_p} d_{ij}^2 + \frac{n_q}{n_r} \frac{1}{n_k n_q} \sum_{X_i \in G_k} \sum_{X_j \in G_q} d_{ij}^2 = \frac{n_p}{n_r} D_{kp}^2 + \frac{n_q}{n_r} D_{kq}^2 \qquad (4.19)$$

例 4.7　针对例 4.5 的数据，试用类平均法对它们进行分类。

解　类平均法的初始距离与中间距离法相同，具体距离见表 4.13。

在表 4.13 中非对角线最小元素是 1，则将 G_1, G_2 合并为一个新类 G_6，计算新类的重心，其与其他类的距离。其中

$$D_{k6}^2 = \frac{1}{2} D_{k1}^2 + \frac{1}{2} D_{k2}^2, \quad k = 3, 4, 5$$

具体计算新类与其他类的距离，如表 4.18 所示。

表 4.18　$D^{(1)}$ 阵

	G_6	G_3	G_4	G_5
$G_6=\{X_1, X_2\}$	0			
$G_3 = \{X_3\}$	4.25	0		
$G_4 = \{X_4\}$	30.5	12.25	0	
$G_5 = \{X_5\}$	56.5	30.25	4	0

在表 4.18 中非对角线最小元素是 4，则将 G_4，G_5 合并为一个新类 G_7，按类平均法计算新类与其他类的距离，得表 4.19。

表 4.19 $D^{(2)}$ 阵

	G_6	G_3	G_7
$G_6=\{X_1, X_2\}$	0		
$G_3=\{X_3\}$	4.25	0	
$G_7=\{X_4, X_5\}$	43.5	21.25	0

在表 4.19 中非对角线最小元素是 4.25，则将 G_3，G_6 合并为一个新类 G_8。按类平均法计算新类与其他类的距离，得表 4.20。

表 4.20 $D^{(3)}$ 阵

	G_8	G_7
$G_8=\{X_1, X_2, X_3\}$	0	
$G_7=\{X_4, X_5\}$	36.08	0

其聚类图如图 4.6 所示。

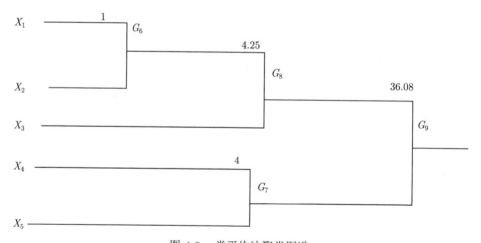

图 4.6   类平均法聚类图谱

6) 可变类平均法

由于类平均法中没有反映 G_p 和 G_q 之间的距离 D_{pq} 的影响，所以给出可变类平均法。对所有样本对的距离求平均值，包括小类之间的样本对、小类内的样本对。

设某一步将 G_p 和 G_q 合并为 G_r，它们所包含的样品个数分别为 n_p, n_q 和 $n_r(n_r = n_p + n_q)$，设某一类 $G_k(k \neq p, q)$，它与新类 G_r 的距离计算公式为

$$D_{kr}^2 = \left[\frac{n_p}{n_r}D_{kp}^2 + \frac{n_q}{n_r}D_{kq}^2\right](1-\beta) + \beta D_{pq}^2 \tag{4.20}$$

其中，β 是可变的，且 $\beta < 1$。

例 4.8　针对例 4.5 的数据, 试用可变类平均法对它们进行分类。

解　可变类平均法的初始距离与中间距离法相同, 具体距离见表 4.13。

在表 4.13 中非对角线最小元素是 1, 则将 G_1, G_2 合并为一个新类 G_6, 计算新类的重心, 其与其他类的距离。取 $\beta = -1/4$, 具体计算新类与其他类的距离, 如表 4.21 所示。

表 4.21　$D^{(1)}$ 阵

	G_6	G_3	G_4	G_5
$G_6=\{X_1,X_2\}$	0			
$G_3=\{X_3\}$	5.06	0		
$G_4=\{X_4\}$	37.88	12.25	0	
$G_5=\{X_5\}$	70.38	30.25	4	0

在表 4.21 中非对角线最小元素是 4, 则将 G_4, G_5 合并为一个新类 G_7。计算新类与其他类的距离, 得表 4.22。

表 4.22　$D^{(2)}$ 阵

	G_6	G_3	G_7
$G_6=\{X_1,X_2\}$	0		
$G_3=\{X_3\}$	5.06	0	
$G_7=\{X_4, X_5\}$	66.66	25.56	0

表 4.22 中非对角线最小元素是 5.06, 则将 G_3, G_6 合并为一个新类 G_8。计算新类与其他类的距离, 得表 4.23。

表 4.23　$D^{(3)}$ 阵

	G_8	G_7
$G_8=\{X_1,X_2,X_3\}$	0	
$G_7=\{X_4, X_5\}$	64.94	0

其聚类图如图 4.7 所示。

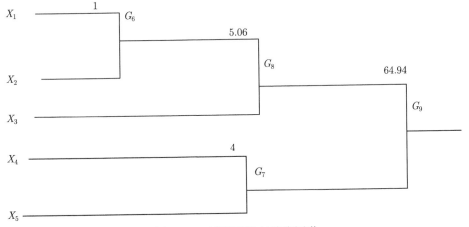

图 4.7　可变类平均法聚类图谱

7）离差平方和法（Ward 法）

该方法是 Ward 提出的，所以又称为 Ward 法。如果分类正确，同类样品的离差平方和应该较小，类与类的离差平方和应当较大。具体的做法是先将 n 个样本各成一类，然后每次缩小一类，每缩小一类，离差平方和就要增大，选择使离差平方和 S 增加最小的两类合并，直至所有样本归为一类。

设将 n 个样品分成 m 个类 $G_1, G_2, \cdots, G_m$，n_t 表示 G_t 类内的样品个数，$\bar{X}^{(t)}$ 表示 G_t 的重心，$X_i^{(t)}$ 表示 G_t 中第 i 个样品 $(i = 1, 2, \cdots, n_t)$，则 G_t 中样品的离差平方和为

$$S_t = \sum_{i=1}^{n_t} (X_i^{(t)} - \bar{X}^{(t)})(X_i^{(t)} - \bar{X}^{(t)})'$$

m 个类的总离差平方和为

$$S = \sum_{t=1}^{m} S_t = \sum_{t=1}^{m} \sum_{i=1}^{n_t} (X_i^{(t)} - \bar{X}^{(t)})(X_i^{(t)} - \bar{X}^{(t)})'$$

将 m 固定，选择使 S 达到极小的分类。

如果将类 G_p 和类 G_q 合并为新类 G_r，它们的类内离差平方和分别为 S_p, S_q 和 S_r。它们反映了各自类内样品的分散程度，如果 G_p 和 G_q 这两类距离比较接近，则合并后所增加的离差平方和 $S_r - (S_p + S_q)$ 应该较小，否则应该较大。于是定义 G_p 和 G_q 之间的平方距离为

$$D_{pq}^2 = S_r - (S_p + S_q)$$

设将类 G_p 和类 G_q 合并为新类 G_r，它们所包含的样品个数分别为 n_p, n_q 和 $n_r(n_r = n_p + n_q)$，设某一类 $G_k(k \neq p, q)$，可以证明它与新类 G_r 的距离为

$$D_{kr}^2 = \frac{n_k + n_p}{n_r + n_k} D_{kp}^2 + \frac{n_k + n_q}{n_r + n_k} D_{kq}^2 - \frac{n_k}{n_r + n_k} D_{pq}^2 \tag{4.21}$$

在实际应用中，离差平方和法应用较广泛，分类效果也较好，它考虑了类内样品的个数，但它对异常值比较敏感。

例 4.9 针对例 4.5 的数据，试用离差平方和法进行分类。

解 （1）将五个样品各自分成一类，显然这时类内离差平方和 $S=0$。

（2）将一切可能的任意两列合并，计算所增加的离差平方和，取其中较小的 S 所对应的类进行合并，如将 $G_1 = \{X_1\}$，$G_2 = \{X_2\}$ 合并成一类，它的重心为 $\bar{X} = (1+2)/2 = 1.5$，因此它的离差平方和为 $S_{12} = (1 - 1.5)^2 + (2 - 1.5)^2 = 0.5$，如果将 $G_1 = \{X_1\}$，$G_3 = \{X_3\}$ 合并成一类，它的离差平方和为 $S_{13} = (1 - 2.25)^2 + (3.5 - 2.25)^2 = 3.125$。将一切可能的两类合并的离差平方和都计算出来，如表 4.24 所示。

表 4.24　$D^{(0)}$ 阵

	G_1	G_2	G_3	G_4	G_5
$G_1=\{X_1\}$	0				
$G_2=\{X_2\}$	0.5	0			
$G_3=\{X_3\}$	3.125	1.125	0		
$G_4=\{X_4\}$	18	12.5	6.125	0	
$G_5=\{X_5\}$	32	24.5	15.125	2	0

表 4.24 中非对角线最小元素是 0.5，说明将 G_1，G_2 合并为一个新类 G_6 增加的 S 最少，计算新类 G_6 与其他类的距离，计算公式为

$$D_{k6}^2 = \frac{n_k+n_1}{n_6+n_k}D_{k1}^2 + \frac{n_k+n_2}{n_6+n_k}D_{k2}^2 - \frac{n_k}{n_6+n_k}D_{12}^2, \quad k=3,4,5, n_3=n_4=n_5=1, n_6=2$$

如 $D_{36}^2 = \dfrac{2}{3} \times 3.125 + \dfrac{2}{3} \times 1.125 - \dfrac{1}{3} \times 0.5 = 2.667$。

具体计算结果见表 4.25。

表 4.25　$D^{(1)}$ 阵

	G_6	G_3	G_4	G_5
$G_6=\{X_1,X_2\}$	0			
$G_3=\{X_3\}$	2.667	0		
$G_4=\{X_4\}$	20.167	6.125	0	
$G_5=\{X_5\}$	37.5	15.125	2	0

表 4.25 中非对角线最小元素是 2，则将 G_4，G_5 合并为一个新类 G_7。计算新类 G_7 与其他类的距离，得表 4.26。

表 4.26　$D^{(2)}$ 阵

	G_6	G_3	G_7
$G_6=\{X_1, X_2\}$	0		
$G_3=\{X_3\}$	2.667	0	
$G_7=\{X_4, X_5\}$	42.25	13.5	0

表 4.26 中非对角线最小元素是 2.667，则将 G_3，G_6 合并为一个新类 G_8。计算新类 G_8 与其他类的距离，得表 4.27。

$$D_{78}^2 = \frac{n_7+n_3}{n_7+n_8}D_{73}^2 + \frac{n_7+n_6}{n_7+n_8}D_{76}^2 - \frac{n_7}{n_7+n_8}D_{36}^2 = \frac{3}{5} \times 13.5 + \frac{4}{5} \times 42.25 - \frac{2}{5} \times 2.667 = 40.83$$

表 4.27　$D^{(3)}$ 阵

	G_8	G_7
$G_8=\{X_1,X_2,X_3\}$	0	
$G_7=\{X_4, X_5\}$	40.83	0

其聚类图如图 4.8 所示。

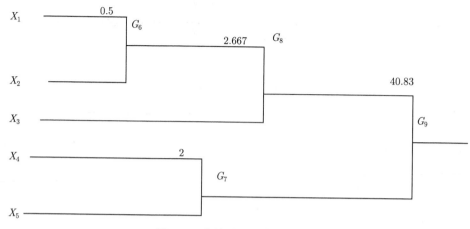

图 4.8   离差平方和法聚类图谱

上面的例子, 利用几种聚类方法获得的结果是相同的, 但在一般情况下, 几种聚类方法所获得的结果不一定完全相同。各种方法的比较仍是目前值得研究的一个课题, 在实际应用中, 一般采用以下两种方法: 一种是根据分类问题本身的专业知识结合实际需要来选择分类方法, 并确定分类个数。另一种是用多种分类方法, 把结果中的共性部分取出来, 如果几种方法的某些结果都一样, 则说明这样的聚类确实反映了事物的本质, 而将有争议的样品暂放在一边或用其他方法进行归类。

3. 系统聚类方法的统一

以上聚类方法的计算步骤完全相同, 仅类与类之间距离的定义不同, 因而得到不同的计算公式。兰斯（Lance）和威廉姆斯（Williams）于 1967 年首先给出了统一的公式, 这样为编制计算机程序提供了很大的方便。

设类 G_p 与 G_q 合并为一个新类 G_r, $G_r = \{G_p, G_q\}$, 则任一类 $G_k(k \neq p, q)$ 与新类 G_r 的距离平方为

$$D_{kr}^2 = \alpha_p D_{kp}^2 + \alpha_q D_{kq}^2 + \beta D_{pq}^2 + \gamma \left| D_{kp}^2 - D_{kq}^2 \right| \tag{4.22}$$

$\alpha_p, \alpha_q, \beta, \gamma$ 是参数, 不同的系统聚类法取不同的数（表 4.28）。

表 4.28   几种系统聚类法的参数表

方法	α_p	α_q	β	γ
最短距离法	$1/2$	$1/2$	0	$-1/2$
最长距离法	$1/2$	$1/2$	0	$1/2$
中间距离法	$1/2$	$1/1$	$-1/4$	0
重心法	n_p/n_r	n_q/n_r	$\alpha_p \alpha_q$	0
类平均法	n_p/n_r	n_q/n_r	0	0
可变类平均法	$(1-\beta)n_p/n_r$	$(1-\beta)n_q/n_r$	<1	0
可变法	$(1-\beta)/2$	$(1-\beta)/2$	<1	0
离差平方和法	$(n_k+n_p)/(n_k+n_r)$	$(n_k+n_q)/(n_k+n_r)$	$-n_k/(n_k+n_r)$	0

4. 系统聚类方法的性质

1）单调性

设 D_k 是系统聚类法中的第 k 次合并类别时的距离，如果 $D_1 < D_2 < D_3 < \cdots$，则称聚类距离具有单调性。这种单调性符合系统聚类法的思想，先合并较相近的类，然后合并较疏远的类。可以证明最短距离法、最长距离法、类平均法、离差平方和法、可变法和可变类平均法都具有单调性。而中间距离法、重心法不具有单调性。

2）空间的浓缩与扩张

通过前面的例题可以看出，对于同一问题采用不同聚类法作图时，横坐标的范围可相差很大。在例 4.3 与例 4.4 中，比较最短距离法与最长距离法的聚类过程，以及每一步骤相应的距离矩阵，可以看出，对于每一步骤都有

$$D_{ij}(短) \leqslant D_{ij}(长), \quad 对一切 i, j$$

这种性质称为最长距离法比最短距离法扩张；或称为最短距离法比最长距离法浓缩。

对于系统聚类的各种方法，有如下结论。

（1）类平均法相比最短距离法扩张，但比最长距离法浓缩；

（2）类平均法比重心法扩张，但比离差平方和法浓缩。

太浓缩的方法不够灵活，太扩张的方法可能因灵敏度过高而容易失真。类平均法比较适中，相对其他方法既不太浓缩，也不太扩张，而且还具有单调性。它是一种应用比较广泛、聚类效果较好的方法，因而被认为是一个比较理想的方法。

4.4　动态聚类

系统聚类法需要计算出不同样品或变量的距离，还要在聚类的每一步都计算 "类间的距离"，相应的计算量自然就比较大；特别是当样本容量很大时，用系统聚类法计算的工作量极大，作出的树状图也十分复杂，不便于分析。因此人们提出能否先给出一个初始的分类（初始分类不一定完全合理），然后按照某种原则进行修正，直至分类合理。基于这种思想就产生了动态聚类法。

动态聚类法又称为逐步聚类法，它的基本思想是，先粗略地对所研究对象进行分类，然后按照某种最优的原则修改不合理的分类，直至类分得比较合理，从而形成最终的分类结果。该方法具有计算量较小、占计算机内存空间较少，方法简单，适合于大样本的 Q 聚类。动态聚类法有许多种，下面讨论比较流行的动态聚类法——k 均值法。它是麦奎恩（MacQueen）于 1967 年提出的。具体算法如下：

（1）按照一定的原则，将所有样品分为 k 个初始类；

（2）根据欧氏距离将每个样品归入离中心点最近的那个类；

（3）对获得的新类，重新计算各类的中心点；

（4）重复步骤（2）、（3）直至分类达到稳定。

如果选择了 P 个数值型变量参与聚类分析，最后要求聚类数 k，那么可以由系统首先选择 k 个观测量作为聚类的种子，也称初始类中心或凝聚点。

1. 凝聚点的选择

凝聚点是作为组成类的中心, 具有代表性的点, 凝聚点的选择直接决定初始分类并对最终分类结果也有很大影响. 因此凝聚点的选择要特别注意, 常用的方法有以下几种.

（1）经验选择. 根据对聚类问题的了解, 依据经验将聚类问题预先确定一个分类数或初始分类, 并在每类中选一个有代表性的样品点作为凝聚点.

（2）对样本人为地分为 k 个类, 再计算每类的重心（即该类样品点向量的均值向量）, 最后以每类的重心作为凝聚点.

（3）最小最大距离法. 如果欲将 n 个样本点分为 k 类, 先选取距离最大的两点 x_{i1}, x_{i2} 为前两个凝聚点, 然后选取第 3 个凝聚点 x_{i3}, 由于其余所有点与前两个凝聚点都有最短距离, 在全部最短距离中选择最长距离, 这个距离的两端一个是 x_{i1} 或 x_{i2}, 另一个是 x_{i3}, 依此类推, 直到选出 k 个凝聚点.

（4）密度法. 先给出两个正数 d_1 与 d_2, 且 $d_1 < d_2$, 再以每个样品作为球心, 以 d_1 为半径分别作球, 则落在每一球内的样品数（不含作为球心的样品）即称为该球心的样品密度. 因此密度 d_1 是样品的函数, 再以密度最大的样品点作为第一凝聚点, 再选密度次大的样品点, 如果它与第一凝聚点的距离大于 d_2, 则该点即作为第二凝聚点, 如果距离小于 d_2 则该点取消, 依次类推, 这样每次选的凝聚点与已选的任一凝聚点的距离都大于 d_2, 一般常取 $d_2 = 2 d_1$. d_1 的选择要合适, 太大了使凝聚点个数太少, 太小了使凝聚点个数太多.

2. 初始分类

初始分类常用的方法如下.

（1）根据经验对样品进行人为分类.

（2）选择凝聚点后, 将与其距离最近的凝聚点归并.

（3）选择凝聚点后, 每个凝聚点自成一类, 将样本依次归入其距离最近的凝聚点所在的类, 并计算该类的重心, 以代替原来的凝聚点, 再计算下一个样本的归类, 直至所有样本都归类.

（4）先对样本数据标准化处理, 然后计算统计量：

$$\text{sum}(i) = \sum_{j=1}^{m} x_{ij}^*, \quad \text{MA} = \max_{1 \leqslant i \leqslant n} \text{sum}(i), \quad \text{MI} = \min_{1 \leqslant i \leqslant n} \text{sum}(i)$$

统计量 $\dfrac{(k-1)(\text{sum}(i) - \text{MI})}{\text{MA} - \text{MI}} + 1$ 接近几, 就把它归入第几类.

动态聚类法和系统聚类法一样, 都是以距离的远近亲疏为标准进行聚类的, 但是两者的不同之处也是明显的：系统聚类法对不同的类数产生一系列聚类结果, 动态聚类法只能产生指定类数的聚类结果. 具体类数的确定, 离不开实践经验的积累；有时也借助系统聚类法以一部分样品为对象进行聚类, 其结果作为动态聚类法确定类数的参考.

例 4.10 设有五个样品, 每个只测一个指标, 分别是 1, 2, 6, 8, 11, 试用动态聚类法进行聚类, 且指定 $k = 2$.

解　聚类的具体步骤如下。

（1）随意将这些样品分成以下两类：

$$G_1^{(0)} = \{1,6,8\}, G_2^{(0)} = \{2,11\}$$

则这两个类的初始均值分别为 5 和 6.5。

（2）计算第一个样品 1 到这两个类（均值）的距离：

$$d(1, G_1^{(0)}) = |1-5| = 4, \ d(1, G_2^{(0)}) = |1-6.5| = 5.5$$

由于 1 到 $G_1^{(0)}$ 的距离小于到 $G_2^{(0)}$ 的距离，因此 1 仍然属于 $G_1^{(0)}$，计算 6 到这两个类（均值）的距离：

$$d(6, G_1^{(0)}) = |6-5| = 1, d(6, G_2^{(0)}) = |6-6.5| = 0.5$$

由于 6 到 $G_1^{(0)}$ 的距离大于到 $G_2^{(0)}$ 的距离，因此 6 重新分配到 $G_2^{(0)}$。

同理计算：

$$d(8, G_1^{(0)}) = 3, d(8, G_2^{(0)}) = 1.5, d(2, G_1^{(0)}) = 3, d(2, G_2^{(0)}) = 4.5,$$

$$d(11, G_1^{(0)}) = 6, d(11, G_2^{(0)}) = 4.5$$

修正后新的两个类为

$$G_1^{(1)} = \{1,2\}, G_2^{(1)} = \{6,8,11\}$$

则这两个类的均值分别为 1.5 和 $8\frac{1}{3}$。

计算 $d(1, G_1^{(1)}) = 0.5, d(1, G_2^{(1)}) = 7\frac{1}{3}, d(2, G_1^{(1)}) = 0.5, d(2, G_2^{(1)}) = 6\frac{1}{3}$;

$$d(6, G_1^{(1)}) = 4.5, d(6, G_2^{(1)}) = 2\frac{1}{3}, d(8, G_1^{(1)}) = 6.5,$$

$$d(8, G_2^{(1)}) = \frac{1}{3}, d(11, G_1^{(1)}) = 9.5, d(11, G_2^{(1)}) = 2\frac{2}{3}$$

新得到的两个类为 $G_1^{(2)} = \{1,2\}, G_2^{(2)} = \{6,8,11\}$。

这时与上次所得的类完全相同，得到最终的聚类结果。

3. 类的个数

在聚类过程中类的个数如何确定才是合适的呢？至今还没有找到令人满意的方法，但这又是一个不能回避的问题。如果能够分成若干个分离性良好的类，则类的个数就比较容易确定；反之，如果无论怎样分都很难分成明显分开的若干类，则类的个数的确定就比较困难了。下面介绍确定类个数的几种常用方法。

（1）给定一个阈值 T。通过观测聚类树状图，给出一个你认为合适的阈值 T，要求类与类之间的距离要大于 T，有些样品可能会因此而不能与其他类别合并或只能自成一类。这种方法具有较强的主观性，但在实践中用得较多。

（2）观测样品的散点图。如果样品只有两个或三个变量，则可以通过观测数据的散点图确定类的个数。对于变量超过三个的情形，可将原始变量综合成两个或三个综合变量，然后再观测这些综合变量的散点图。

散点图还有一个重要的作用，就是从直觉上来判断所采用的聚类方法是否合理。

4. 代表性的变量的选取

对于变量聚类，用聚类方法分类之后，如何从每类中选一个或几个有代表性的变量呢？一个简单的办法就是计算每类中相关变量的平均值，其中较大者就是该类的代表性变量。其计算公式为

$$\bar{R}_i^2 = \frac{\sum\limits_{j \neq i} r_{ij}^2}{k-1}, \quad i,j = 1,2,\cdots,k$$

其中，k 为某一类中变量的个数，r_{ij}^2 为该类内变量 x_i 对类中其他变量的相关系数的平方。

例 4.11   若体重、胸围、大腿围是研究人胖瘦问题的三个指标，其相关系数如表 4.29 所示。

表 4.29   体重、胸围、大腿围之间的相关系数

	体重	胸围	大腿围
体重	1		
胸围	0.8223	1	
大腿围	0.7403	0.6413	1

解   计算体重对胸围及大腿围的指标为

$$[(0.8223)^2 + (0.7403)^2]/(3-1) = 0.6121$$

计算胸围对体重及大腿围的指标为

$$[(0.8223)^2 + (0.6413)^2]/(3-1) = 0.5445$$

计算大腿围对体重及胸围的指标为

$$[(0.6413)^2 + (0.7403)^2]/(3-1) = 0.4331$$

由于体重的相关性指标值最大，因此可用体重作为研究胖瘦问题的代表性指标。它与实际情况是相符的。

4.5 实 例 分 析

实例 4.1   利用 2021 年《中国统计年鉴》全国 31 个省（自治区、直辖市）的农村居民家庭平均每人生活消费支出的 8 个指标的数据，对其进行分类。8 个指标分别为：X_1：食品；X_2：衣着；X_3：居住；X_4：家庭设备用品及服务；X_5：交通和通信；X_6：文教、娱乐用品及服务；X_7：医疗保健；X_8：其他商品和服务。具体数据如表 4.30 所示。

表 4.30　　2020 年各地区农村居民家庭平均每人生活消费支出　　（单位: 元）

序号	地区	食品	衣着	居住	家庭设备用品及服务	交通和通信	文教、娱乐用品及服务	医疗保健	其他商品和服务
1	北京	5968.1	1035.6	6453.1	1120.6	2924.4	1142.7	1972.8	295.4
2	天津	5621.7	1002.2	3527.9	1026.1	2504.3	931.6	1858.2	372.1
3	河北	3686.8	810.6	2711.1	782.9	1892.8	1154.6	1380.1	225.3
4	山西	3247.6	720.9	2286.6	526.0	1145.0	967.4	1182.8	213.8
5	内蒙古	4164.3	727.1	2632.6	583.5	2152.1	1436.5	1667.0	230.8
6	辽宁	3660.3	2412.5	698.6	529.6	1946.4	1109.1	1718.7	236.1
7	吉林	3730.5	716.4	1992.7	488.9	1899.2	1177.4	1568.5	289.8
8	黑龙江	4243.7	858.6	2046.8	548.6	1680.9	1197.7	1562.9	220.8
9	上海	8647.8	1077.5	4439.3	1325.2	3495.5	1003.1	1655.3	451.8
10	江苏	5216.3	823.0	3785.6	957.7	2786.9	1448.4	1712.2	291.6
11	浙江	6952.1	1043.1	5719.9	1225.5	2937.5	1776.3	1546.2	354.9
12	安徽	5145.8	867.5	3390.5	855.0	1663.7	1422.0	1457.4	221.7
13	福建	6273.9	754.5	3943.0	874.0	1688.3	1232.0	1270.9	302.1
14	江西	4557.1	602.6	3553.8	686.6	1402.6	1477.6	1136.7	162.4
15	山东	3721.9	689.0	2434.7	817.9	2112.0	1290.8	1413.4	180.7
16	河南	3396.7	873.1	2770.1	783.2	1501.8	1285.6	1379.1	211.4
17	湖北	4304.5	780.4	3197.6	790.9	2175.3	1382.3	1558.5	283.0
18	湖南	4635.9	674.4	3367.0	853.0	1730.5	1783.8	1706.6	222.6
19	广东	6991.8	506.9	3829.2	803.2	1958.1	1275.5	1517.9	249.8
20	广西	4296.9	354.2	2659.2	667.0	1681.8	1408.2	1227.8	136.1
21	海南	5766.2	362.1	2529.4	573.8	1412.4	1244.9	1077.3	203.5
22	重庆	5183.1	736.3	2630.9	919.1	1591.5	1290.3	1560.1	228.3
23	四川	5478.1	753.3	2866.4	905.4	1935.0	1106.5	1650.3	257.6
24	贵州	3214.3	595.7	2337.3	603.9	1543.2	1377.8	959.4	185.9
25	云南	3797.1	451.7	2115.4	569.9	1691.7	1324.2	980.6	138.8
26	西藏	3369.0	708.0	1908.6	474.6	1386.2	380.1	402.5	288.2
27	陕西	3182.6	609.6	2715.4	688.1	1460.9	1057.4	1490.7	170.9
28	甘肃	3065.4	608.1	1905.8	588.8	1234.4	1211.4	1140.4	168.6
29	青海	3664.7	823.0	2154.9	628.5	2146.7	989.2	1416.0	311.2
30	宁夏	3331.1	656.0	2197.5	626.4	2022.4	1179.6	1478.0	233.3
31	新疆	3473.3	713.3	2255.4	612.6	1344.2	1230.4	955.0	193.9

解　（1）首先对表 4.30 的数据采用标准化变换对 8 项指标的原始数据进行无量纲化处理。

（2）采用欧氏距离计算 31 个省（自治区、直辖市）之间的样本间距离。（运用 SPSS 软件进行计算，具体计算过程在此略。）

（3）分别选用最长距离法、最短距离法、重心法计算类间的距离，并对样本进行归类。各种聚类图如图 4.9～ 图 4.11 所示。

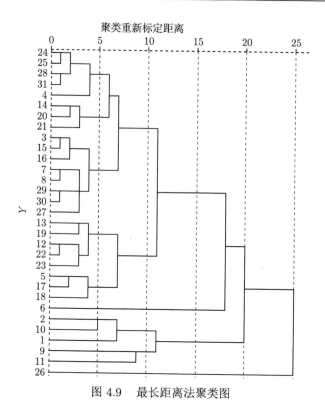

图 4.9   最长距离法聚类图

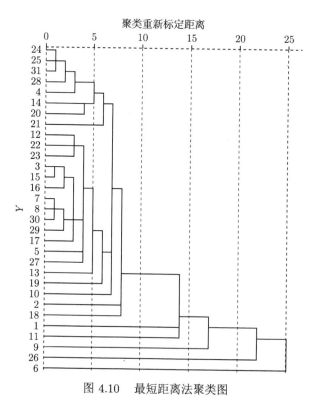

图 4.10   最短距离法聚类图

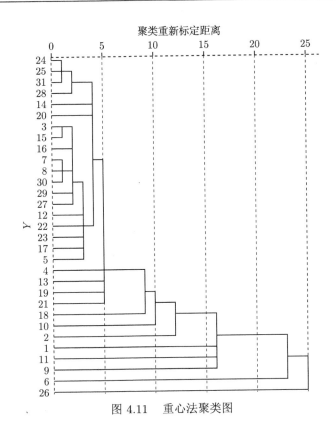

图 4.11　重心法聚类图

图 4.9～图 4.11 给出了 2020 年我国农村居民消费地区聚类分析谱系图，从这三个聚类图来看，最长距离法似乎更符合本例的聚类要求。它将我国各地区农村居民消费在地域上划分为三类。

第 1 类：上海、北京和浙江。这些都是我国经济最发达、农村居民消费水平最高的地区。

第 2 类：天津、辽宁、广东、江苏、福建、山东、黑龙江、吉林、内蒙古、湖南、湖北。这些是我国经济发展较快、农村居民消费水平较高的地区。

第 3 类：河北、河南、新疆、甘肃、陕西、山西、广西、江西、青海、宁夏、安徽、云南、海南、重庆、四川、贵州、西藏。这些基本上属于我国中西部地区的省市，农村居民消费水平相对较低。

实例 4.2　某地区为了因地施肥，需要对各种土壤成分进行测量分类。现对 20 个土壤样品的五个成分进行测量，具体数据如表 4.31 所示，试利用系统聚类法对其进行样品聚类分析。

解　（1）用标准化变换对原始数据进行无量纲化处理，具体处理数据见表 4.32。

（2）采用欧氏距离计算 20 个样品之间的距离。（运用 SPSS 软件进行计算，具体计算过程在此略。）

选用最长距离法、重心法、最短距离法、Ward 法计算类间的距离，并对样本进行归类。得到各种聚类图如图 4.12～图 4.15 所示。

表 4.31　　土壤样品的观测数据

样品号	含沙量 X_1	淤泥含量 X_2	黏土含量 X_3	有机物 X_4	pHX_5
1	77.3	13.0	9.7	1.5	6.4
2	82.5	10.0	7.5	1.5	6.5
3	66.9	20.0	12.5	2.3	7.0
4	47.2	33.3	19.0	2.8	5.8
5	65.3	20.5	14.2	1.9	6.9
6	83.3	10.0	6.7	2.2	7.0
7	81.6	12.7	5.7	2.9	6.7
8	47.8	36.5	15.7	2.3	7.2
9	48.6	37.1	14.3	2.1	7.2
10	61.6	25.5	12.9	1.9	7.3
11	58.6	26.5	14.9	2.4	6.7
12	69.3	22.3	8.4	4.0	7.0
13	61.8	30.8	7.4	2.7	6.4
14	67.7	25.3	7.0	4.8	7.3
15	57.2	31.2	11.6	2.4	6.3
16	67.2	22.7	10.1	3.3	6.2
17	59.2	31.2	9.6	2.4	6.0
18	80.2	13.2	6.6	2.0	5.8
19	82.2	11.1	6.7	2.2	7.2
20	69.7	20.7	9.6	3.1	5.9

表 4.32　　原始数据进行标准化处理数据

样品号	含沙量 X_1	淤泥含量 X_2	黏土含量 X_3	有机物 X_4	pHX_5
1	0.89616	−1.08689	−0.21655	−1.29028	−0.46378
2	1.33829	−1.42373	−0.80835	−1.29028	−0.27054
3	0.0119	−0.30092	0.53666	−0.29296	0.69567
4	−1.66309	1.19243	2.28517	0.33036	−1.62324
5	−0.12414	−0.24477	0.99396	−0.79162	0.50243
6	1.40631	−1.42373	−1.02355	−0.41763	0.69567
7	1.26177	−1.12057	−1.29255	0.45503	0.11595
8	−1.61208	1.55174	1.39746	−0.29296	1.08216
9	−1.54406	1.61911	1.02086	−0.54229	1.08216
10	−0.43873	0.31663	0.64426	−0.79162	1.2754
11	−0.6938	0.42892	1.18226	−0.1683	0.11595
12	0.21596	−0.04267	−0.56625	1.82634	0.69567
13	−0.42172	0.91173	−0.83525	0.2057	−0.46378
14	0.07992	0.29418	−0.94285	2.82366	1.2754
15	−0.81284	0.95664	0.29456	−0.1683	−0.65703
16	0.03741	0.00225	−0.10895	0.95368	−0.85027
17	−0.64279	0.95664	−0.24345	−0.1683	−1.23675
18	1.14274	−1.06443	−1.05045	−0.66696	−1.62324
19	1.31279	−1.30022	−1.02355	−0.41763	1.08216
20	0.24997	−0.22232	−0.24345	0.70436	−1.43

聚类重新标定距离

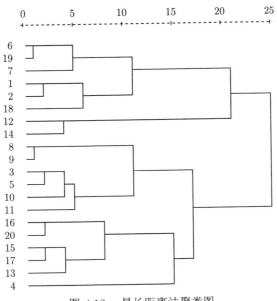

图 4.12　最长距离法聚类图

聚类重新标定距离

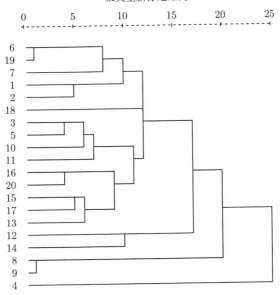

图 4.13　重心法聚类图

聚类重新标定距离

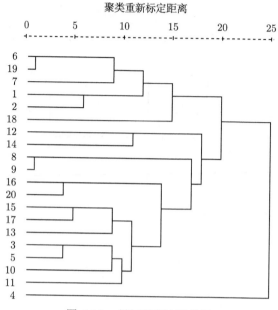

图 4.14　最短距离法聚类图

聚类重新标定距离

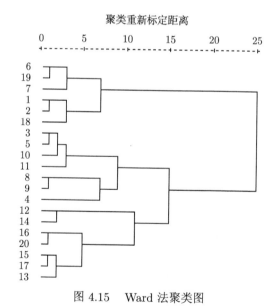

图 4.15　Ward 法聚类图

　　图 4.12 ～ 图 4.15 给出 20 个地区土壤成分的聚类分析谱系图，从这四个聚类图来看，Ward 法似乎更符合本例的聚类要求。它将 20 个地区土壤成分划分为三类。

第 1 类：包括第 6、19、7、1、2、18 号样品。

第 2 类：包括第 3、5、10、11、8、9、4 号样品。

第 3 类：包括第 12、14、16、20、15、17、13 号样品。

习　题

1. 试述系统聚类的基本思想。

2. 在进行系统聚类时，不同的类间距离计算方法有何区别？选择距离公式时应遵循什么原则？

3. 试述动态聚类法和系统聚类法的异同。

4. 下面是五个样品两两间的距离矩阵：

$$D^{(0)} = \begin{bmatrix} 0 & & & & \\ 4 & 0 & & & \\ 6 & 9 & 0 & & \\ 1 & 7 & 10 & 0 & \\ 6 & 3 & 5 & 8 & 0 \end{bmatrix}$$

试用最长距离法、最短距离法、类平均法、重心法作系统聚类，并画出聚类图。

5. 表 4.33 是某年我国 18 个地区农民支出情况的抽样调查数据，每个地区调查了反映每人平均生活消费支出情况的七个指标。试进行系统聚类分析，并比较何种方法与人们观察到的实际情况较接近。

表 4.33　各地区农村居民家庭平均每人生活消费支出(单位: 元)

地区	食品 X_1	衣着 X_2	居住 X_3	家庭设备用品及服务 X_4	医疗保健 X_5	交通和通信 X_6	文教、娱乐用品及服务 X_7
北京	5968.1	1035.6	6453.1	1120.6	2924.4	1142.7	1972.8
天津	5621.7	1002.2	3527.9	1026.1	2504.3	931.6	1858.2
河北	3686.8	810.6	2711.1	782.9	1892.8	1154.6	1380.1
山西	3247.6	720.9	2286.6	583.5	2152.1	1436.5	1667.0
内蒙古	4164.3	727.1	2632.6	583.5	1946.4	1109.1	1718.7
辽宁	3660.3	2412.5	698.6	529.4	1946.4	1109.1	1718.7
吉林	3730.5	716.4	1992.7	488.9	1899.2	1177.4	1568.5
黑龙江	4243.7	858.6	2046.8	548.6	1680.9	1197.7	1562.9
上海	8647.8	1077.5	4439.3	1325.2	3495.5	1003.1	1655.3
江苏	5216.3	823.0	3785.6	957.7	2786.9	1448.4	1712.2
浙江	6952.1	1043.1	5719.9	1225.5	2937.5	1776.3	1546.2
安徽	5145.8	867.6	3390.5	855.0	1663.7	1422.0	1457.4
福建	6273.9	754.5	3943.0	874.0	1688.3	1232.0	1270.9
江西	4557.1	602.6	3553.8	686.6	1402.6	1477.6	1136.7
山东	3721.9	689.0	2434.7	817.9	2112.0	1290.8	1413.4
河南	3396.7	873.1	2770.1	783.2	1501.8	1285.6	1379.1
湖北	4304.5	780.4	3197.6	790.9	2175.3	1382.3	1558.5
湖南	4635.9	674.4	3367.0	853.0	1730.5	1783.8	1706.6

6. 根据上题数据，运用动态聚类法进行聚类，并与系统聚类结果进行比较。

7. 对我国 31 个省级区域第三产业综合发展水平进行类型划分及差异性程度分析：聚类指标选取如下七项指标。

（1）y_1——人均地区生产总值，反映了经济社会发展的总体状况和一般水平。

（2）y_2——人均第三产业增加值，反映了人均服务产品占有量或服务密度。

（3）y_3——第二产业占地区生产总值的比重，反映了工业化水平和产业结构现代化程度。

（4）y_4——第三产业占地区生产总值的比重，反映了第三产业的发展程度及其对国民经济的贡献。

（5）y_5——第三产业法人单位数比重，反映了第三产业对劳动力的吸纳能力。

（6）y_6——第三产业固定资产投资增长情况，反映了第三产业的资金投入程度。

（7）y_7——城镇化水平，反映了农村人口转化为城市人口的程度及对服务的需求量。

我国 31 个省级区域 2019 年第三产业综合发展水平的数据如表 4.34 所示。

表 4.34　2019 年我国第三产业综合发展水平的数据

地区	人均地区生产总值/元	人均第三产业增加值/元	第二产业占地区生产总值的比重	第三产业占地区生产总值的比重	第三产业法人单位数比重	第三产业固定资产投资增长情况	城镇化水平 /%
北京	164220	137152	16.2	83.5	93.1	−2.3	86.6
天津	90371	57298	35.2	63.5	76.9	11.8	83.48
河北	46348	23694	38.7	51.3	66.8	11	57.62
山西	45724	23462	43.8	51.4	72.0	11.4	59.55
内蒙古	67852	33584	39.6	49.6	70.7	5.4	63.37
辽宁	57191	30332	38.3	53	72.6	2.6	68.11
吉林	43475	23429	35.2	53.8	72.7	−4.7	58.27
黑龙江	36183	18169	26.6	50.1	70.0	7.6	60.9
上海	157279	114301	27	72.7	84.4	3.8	88.3
江苏	123607	63277	44.4	51.3	68.9	6.3	70.61
浙江	107624	57586	42.6	54	69.9	10.3	70
安徽	58496	29627	41.3	50.8	69.8	10.6	55.81
福建	107139	48369	48.5	45.3	75.2	2.8	66.5
江西	53164	25204	44.2	47.5	68.8	9.2	57.42
山东	70653	37379	39.8	53	72.1	6.8	61.51
河南	56388	26990	43.5	48	75.1	9	53.21
湖北	77387	38672	41.7	50	76.1	13.4	61
湖南	57540	30584	37.6	53.2	76.2	7	57.22
广东	94172	51882	40.4	55.5	76.5	12.9	71.4
广西	42964	21718	33.3	50.7	75.6	12	51.09
海南	56507	33117	20.7	59	78.6	−11.9	59.23
重庆	75828	40197	40.2	53.2	74.1	4.4	66.8
四川	55774	29186	37.3	52.4	75.3	10.1	53.79
贵州	46433	23269	36.1	50.3	62.0	−3	49.02
云南	47944	25164	34.3	52.6	71.5	7	48.91
西藏	48902	26325	37.4	54.4	70.3	1.4	31.54
陕西	66649	30499	46.4	45.8	73.5	−0.4	59.43
甘肃	32995	18154	32.8	55.1	69.2	3.6	48.49
青海	48981	24742	39.1	50.7	68.8	−2.4	55.52
宁夏	54217	27105	42.3	50.3	70.2	−14.3	59.86
新疆	54280	27823	35.3	51.6	77.7	0.2	51.87

试用最长距离法、最短距离法、重心法、Ward 法作系统聚类，并画出聚类图。

第 5 章　判别分析

5.1　判别分析的概念

在生产、科研和日常生活中，经常需要根据观测到的数据资料，对所研究的对象进行判别分类，即根据历史上划分类别的有关资料和某种最优准则，确定一种判别方法，判定一个新的样品归属于哪一类。例如，某医院有部分肺炎、肝炎、冠心病、高血压、糖尿病等患者的资料，记录了每个患者若干症状的指标数据，现在想利用现有的这些资料数据找出一种方法，使对于一个新的患者，当测得这些症状指标数据时，能够判断其患有哪一种疾病。在经济学中，根据人均国民收入、人均工农业总产值、人均消费水平等多项指标来判断一个国家所处的经济发展阶段。在气象预报中，根据已有的气象资料（气温、气压、湿度等）来判断明天、后天是阴天还是晴天，是有雨还是无雨。在地质学中根据以往对矿物勘探资料（矿石的化学和物理性质和所含化学成分）的分析，判断某一矿石应归于哪一类。总之，在现实社会中需要判别的问题几乎无处不在。

判别分析与聚类分析不同。判别分析是在已知研究对象分成若干类型（或组别）并已取得各种类型的一批已知样品的观测数据的基础上，根据某些准则建立判别式，然后对未知类型的样品进行分类。例如，有了胃炎患者和健康人的一些化验指标，就可以从这些化验指标发现两类人的区别。把这种区别表示为一个判别公式，然后对怀疑患胃炎的人就可以根据其化验指标用判别公式诊断。对于聚类分析来说，对于一批给定样品要划分的类型事先并不知道，需要通过聚类分析来确定类型。因此，判别分析与聚类分析往往要结合起来使用。

用数学的语言来说，判别问题可以表述为：对于 n 个样品，每个样品有 p 个指标 $(X_1, X_2, \cdots, X_p)$，已知每个样品属于某一类别（总体）G_1，G_2，$\cdots$，G_k，对于每类别其分布函数分别为 $f_1(y)$，$f_2(y)$，$\cdots$，$f_k(y)$，对于一个给定样品 y，要判断出这个样本来自哪个总体。判别分析的主要问题就是如何寻找最佳的判别函数和建立判别规则。

研究判别分析的方法很多，根据不同的研究对象，判别分析方法有不同的分类。

（1）按判别的组数可分为两组判别分析和多组判别分析。

（2）按区分不同总体所用的数学模型可分为线性判别分析和非线性判别分析。

（3）按判别对所处理的变量方法不同可分为逐步判别分析、序贯判别分析。

（4）按判别准则可分为马氏距离最小准则、费希尔判别准则、贝叶斯判别准则、最小平方准则、最大似然准则等。

判别分析的数据格式如表 5.1 所示。

表 5.1 判别分析的数据格式

样本序号	指标						类别 Y
	X_1	X_2	$\cdots$	X_j	$\cdots$	X_p	
1	x_{11}	x_{12}	$\cdots$	x_{1j}	$\cdots$	x_{1p}	1
2	x_{21}	x_{22}	$\cdots$	x_{2j}	$\cdots$	x_{2p}	1
$\vdots$	$\vdots$	$\vdots$		$\vdots$		$\vdots$	
i	x_{i1}	x_{i2}	$\cdots$	x_{ij}	$\cdots$	x_{ip}	k
$\vdots$	$\vdots$	$\vdots$		$\vdots$		$\vdots$	
n	x_{n1}	x_{n2}	$\cdots$	x_{nj}	$\cdots$	x_{np}	k

（1）个体由变量 $X_1, X_2, \cdots, X_p$ 描述。

（2）有分类变量 Y 明确对个体分类。

（3）问题：建立 Y 与 $X_1, X_2, \cdots, X_p$ 变量间的关系函数，根据函数将新个体进行分类。

5.2 距离判别法

距离判别法的基本思想就是根据已知分类的数据，分别计算各类的重心即分组（类）的均值，判别准则是对任给的一个样品数据，若它与第 i 类的重心距离最近，就认为它来自第 i 类。距离判别法对各类（或总体）的分布，并无特别的要求。

1. 两个总体的距离判别法

设有两个总体（或称为两类）G_1、G_2，第 1 个总体中含有 n_1 个样品，第 2 个总体中含有 n_2 个样品，每个样品观测 p 个指标，具体数据如表 5.2 所示。现取任一个样品，实测指标值为 $X = (x_1, x_2, \cdots, x_p)^{\mathrm{T}}$，问 X 应判归哪一类？

表 5.2 总体 G_1、G_2 的观测数据

G_1 样品	x_1	x_2	$\cdots$	x_p	G_2 样品	x_1	x_2	$\cdots$	x_p
$X_1^{(1)}$	$x_{11}^{(1)}$	$x_{12}^{(1)}$	$\cdots$	$x_{1p}^{(1)}$	$X_1^{(2)}$	$x_{11}^{(2)}$	$x_{12}^{(2)}$	$\cdots$	$x_{1p}^{(2)}$
$X_2^{(1)}$	$x_{21}^{(1)}$	$x_{22}^{(1)}$	$\cdots$	$x_{2p}^{(1)}$	$X_2^{(2)}$	$x_{21}^{(2)}$	$x_{22}^{(2)}$	$\cdots$	$x_{2p}^{(2)}$
$\vdots$	$\vdots$	$\vdots$		$\vdots$		$\vdots$	$\vdots$		$\vdots$
$X_{n_1}^{(1)}$	$x_{n_11}^{(1)}$	$x_{n_12}^{(1)}$	$\cdots$	$x_{n_1p}^{(1)}$	$X_{n_2}^{(2)}$	$x_{n_21}^{(2)}$	$x_{n_22}^{(2)}$	$\cdots$	$x_{n_2p}^{(2)}$
均值	$\bar{x}_1^{(1)}$	$\bar{x}_2^{(1)}$		$\bar{x}_p^{(1)}$	均值	$\bar{x}_1^{(2)}$	$\bar{x}_2^{(2)}$		$\bar{x}_p^{(2)}$

首先计算 X 到 G_1、G_2 总体的距离，分别记为 $D(X, G_1)$ 和 $D(X, G_2)$，按距离最近准则判别归类，则可以写成：

$$\begin{cases} X \in G_1, & 当 D(X, G_1) < D(X, G_2) \\ X \in G_2, & 当 D(X, G_1) > D(X, G_2) \\ 待判, & 当 D(X, G_1) = D(X, G_2) \end{cases}$$

记 $\bar{X}^{(i)} = \left\{ \bar{x}_1^{(i)}, \bar{x}_2^{(i)}, \cdots, \bar{x}_p^{(i)} \right\}^{\mathrm{T}}, i = 1, 2$。

如果采用欧氏距离，则可以计算出

$$D\left(X, G_1\right) = \sqrt{\left(X - \bar{X}^{(1)}\right)^{\mathrm{T}}\left(X - \bar{X}^{(1)}\right)}$$

$$D\left(X, G_2\right) = \sqrt{\left(X - \bar{X}^{(2)}\right)^{\mathrm{T}}\left(X - \bar{X}^{(2)}\right)}$$

然后比较 $D(X, G_1)$，$D(X, G_2)$ 的大小，按距离最近准则判别归类。

在多元统计分析中经常采用马氏距离做上述判别分析。

设 $\mu^{(1)}$、$\mu^{(2)}$，$\Sigma^{(1)}$、$\Sigma^{(2)}$ 分别为 G_1、G_2 的均值向量与协方差阵。

如果采用马氏距离，则可以计算出

$$D^2\left(X, G_i\right) = \left(X - \mu^{(i)}\right)^{\mathrm{T}}\left(\Sigma^{(i)}\right)^{-1}\left(X - \mu^{(i)}\right), \quad i = 1, 2$$

这时判别准则可分为以下两种情况。

1) 当 $\Sigma^{(1)} = \Sigma^{(2)} = \Sigma$ 时

考察 $D^2(X, G_2)$ 与 $D^2(X, G_1)$ 的差，有

$$W(X) = D^2(X, G_2) - D^2(X, G_1) = (X - \bar{\mu})^{\mathrm{T}} \Sigma^{-1}(\mu^{(1)} - \mu^{(2)})$$

其中，$\bar{\mu} = \dfrac{1}{2}\left(\mu^{(1)} + \mu^{(2)}\right)$。

则判别准则可以写为

$$\begin{cases} X \in G_1, & \text{当} W(X) > 0, \text{即} D^2\left(X, G_1\right) < D^2\left(X, G_2\right) \\ X \in G_2, & \text{当} W(X) < 0, \text{即} D^2\left(X, G_1\right) > D^2\left(X, G_2\right) \\ \text{待判}, & \text{当} W(X) = 0, \text{即} D^2\left(X, G_1\right) = D^2\left(X, G_2\right) \end{cases}$$

当 Σ、$\mu^{(1)}$、$\mu^{(2)}$ 已知时，令

$$a = \Sigma^{-1}\left(\mu^{(1)} - \mu^{(2)}\right) \equiv \left(a_1, a_2, \cdots, a_p\right)^{\mathrm{T}}$$

$$W(X) = (X - \bar{\mu})^{\mathrm{T}} a = a_1\left(x_1 - \bar{\mu}_1\right) + a_2\left(x_2 - \bar{\mu}_2\right) + \cdots + a_p\left(x_p - \bar{\mu}_p\right)$$

显然，$W(X)$ 是 $x_1, x_2, \cdots, x_p$ 的线性函数。称 $W(X)$ 为线性判别函数，a 为判别系数。

在实际应用中，总体均值和协方差阵一般是未知的，即当 Σ、$\mu^{(1)}$、$\mu^{(2)}$ 未知时，可以通过样本来估计。

设 $X_1^{(i)}, X_2^{(i)}, \cdots, X_{n_i}^{(i)}$ 来自总体 G_i 的样本，$i = 1, 2$。

$\hat{\mu}_1 = \dfrac{1}{n_1} \sum\limits_{i=1}^{n_1} X_i^{(1)} = \bar{X}^{(1)}$，$\hat{\mu}_2 = \dfrac{1}{n_2} \sum\limits_{i=1}^{n_2} X_i^{(2)} = \bar{X}^{(2)}$ 分别为总体 G_1, G_2 期望 μ_1, μ_2 的无偏估计量。

$\hat{\Sigma} = \dfrac{1}{n_1 + n_2 - 2}\left(s_1 + s_2\right)$ 为总体 G_1、G_2 协方差阵 Σ 的无偏估计量。

其中

$$s_i = \sum_{t=1}^{n_i} (X_t^{(i)} - \bar{X}^{(i)})^{\mathrm{T}} (X_t^{(i)} - \bar{X}^{(i)}), \quad \bar{X} = \frac{1}{2}(\bar{X}^{(1)} + \bar{X}^{(2)})$$

线性判别函数为

$$W(X) = (X - \bar{X})^{\mathrm{T}} \hat{\Sigma}^{-1} (\bar{X}^{(1)} - \bar{X}^{(2)})$$

当 $p = 1$ 时，若两个正态总体 G_1、G_2 的分布分别为 $N(\mu_1, \sigma^2)$ 和 $N(\mu_2, \sigma^2)$，μ_1, μ_2, σ^2 均已知时，判别函数为

$$W(X) = \left(X - \left(\frac{\mu_1 + \mu_2}{2}\right)\right) \frac{1}{\sigma^2}(\mu_1 - \mu_2)$$

不妨设 $\mu_1 < \mu_2$，这时 $W(X)$ 的符号取决于 $X > \bar{\mu}$ 或 $X < \bar{\mu}$，其中 $\bar{\mu} = (\mu_1 + \mu_2)/2$。当 $X < \bar{\mu}$ 时，$X \in G_1$；当 $X > \bar{\mu}$ 时，$X \in G_2$。

因此，用距离判别所得到的准则是比较合理的。但从图 5.1 可以看出，用这个方法也会错判。如 X 来自 G_1，但却落入 D_2，被判为属于 G_2，错判的概率为图中阴影的面积，记为 $P(2/1)$，类似有 $P(1/2)$，显然

$$P(2/1) = P(1/2) = 1 - \Phi\left(\frac{\mu_1 - \mu_2}{\sigma^2}\right)$$

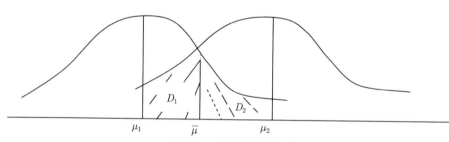

图 5.1　两个误判的概率

当两个总体靠得很近（即 $|\mu_1 - \mu_2|$ 很小）时，无论用何种办法，错判的概率都很大，这时作判别分析是没有实际意义的，因此只有当两个总体的均值有显著性差异时，作判别分析才有意义。

2) 当 $\Sigma^{(1)} \neq \Sigma^{(2)}$ 时

按距离最近判别准则进行判别，类似的也有

$$\begin{cases} X \in G_1, & \text{当} D(X, G_1) < D(X, G_2) \\ X \in G_2, & \text{当} D(X, G_1) > D(X, G_2) \\ \text{待判}, & \text{当} D(X, G_1) = D(X, G_2) \end{cases}$$

仍然用

$$W(X) = D^2(X, G_2) - D^2(X, G_1) = (X - \mu^{(2)})^{\mathrm{T}} (\Sigma^{(2)})^{-1} (X - \mu^{(2)})$$

$$- (X - \mu^{(1)})^{\mathrm{T}} (\Sigma^{(1)})^{-1} (X - \mu^{(1)})$$

作为判别函数，$W(X)$ 是 X 的二次函数。

则判别准则可以写为

$$\begin{cases} X \in G_1, & \text{当} W(X) > 0, \text{即} D^2(X, G_1) < D^2(X, G_2) \\ X \in G_2, & \text{当} W(X) < 0, \text{即} D^2(X, G_1) > D^2(X, G_2) \\ \text{待判}, & \text{当} W(X) = 0, \text{即} D^2(X, G_1) = D^2(X, G_2) \end{cases}$$

例 5.1 某地区经勘探证明，A 盆地是一个钾盐矿区，B 盆地是一个钠盐矿区（不含钾），其他盆地是否含钾盐有待作出判断。从 A 和 B 两盆地各抽取五个盐泉样品；从其他盆地抽取八个盐泉样品，化验其四个指标，具体数据见表 5.3，试判别其他盆地抽取的八个待判盐泉样品是否为含钾矿泉。

表 5.3 盐泉的特征数据

盐泉类别	序号	X_1	X_2	X_3	X_4	类别号
含钾盐泉（A 盆地）	1	13.85	2.79	7.80	49.60	A
	2	22.31	4.67	12.31	47.80	A
	3	28.82	4.63	16.18	62.15	A
	4	15.29	3.54	7.50	43.20	A
	5	28.79	4.90	16.12	58.10	A
含钠盐泉（B 盆地）	6	2.18	1.06	1.22	20.60	B
	7	3.85	0.80	4.06	47.10	B
	8	11.40	0.10	3.50	2.10	B
	9	3.66	2.40	2.14	15.10	B
	10	12.10	0.01	5.68	1.80	B
待判盐泉	1	8.85	3.38	5.17	26.10	
	2	28.60	2.40	1.20	127.00	
	3	20.70	6.70	7.60	30.20	
	4	7.90	2.40	4.30	33.20	
	5	3.19	3.20	1.43	9.90	
	6	12.40	5.10	4.43	24.60	
	7	16.80	3.40	2.31	31.30	
	8	15.00	2.70	5.02	64.00	

解 A 盆地和 B 盆地可作两个不同的总体，并假设两个总体协方差阵相等。两类总体中各有五个样品，即 $n_1 = n_2 = 5$，另有八个待判样品。

首先进行假设检验。

检验假设 H_0：$\mu_1 = \mu_2$

由第 3 章假设检验可知，构造的 F 统计量为

$$F = \frac{(n_1 + n_2 - 2) - p + 1}{(n_1 + n_2 - 2) p} T^2 \sim F(p, n_1 + n_2 - p - 1)$$

其中，$T^2 = (n + m - 2) \left(\sqrt{\frac{mn}{n+m}} (\bar{X} - \bar{Y})^{\mathrm{T}} S^{-1} \sqrt{n} (\bar{X} - \bar{Y}) \right)$。

利用 SPSS 软件进行计算。由样本值得 F 统计量为 14.4644，对于给定的显著水平 $\alpha=0.01$，查表得临界值 $F_{0.01}(4,5)=11.4$，由于 $F>F_\alpha$，则拒绝 H_0，这说明 A 盆地和 B 盆地的盐泉特征有显著性的差异，因此进行判别分析是有意义的。

下面进行判别分析。

计算 A 盆地和 B 盆地的盐泉特征的均值向量为

$\bar{X}^{(1)}=(21.812,4.106,11.982,52.17)^{\mathrm{T}}$，$\bar{X}^{(2)}=(6.638,0.874,3.32,17.34)^{\mathrm{T}}$

两组间平方距离（即马氏距离）为 37.029。得线性判别函数：

$$W(X)=a^{\mathrm{T}}(X-\bar{X})=a^{\mathrm{T}}(X-\frac{1}{2}(\bar{X}^{(1)}+\bar{X}^{(2)}))$$

$$=-37.0846+4.7430x_1+3.1918x_2-8.5893x_3+0.7255x_4$$

对已知类别的样品进行回判，回判结果见表 5.4。

表 5.4　已知类别的样品回判结果

样品序号	$W(X)$	原类号	回判组别
1	6.499332	A	A
2	12.58205	A	A
3	20.50165	A	A
4	13.65669	A	A
5	18.79822	A	A
6	-18.8952	B	B
7	-16.9721	B	B
8	-11.2342	B	B
9	-19.491	B	B
10	-27.1437	B	B

回判结果给出对来自 A 盆地和 B 盆地的 10 个样品都判对了。

下面对八个待判样品进行判别分类，分类结果见表 5.5。

表 5.5　待判样品判别分类结果

样品序号	$W(X)$	判别类别
1	-9.7919	B
2	188.0569	A
3	39.11198	A
4	-4.80197	B
5	-16.8409	B
6	17.80348	A
7	56.31679	A
8	45.99197	A

即第 2、3、6、7、8 五个盐泉为含钾盐泉，其余三个为不含钾盐泉，即含钠盐泉。

2. 多个总体的距离判别法

设有 k 个总体 G_1，G_2，$\cdots$，G_k，每个总体中含有 n_i 个样品 $(i=1,2,\cdots,k)$，每个样品观测 p 个指标，具体数据如表 5.6 和表 5.7 所示。现取任一样品，实测指标值为 $X=(x_1,x_2,\cdots,x_p)^{\mathrm{T}}$，问 X 应判归哪一类？

表 5.6   总体 G_1 的观测数据

变量	x_1	x_2	$\cdots$	x_p
$X_1^{(1)}$	$x_{11}^{(1)}$	$x_{12}^{(1)}$	$\cdots$	$x_{1p}^{(1)}$
$X_2^{(1)}$	$x_{21}^{(1)}$	$x_{22}^{(1)}$	$\cdots$	$x_{2p}^{(1)}$
$\vdots$	$\vdots$	$\vdots$		$\vdots$
$X_{n_1}^{(1)}$	$x_{n_11}^{(1)}$	$x_{n_12}^{(1)}$	$\cdots$	$x_{n_1p}^{(1)}$
均值	$\bar{x}_1^{(1)}$	$\bar{x}_2^{(1)}$		$\bar{x}_p^{(1)}$

表 5.7   总体 G_k 的观测数据

变量	x_1	x_2	$\cdots$	x_p
$X_1^{(k)}$	$x_{11}^{(k)}$	$x_{12}^{(k)}$	$\cdots$	$x_{1p}^{(k)}$
$X_2^{(k)}$	$x_{21}^{(k)}$	$x_{22}^{(k)}$	$\cdots$	$x_{2p}^{(k)}$
$\vdots$	$\vdots$	$\vdots$		$\vdots$
$X_{n_k}^{(k)}$	$x_{n_k1}^{(k)}$	$x_{n_k2}^{(k)}$	$\cdots$	$x_{n_kp}^{(k)}$
均值	$\bar{x}_1^{(k)}$	$\bar{x}_2^{(k)}$		$\bar{x}_p^{(k)}$

1) 当 $\Sigma^{(1)} = \Sigma^{(2)} = \cdots = \Sigma^{(k)} = \Sigma$ 时

首先计算 X 到 $G_1, G_2, \cdots, G_k$ 总体的距离，分别记为 $D^2(X, G_i)(i = 1, 2, \cdots, k)$：

$$D^2(X, G_i) = \left(X - \mu^{(i)}\right)^{\mathrm{T}} \Sigma^{-1}\left(X - \mu^{(i)}\right) = X^{\mathrm{T}} \Sigma^{-1} X - 2\mu^{(i)\mathrm{T}} \Sigma^{-1} X + \mu^{(i)\mathrm{T}} \Sigma^{-1} \mu^{(i)}$$

$$= X^{\mathrm{T}} \Sigma^{-1} X - 2\left(I^{(i)\mathrm{T}} X + C^{(i)}\right), \ i = 1, 2, \cdots, k$$

其中，$I^{(i)} = \Sigma^{-1}\mu^{(i)}$，$C^{(i)} = -\mu^{(i)\mathrm{T}} \Sigma^{-1} \mu^{(i)}/2$。

取它的线性部分作为判别函数，有

$$W_i(X) = I^{(i)\mathrm{T}} X + C^{(i)}, \ i = 1, 2, \cdots, k$$

判别规则为

$$X \in G_i, \quad \text{如果} W_i(X) = \max_{1 \leqslant i \leqslant k}\left\{\left(I^{(i)\mathrm{T}} X + C^{(i)}\right)\right\}$$

当 $\Sigma, \mu^{(1)}, \mu^{(2)}, \cdots, \mu^{(k)}$ 未知时，可以用样本的估计量来替代 $\mu^{(i)}$ 与 Σ。

设 $X_1^{(i)}, X_2^{(i)}, \cdots, X_{n_i}^{(i)}$ 是来自 G_i 的样本 $(i = 1, 2, \cdots, k)$。

$$\hat{\mu}^{(i)} = \frac{1}{n_i} \sum_{j=1}^{n_i} X_j^{(i)} = \bar{X}^{(i)}, \quad i = 1, 2, \cdots, k$$

$$\hat{\Sigma} = \frac{1}{n - k}(s_1 + s_2 + \cdots + s_k)$$

其中，$s_i = \Sigma_{t=1}^{n_i}(X_t^{(i)} - \bar{X}^{(i)})^{\mathrm{T}}(X_t^{(i)} - \bar{X}^{(i)})$，$n = n_1 + n_2 + \cdots + n_k$。

2）当 $\Sigma^{(1)}, \Sigma^{(2)}, \cdots, \Sigma^{(k)}$ 不相等时

首先计算 X 到 $G_1, G_2, \cdots, G_k$ 总体的距离：

$$D^2(X, G_i) = (X - \mu^{(i)})^{\mathrm{T}} \Sigma^{(i)-1}(X - \mu^{(i)}), \quad i = 1, 2, \cdots, k$$

此时判别规则为

$$X \in G_i, \quad 如果 D^2(X, G_i) = \min_{1 \leqslant i \leqslant k} \{D^2(X, G_i)\}$$

当 $\mu^{(1)}, \mu^{(2)}, \cdots, \mu^{(k)}$ 与 $\Sigma^{(1)}, \Sigma^{(2)}, \cdots \Sigma^{(k)}$ 均未知时，可以用样本的估计量来替代 $\mu^{(i)}$ 与 $\Sigma^{(i)}$。

设 $X_1^{(i)}, X_2^{(i)}, \cdots, X_{n_i}^{(i)}$ 是来自 G_i 的样本 $(i = 1, 2, \cdots, k)$。

$$\hat{\mu}^{(i)} \frac{1}{n_i} \sum_{j=1}^{n_i} X_j^{(i)} = \bar{X}^{(i)}, \quad i = 1, 2, \cdots, k$$

$$\hat{\Sigma}^{(i)} = \frac{1}{n_i - 1} s_i, \quad i = 1, 2, \cdots, k$$

其中，$s_i = \sum_{t=1}^{n_i} (X_t^{(i)} - \bar{X}^{(i)})^{\mathrm{T}}(X_t^{(i)} - \bar{X}^{(i)})$。

5.3　费希尔判别法

1. 费希尔判别原理

费希尔判别方法是历史上最早提出的判别方法之一，也称为线性判别法。它的基本思想是通过将多维数据投影到某一方向上，使得投影后类与类之间尽可能分开，然后再选择合适的判别准则，将待判的样本进行分类判别。衡量类与类之间是否分开的方法是借助一元方差分析的思想，利用方差分析的思想来导出判别函数。

费希尔判别方法就是将各组样本均值投影到某条直线上，得到各组样本均值在该直线的投影坐标，投影坐标值距离越远越容易判断待判样本属于哪个组。因此，费希尔判别方法就是要找一个由 p 个变量组成的线性函数，使得各类内点的函数值尽可能接近，不同类间的函数值尽可能远离。

图 5.2 表示二维空间中的点投影到某个一维空间，即一条直线上，然后再对其进行判别。从图 5.2 可以看出，当各观测点投影到 a 轴与投影到 b 轴上时，可以清楚地看出，观测值投影到 a 轴上比投影到 b 轴上的投影点分散，说明将其投影到 a 轴上容易进行分类。因而观测点投影到不同的直线上，其判别效果一般是不同的。

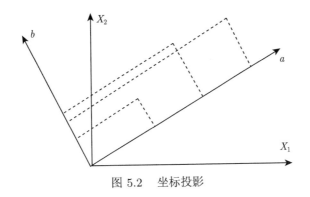

图 5.2　坐标投影

2. 费希尔判别方法

设有 k 个总体 G_1，G_2，$\cdots$，G_k，每个总体中含有 n_i 个样品 $(i = 1, 2, \cdots, k)$，每个样品观测 p 个指标，假定所建立的判别函数为

$$y(x) = c_1 x_1 + c_2 x_2 + \cdots + c_p x_p = c^{\mathrm{T}} x \tag{5.1}$$

其中，$c^{\mathrm{T}} = (c_1, c_2, \cdots, c_p)$　$x = (x_1, x_2, \cdots, x_p)^{\mathrm{T}}$。

c 表示 p 维空间的一个方向，如果按这个方向做一条直线，$c^{\mathrm{T}} x$ 表示向量 x 在这条直线上的投影坐标。

将属于不同总体的样品观测值代入式（5.1），则得

$$y_i^{(j)} = c_1 x_{i1}^{(j)} + c_2 x_{i2}^{(j)} + \cdots + c_p x_{ip}^{(j)}, \quad j = 1, 2, \cdots, k, i = 1, 2, \cdots, n_i$$

每个总体投影后的数据均为一元数据，对这 k 组数据进行一元方差分析，其组间平方和为

$$A_0 = \sum_{i=1}^{k} n_i (c^{\mathrm{T}} \bar{x}^{(i)} - c^{\mathrm{T}} \bar{x})(c^{\mathrm{T}} \bar{x}^{(i)} - c^{\mathrm{T}} \bar{x})^{\mathrm{T}} = c^{\mathrm{T}} \left[\sum_{i=1}^{k} n_i (\bar{x}^{(i)} - \bar{x})(\bar{x}^{(i)} - \bar{x})^{\mathrm{T}} \right] c = c^{\mathrm{T}} A c$$

其中，$\bar{x}^{(i)}$ 和 $\bar{x}$ 分别为总体 G_i 的样本均值和总样本均值，并记

$$\bar{x} = \frac{1}{n} \sum_{i=1}^{k} \sum_{j=1}^{n_i} x_j^{(i)}$$

A 为组间离差阵：

$$A = \sum_{i=1}^{k} n_i (\bar{x}^{(i)} - \bar{x})(\bar{x}^{(i)} - \bar{x})^{\mathrm{T}}$$

合并的组内平方和为

$$E_0 = \sum_{i=1}^{k} \sum_{j=1}^{n_i} (c^{\mathrm{T}} x_j^{(i)} - c^{\mathrm{T}} \bar{x}^{(i)})^2 = c^{\mathrm{T}} \left[\sum_{i=1}^{k} \sum_{j=1}^{n_i} (x_j^{(i)} - x^{(i)})(x_j^{(i)} - x^{(i)})^{\mathrm{T}} \right] c = c^{\mathrm{T}} E c$$

其中合并的组内离差阵 E 为

$$E = \sum_{i=1}^{k} \sum_{j=1}^{n_i} (x_j^{(i)} - x^{(i)})(x_j^{(i)} - x^{(i)})^{\mathrm{T}}$$

因此，若 k 个总体的均值有显著性差异，则比值 $\lambda = \dfrac{c^{\mathrm{T}}Ac}{c^{\mathrm{T}}Ec}$ 应充分大。

为求 λ 的最大值，根据极值存在的必要条件 $\dfrac{\partial \lambda}{\partial c} = 0$，得

$$\frac{\partial \lambda}{\partial c} = \frac{2Ac}{(c^{\mathrm{T}}Ec)^2}c^{\mathrm{T}}Ec - \frac{2Ec}{(c^{\mathrm{T}}Ec)^2}c^{\mathrm{T}}Ac = \frac{2Ac}{c^{\mathrm{T}}Ec} - \frac{2Ec}{c^{\mathrm{T}}Ec}\frac{c^{\mathrm{T}}Ac}{c^{\mathrm{T}}Ec} = 0$$

即

$$\frac{2Ac}{c^{\mathrm{T}}Ec} - \frac{2\lambda Ec}{c^{\mathrm{T}}Ec} = 0$$

$$Ac = \lambda Ec, \quad E^{-1}Ac = \lambda c$$

说明 λ 及 c 恰好是 A、E 矩阵的广义特征根及其对应的特征向量。

因为 A 是非负定的，所以非零特征根必为正根，记为 $\lambda_1 \geqslant \lambda_2 \geqslant \cdots \geqslant \lambda_m > 0$，其中的非零特征根个数为

$$m \leqslant \min(k-1, p)$$

于是可以构造 m 个判别函数：

$$y_l(x) = c^{(l)^{\mathrm{T}}}x, \quad l = 1, 2, \cdots, m$$

$c^{(l)}$ 为特征根 $\lambda^{(l)}$ 对应的特征向量。对于特征向量 $c^{(l)}$ 一般要求满足 $(c^{(l)})^{\mathrm{T}}Ac^{(l)} = 1$。

对于每个判别函数，给出一个用来衡量判别能力的指标：

$$p_l = \frac{\lambda_l}{\sum\limits_{i=1}^{m} \lambda_i}, \quad l = 1, 2, \cdots, m$$

m_0 个判别函数 $y_1, y_2, \cdots, y_{m_0}$ 的判别能力定义为

$$sp_{m0} = \sum_{i=1}^{m_0} p_l = \frac{\sum\limits_{i=1}^{m_0} \lambda_i}{\sum\limits_{i=1}^{m} \lambda_i}$$

如果 m_0 个判别函数的判别能力达到所要求的值（如 85%），则认为 m_0 个判别函数就够了。

有了判别函数之后，如何对待判样品进行分类呢？

在实际工作中通常选用下列方法进行分类。

1）当 $m_0 = 1$ 时，有两种方法可供选择

也就是说，只有一个判别函数 $y = c^{\mathrm{T}}x$，将 p 维数据投影到一维直线上。

（1）不加权法。

若 $\left|y(x) - \bar{y}^{(i)}\right| = \min\limits_{1 \leqslant j \leqslant k} \left|y(x) - \bar{y}^{(j)}\right|$，则判 $x \in G_i$。

（2）加权法。

将 $\bar{y}^{(1)}, \bar{y}^{(2)}, \cdots, \bar{y}^{(k)}$ 按大小次序排列，记为 $\bar{y}_{(1)} \leqslant \bar{y}_{(2)} \leqslant \cdots \leqslant \bar{y}_{(k)}$。

令

$$d_{i,i+1} = \frac{\sigma_{(i+1)}\bar{y}_{(i)} + \sigma_{(i)}\bar{y}_{(i+1)}}{\sigma_{(i+1)} + \sigma_{(i)}}, \quad i = 1, 2, \cdots, k-1$$

则 $d_{i,i+1}$ 可以作为 G_i 与 G_{i+1} 之间的分界点。

如果 x 使得 $d_{i-1,i} \leqslant y(x) \leqslant d_{i,i+1}$，则判 $x \in G_i$。

2）当 $m_0 > 1$ 时，有两种方法可供选择

（1）不加权法。

记

$$\bar{y}_l^{(i)} = c^{(l)\mathrm{T}}\bar{x}^{(i)}, \quad l = 1, 2, \cdots, m_0; i = 1, 2, \cdots, k$$

对待判样品 $x = (x_1, x_2, \cdots, x_p)^{\mathrm{T}}$，计算 $y_l(x) = c^{(l)\mathrm{T}}x$ 和 $D_i^2 = \sum\limits_{l=1}^{m_0} \left(y_l(x) - \bar{y}_l^{(i)}\right)^2$。

若 $D_\gamma^2 = \min\limits_{1 \leqslant i \leqslant k} D_i^2$，则判 $x \in G_\gamma$。

（2）加权法。

考虑到每个判别函数的判别能力不同，记

$$D_i^2 = \sum\limits_{l=1}^{m_0} \left(y_l(x) - \bar{y}_l^{(i)}\right)^2 \lambda_l$$

其中，λ_l 是由 $Ac = \lambda Ec$ 求出的特征根。

若 $D_\gamma^2 = \min\limits_{1 \leqslant i \leqslant k} D_i^2$，则判 $x \in G_\gamma$。

3. 费希尔判别步骤

（1）由各组样本资料，计算各组样本均值 $\bar{x}^{(i)}$。

（2）计算离差矩阵 $A = \sum\limits_{i=1}^{k} n_i(\bar{x}^{(i)} - \bar{x})(\bar{x}^{(i)} - \bar{x})^{\mathrm{T}}$。

（3）计算各组样本离差平方和

$$E = \sum\limits_{i=1}^{k} \sum\limits_{j=1}^{n_i} (x_j^{(i)} - x^{(i)})(x_j^{(i)} - x^{(i)})^{\mathrm{T}}$$

（4）计算矩阵 $E^{-1}A$ 的前 m_0 个标准化特征向量。

（5）构造判别函数 $Y_l(x)$。

（6）判断。

值得注意的是，参与构造判别式的样品个数不宜太少，否则会影响判别式的优良性；判别式选用的指标不宜过多，指标过多不但使用不方便，而且影响预测的稳定性。所以建立判别式之前应仔细挑选出几个与分类特征有关系的指标，要使两类平均值之间的差异尽量大一些。

例 5.2 费希尔于 1936 年发表的鸢尾花数据被广泛地作为判别分析的例子。数据是对三种鸢尾花：刚毛鸢尾花（第一组）、变色鸢尾花（第二组）和弗吉尼亚鸢尾花（第三组）各抽取 50 个样本，测量其花萼长（x_1）、花萼宽（x_2）、花瓣长（x_3）、花瓣宽（x_4），数据如表 5.8 所示。

表 5.8　鸢尾花数据

（单位：mm）

编号	组别	x_1	x_2	x_3	x_4	编号	组别	x_1	x_2	x_3	x_4
1	I	50	33	14	2	38	II	54	30	45	15
2	III	64	28	56	22	39	III	79	38	64	20
3	II	65	28	46	15	40	I	44	32	13	2
4	III	67	31	56	24	41	III	67	33	57	21
5	III	63	28	51	15	42	I	50	35	16	6
6	I	46	34	14	3	43	II	58	26	40	12
7	III	69	31	51	23	44	I	44	30	13	2
8	II	62	22	45	15	45	III	77	28	67	20
9	II	59	32	48	18	46	III	63	27	49	18
10	I	46	36	10	2	47	I	47	32	16	2
11	II	61	30	46	14	48	II	55	26	44	12
12	II	60	27	51	16	49	II	50	23	33	10
13	III	65	30	52	20	50	III	72	32	60	18
14	II	56	25	39	11	51	I	48	30	14	3
15	III	65	30	55	18	52	I	51	38	16	2
16	III	58	27	51	19	53	III	61	30	49	18
17	III	68	32	59	23	54	I	48	34	19	2
18	I	51	33	17	5	55	I	50	30	16	2
19	II	57	28	45	13	56	I	50	32	12	2
20	III	62	34	54	23	57	III	61	26	56	14
21	III	77	38	67	22	58	III	64	28	56	21
22	II	63	33	47	16	59	I	43	30	11	1
23	III	67	33	57	25	60	I	58	40	12	2
24	III	76	30	66	21	61	I	51	38	19	4
25	III	49	25	45	17	62	II	67	31	44	14
26	I	55	35	13	2	63	III	62	28	48	18
27	III	67	30	52	23	64	I	49	30	14	2
28	II	70	32	47	14	65	I	51	35	14	2
29	II	64	32	45	15	66	II	56	30	45	15
30	II	61	28	40	13	67	II	58	27	41	10
31	I	48	31	16	2	68	I	50	34	16	4
32	III	59	30	51	18	69	I	46	32	14	2
33	II	55	24	38	11	70	II	60	29	45	15
34	III	63	25	50	19	71	II	57	26	35	10
35	III	64	32	53	23	72	I	57	44	15	4
36	I	52	34	14	2	73	I	50	36	14	2
37	I	49	36	14	1	74	III	77	30	61	23

续表

编号	组别	x_1	x_2	x_3	x_4	编号	组别	x_1	x_2	x_3	x_4
75	III	63	34	56	24	113	I	49	31	15	1
76	III	58	27	51	19	114	II	67	31	47	15
77	II	57	29	42	13	115	II	63	23	44	13
78	III	72	30	58	16	116	I	54	37	15	2
79	I	54	34	15	4	117	II	56	30	41	13
80	I	52	41	15	1	118	II	63	25	49	15
81	III	71	30	59	21	119	II	61	28	47	12
82	III	64	31	55	18	120	II	64	29	43	13
83	III	60	30	48	18	121	II	51	25	30	11
84	III	63	29	56	18	122	II	57	28	41	13
85	II	49	24	33	10	123	III	65	30	58	22
86	II	56	27	42	13	124	III	69	31	54	21
87	II	57	30	42	12	125	I	54	39	13	4
88	I	55	42	14	2	126	I	51	35	14	3
89	I	49	31	15	2	127	III	72	36	61	25
90	III	77	26	69	23	128	III	65	32	51	20
91	III	60	22	50	15	129	II	61	29	47	14
92	I	54	39	17	4	130	II	56	29	36	13
93	II	66	29	46	13	131	II	69	31	49	15
94	II	52	27	39	14	132	III	64	27	53	19
95	II	60	34	45	16	133	III	68	30	55	21
96	I	50	34	15	2	134	II	55	25	40	13
97	I	44	29	14	2	135	I	48	34	16	2
98	II	50	20	35	10	136	I	48	30	14	1
99	II	55	24	37	10	137	I	45	23	13	3
100	II	58	27	39	12	138	III	57	25	50	20
101	I	47	32	13	2	139	I	57	38	17	3
102	I	46	31	15	2	140	I	51	38	15	3
103	III	69	32	57	23	141	II	55	23	40	13
104	II	62	29	43	13	142	II	66	30	44	14
105	III	74	28	61	19	143	II	68	28	48	14
106	II	59	30	42	15	144	I	54	34	17	2
107	I	51	34	15	2	145	I	51	37	15	4
108	I	50	35	13	3	146	I	52	35	15	2
109	III	56	28	49	20	147	III	58	28	51	24
110	II	60	22	40	10	148	II	67	30	50	17
111	III	73	29	63	18	149	III	63	33	60	25
112	III	67	25	58	18	150	I	53	37	15	2

解 由于

$$n_1 = n_2 = n_3 = 50, n = n_1 + n_2 + n_3 = 150$$

经计算

$$\bar{x}_1 = (50.06, 34.28, 14.62, 2.46)^{\mathrm{T}}, \quad \bar{x}_2 = (59.36, 27.70, 42.60, 13.26)^{\mathrm{T}},$$

$$\bar{x}_3 = (65.88, 29.74, 55.52, 20.26)^{\mathrm{T}}, \quad \bar{x}_4 = (58.43, 30.57, 37.58, 11.99)^{\mathrm{T}}$$

$$A = \sum_{i=1}^{3} n_i (\bar{x}_i - \bar{x})(\bar{x}_i - \bar{x})^{\mathrm{T}}$$

$$= \begin{bmatrix} 6321.213 & -1995.267 & 16524.840 & 7127.933 \\ -1995.267 & 1134.493 & -5723.960 & -2293.267 \\ 16524.840 & -5723.960 & 43710.280 & 18677.400 \\ 7127.933 & -2293.267 & 18677.400 & 8041.333 \end{bmatrix}$$

$$E = \sum_{i=1}^{3} \sum_{j=1}^{n_i} (x_{ij} - \bar{x}_i)(x_{ij} - \bar{x}_i)^{\mathrm{T}}$$

$$= \begin{bmatrix} 3895.62 & 1363.00 & 2462.46 & 564.50 \\ 1363.00 & 1696.20 & 812.08 & 480.84 \\ 2462.46 & 812.08 & 2722.26 & 627.18 \\ 564.50 & 480.84 & 627.18 & 615.66 \end{bmatrix}$$

$$E^{-1}A = \begin{bmatrix} -3.058 & 1.081 & -8.112 & -3.459 \\ -5.562 & 2.178 & -14.965 & -6.308 \\ 8.077 & -2.943 & 21.512 & 9.142 \\ 10.497 & -3.420 & 27.549 & 11.846 \end{bmatrix}$$

$E^{-1}A$ 的正特征根个数 $m \leqslant \min(k-1, p) = \min(2, 4) = 2$。

可求得两个正特征根 $\lambda_1 = 32.192, \lambda_2 = 0.285$。

相应的标准化特征向量

$$c_1 = (-0.083, -0.153, 0.220, 0.281)^{\mathrm{T}}, c_2 = (0.002, 0.216, -0.093, 0.284)^{\mathrm{T}}$$

则判别式为

$$y_1 = c_1^{\mathrm{T}}(x - \bar{x}) = -0.083 \times (x_1 - 58.433) - 0.153 \times (x_2 - 30.573)$$
$$+ 0.220 \times (x_3 - 37.580) + 0.281 \times (x_4 - 11.993)$$

$$y_2 = c_2^{\mathrm{T}}(x - \bar{x}) = 0.002 \times (x_1 - 58.433) + 0.216 \times (x_2 - 30.573)$$
$$- 0.093 \times (x_3 - 37.580) + 0.284 \times (x_4 - 11.993)$$

判别式的组均值为

$$\bar{y}_{11} = -7.608, \bar{y}_{21} = 1.825, \bar{y}_{31} = 5.783$$

$$\bar{y}_{12} = 0.215, \bar{y}_{22} = -0.728, \bar{y}_{32} = 0.513$$

具体回判结果如表 5.9 所示。

表 5.9 判别结果

判别	I	II	III
I	50	0	0
II	0	48	2
III	0	1	49

由表 5.9 可知,判别效果还是可以的。

5.4 贝叶斯判别法

从 5.2 节距离判别法来看,虽然方法比较简单,便于使用,但它存在以下不足:①判别方法与总体各自出现的概率无关;②判别方法与错判之后所造成的损失无关。从 5.3 节费希尔判别法来看,它随着总体个数的增加,建立的判别函数式个数也增加,因而计算起来比较麻烦。

如果对多个总体的判别考虑的不是建立判别式,而是计算新给样品属于各总体的条件概率 $P(g/x)$,比较这 k 个概率的大小,然后将样品判归为来自概率最大的总体,这种判别方法称为贝叶斯判别方法。

1. 基本思想

贝叶斯判别法的基本思想是假定对所研究的对象已有一定的认识,常用先验概率来描述这种认识;然后抽取一个样本,用样本来修正已有的认识(先验概率分布),得到后验概率分布。各种统计推断都是通过后验概率分布来进行的。

设有 k 个总体 $G_1, G_2, \cdots, G_k$,他们的先验概率分别为 $q_1, q_2, \cdots, q_k (q_i \geqslant 0)$(可以由经验给出,也可以估计出)。各总体的密度函数分别为 $f_1(x), f_2(x), \cdots, f_k(x)$(在离散情况下是概率分布),在观测到一个样品 x 的情况下,可以用贝叶斯公式计算来自第 g 个总体的后验概率:

$$P(g/x) = \frac{q_g f_g(x)}{\sum\limits_{i=1}^{k} q_i f_i(x)}, \quad g = 1, 2, \cdots, k$$

并且当 $P(h/x) = \max\limits_{1 \leqslant g \leqslant k} \{P(g/x)\}$ 时,判 x 来自第 h 总体。

有时还可以使用错判损失最小的概念来作判别函数。这时把 x 错判归第 h 总体的平均损失定义为

$$E(h/x) = \sum\limits_{g \neq h} \frac{q_g f_g(x)}{\sum\limits_{i=1}^{k} q_i f_i(x)} \cdot L(h/x)$$

其中,$L(h/x)$ 称为损失函数。它表示来自第 g 个总体的样品错判为第 h 总体损失。显然上式是对损失函数依概率加权平均或称为错判的平均损失。

当 $h = g$ 时，$L(h/x) = 0$；当 $h \neq g$ 时，$L(h/x) > 0$。

建立判别准则如下：

$$E(h/x) = \min_{1 \leqslant g \leqslant k} \{E(g/x)\}$$

则判 x 来自第 h 总体。

原则上说，考虑损失函数更合理，但在实际中损失函数 $L(h/x)$ 不容易确定，因此常常在数学模型中假设各种错判的损失相等。即

$$L(h/x) = \begin{cases} 0, & h = g \\ 1, & h \neq g \end{cases}$$

这样，寻找 h 使后验概率最大和使错判的平均损失最小是等价的，即

$$p(h/x) \xrightarrow{h} \max \Leftrightarrow E(h/x) \xrightarrow{h} \min$$

2. 多元正态总体的贝叶斯判别法

在实际问题中遇到的许多总体往往服从正态分布，下面给出 p 元正态总体的贝叶斯判别法。

1）判别函数的导出

由前面的叙述可知，使用贝叶斯判别法作判别分析，首先要知道待判总体的先验概率 q_g 和密度函数 $f_g(x)$。对于先验概率，一般用样品的频率来代替，即令 $q_g = \dfrac{n_g}{n}$，其中 n_g 为用于建立判别函数的已知分类数据中来自第 g 个总体样品的数量，且 $n_1 + n_2 + \cdots + n_k = n$。或者令先验概率相等，这时可以认为先验概率不起作用。

p 元正态分布密度函数为

$$f_g(x) = (2\pi)^{-p/2} \left| \Sigma^{(g)} \right|^{-1/2} \cdot \exp \left\{ -\frac{1}{2} \left(x - \mu^{(g)} \right)^{\mathrm{T}} \Sigma^{(g)-1} \left(x - \mu^{(g)} \right) \right\}$$

式中，$\mu^{(g)}$ 和 $\Sigma^{(g)}$ 分别为第 g 个总体的均值向量和协差阵。把 $f_g(x)$ 代入 $p(g/x)$ 的表达式中，因为只关心寻找使 $p(g/x)$ 最大的 g，而分式 $P(g/x) = \dfrac{q_g f_g(x)}{\displaystyle\sum_{i=1}^{k} q_i f_i(x)}$ 中的分母不论 g 为何值它都是常数，因此可令

$$q_g f_g(x) \xrightarrow{g} \max$$

即求 $q_g (2\pi)^{-p/2} \left| \Sigma^{(g)} \right|^{-1/2} \cdot \exp \left\{ -\dfrac{1}{2} \left(x - \mu^{(g)} \right)^{\mathrm{T}} \Sigma^{(g)-1} \left(x - \mu^{(g)} \right) \right\}$ 的最大值。

对该式取对数，并去掉与 g 无关的项，记为

$$Z(g/x) = \ln q_g - \frac{1}{2} \ln \left| \Sigma^{(g)} \right| - \frac{1}{2} \left(x - \mu^{(g)} \right)' \Sigma^{(g)-1} \left(x - \mu^{(g)} \right)$$

$$= \ln q_g - \frac{1}{2} \ln \left| \Sigma^{(g)} \right| - \frac{1}{2} x^{\mathrm{T}} \Sigma^{(g)-1} x - \frac{1}{2} \mu^{(g)\mathrm{T}} \Sigma^{(g)-1} \mu^{(g)} + x^{\mathrm{T}} \Sigma^{(g)-1} \mu^{(g)}$$

则问题就转化为求

$$Z(g/x) \xrightarrow{g} \max$$

当 $\mu^{(1)}, \mu^{(2)}, \cdots, \mu^{(k)}$ 与 $\Sigma^{(1)}, \Sigma^{(2)}, \cdots, \Sigma^{(k)}$ 均未知时，可以用估计量样本均值向量 $\bar{x}^{(i)}$ 和样本协方差阵 S_i $(i = 1, 2, \cdots, k)$ 来替代 $\mu^{(i)}$ 与 $\Sigma^{(i)}$。

2）假设协差阵相等

$Z(g/x)$ 中含有 k 个总体的协差阵 $\Sigma^{(g)}$ 的行列式及逆矩阵，而且是对 x 的二次函数，实际计算时工作量很大。如果假定这 k 个总体的协差阵 $\Sigma^{(g)}$ 相等，即 $\Sigma^{(1)} = \Sigma^{(2)} = \cdots = \Sigma^{(k)} = \Sigma$，那么 $Z(g/x)$ 中的 $\frac{1}{2} \ln \left| \Sigma^{(g)} \right|$ 和 $\frac{1}{2} x^{\mathrm{T}} \Sigma^{(g)-1} x$ 两项与 g 无关，求最大值时这两项可以去掉，最终得到如下形式的判别函数与判别准则：

$$y(g/x) = \ln q_g - \frac{1}{2} \mu^{(g)} \Sigma^{-1} \mu^{(g)} + x' \Sigma^{(g)-1} \mu^{(g)} \xrightarrow{g} \max$$

在实际中，若 $\mu^{(1)}, \mu^{(2)}, \cdots, \mu^{(k)}$ 与 Σ 均未知时，可以用估计量样本均值向量 $\bar{x}^{(i)}$ 和合并后的样本协方差阵来替代 $\mu^{(i)}$ 与 Σ。

合并后的样本协方差阵为

$$S = \frac{1}{n-k}(E_1 + E_2 + \cdots + E_k)$$

3）计算后验概率

在进行分类计算时，主要根据判别式 $y(g/x)$ 的大小，而不是后验概率 $p(g/x)$，但是有了 $y(g/x)$ 之后，就可以根据下式计算出 $p(g/x)$：

$$P(g/x) = \frac{\exp\{y(g/x)\}}{\sum\limits_{i=1}^{k} \exp\{y(i/x)\}}$$

因为

$$y(g/x) = \ln\left(q_g f_g(x)\right) - \Delta(x)$$

其中，$\Delta(x)$ 是 $\ln(q_g f_g(x))$ 中与 g 无关的部分。

所以

$$P(g/x) = \frac{q_g f_g(x)}{\sum\limits_{i=1}^{k} q_i f_i(x)} = \frac{\exp\{y(g/x) + \Delta(x)\}}{\sum\limits_{i=1}^{k} \exp\{y(i/x) + \Delta(x)\}}$$

$$= \frac{\exp\{y(g/x)\} \exp\{\Delta(x)\}}{\sum\limits_{i=1}^{k} \exp\{y(i/x)\} \exp\{\Delta(x)\}} = \frac{\exp\{y(g/x)\}}{\sum\limits_{i=1}^{k} \exp\{y(i/x)\}}$$

由上式可知，使 $y(g/x)$ 最大的 h，其 $p(g/x)$ 必最大，因此只需把样品 x 代入判别式中，分别计算 $y(g/x)(g = 1, 2, \cdots, k)$。

$$若 y(h/x) = \max_{1 \leqslant g \leqslant k} \{y(g/x)\}$$

则把样品 x 归入第 h 总体。

例 5.3（胃癌的鉴别）   为了判别患者是胃癌还是萎缩性胃炎。现对患有胃癌、萎缩性胃炎和非胃炎患者中各随机抽取五个患者，每人化验四项生化指标：血清铜蛋白（X_1）、蓝色反应（X_2）、尿吲哚乙酸（X_3）和中性硫化物（X_4），具体数据见表 5.10。试用贝叶斯判别分析，对这 15 个样品进行判别分析。

表 5.10   胃病检验的生化指标值

类别		序号	血清铜蛋白（X_1）	蓝色反应（X_2）	尿吲哚乙酸（X_3）	中性硫化物（X_4）
胃癌患者	胃癌患者	1	228	134	20	11
		2	245	134	10	40
		3	200	167	12	27
		4	170	150	7	8
		5	100	167	20	14
非胃癌患者	萎缩性胃炎患者	6	225	125	7	14
		7	130	100	6	12
		8	150	117	7	6
		9	120	133	10	26
		10	160	100	5	10
	非胃炎患者	11	185	115	5	19
		12	170	125	6	4
		13	165	142	5	3
		14	135	108	2	12
		15	100	117	7	2

注：X_3 和 X_4 是原始数据的 100 倍。

解 $\bar{X}^{(1)} = (188.60, 150.40, 13.8, 20.0)$；$\bar{X}^{(2)} = (157, 115, 7, 13.6)$；$\bar{X}^{(3)} = (151, 121.4, 5, 8)$

$$\Sigma = \begin{bmatrix} 2034.1 & -158.933 & -44.867 & 144.333 \\ -158.933 & 220.367 & 14.2 & -7 \\ -44.867 & 14.2 & 202.034 & -6.833 \\ 144.333 & -7 & -6.833 & 95.933 \end{bmatrix}$$

由于

$$\ln q_1 = \ln q_2 = \ln q_3 = \ln \frac{1}{3} = -1.0986$$

三组判别函数分别为

$$f_1 = -1.0986 - 79.212 + 0.164x_1 + 0.753x_2 + 0.778x_3 + 0.073x_4$$
$$f_2 = -1.0986 - 46.721 + 0.130x_1 + 0.595x_2 + 0.317x_3 + 0.012x_4$$
$$f_3 = -1.0986 - 49.598 + 0.130x_1 + 0.637x_2 + 0.100x_3 - 0.059x_4$$

判别原则：样品属于判别函数值最大的一组。

回判结果如表 5.11 所示。

表 5.11　回判结果

类别		序号	原分类	回判组别	后验概率 $p(G=g\|D=d)$
胃癌患者	胃癌患者	1	1	1	0.998
		2	1	1	0.977
		3	1	1	0.999
		4	1	3	0.578
		5	1	1	0.999
非胃癌患者	萎缩性胃炎患者	6	2	2	0.457
		7	2	2	0.700
		8	2	3	0.518
		9	2	2	0.662
		10	2	2	0.616
	非胃炎患者	11	3	2	0.616
		12	3	3	0.681
		13	3	3	0.839
		14	3	3	0.587
		15	3	3	0.583

误判的样本是 4、8、11，回判后分别属于 3、3、2 组，即非胃炎患者、非胃炎患者、萎缩性胃炎患者。

5.5　逐步判别法

前面讨论的判别方法都是用已给的全部变量 $x_1, x_2, \cdots, x_p$ 来建立判别函数，但这些变量在判别式中所起的作用一般来说是不同的，也就是说各变量在判别式中的判别能力是不同的，有的可能起的作用大一些，有些可能作用很小，将起作用很小的变量保留在判别式中，不仅会增加计算量，有时还会干扰影响判别效果；如果将起重要作用的变量忽略了，这时作出的判别效果也一定不好。因此就存在一个变量选择的问题，即从 p 个变量中挑选出对区分 k 个总体有显著性判别能力的变量，来建立判别函数，对 k 个总体进行判别归类。

判别分析的变量选择方法很多，这里仅介绍逐步判别法。

1. 逐步判别法的基本思想

逐步判别分析与逐步回归法的基本思想类似，都是逐个引入变量，每次把一个判别能力最强的变量引入判别式，每引入一个新变量，对判别式的老变量逐个进行检验，如果其判别能力因新变量的引入而变得不显著了（其作用被后引入的某一个变量的组合所代替），应及时把它从判别式中剔除，直到判别式中没有不重要的变量需要剔除，而判别式以外的变量也没有重要的变量需要引入判别式时逐步筛选结束。这个筛选过程实质就是作假设检验，通过检验找出显著性变量，剔除不显著性变量。这种通过逐步筛选变量使得建立的判别函数中仅保留判别能力显著的变量的方法，就是逐步判别法。

一个变量能否进入模型主要取决于协方差分析的 F 检验的显著性水平。

2. 逐步判别法的检验统计量

设有 k 个 p 维正态总体分别为 $N_p(\mu_1, \Sigma_1), N_p(\mu_2, \Sigma_2), \cdots, N_p(\mu_k, \Sigma_k)$，它们有相同的协方差阵。如果他们有差别也只能表现在均值向量 μ_i 上。现从 k 个正态总体中分别取 n_i（$n_1 + n_2 + \cdots + n_k = n$）个独立样本如下：

第 1 个总体：$X_i^{(1)} = (X_{i1}^{(1)}, X_{i2}^{(1)}, \cdots, X_{ip}^{(1)}), i = 1, 2, \cdots, n_1$

第 2 个总体：$X_i^{(2)} = (X_{i1}^{(2)}, X_{i2}^{(2)}, \cdots, X_{ip}^{(2)}), i = 1, 2, \cdots, n_2$

$\cdots$

第 k 个总体：$X_i^{(k)} = (X_{i1}^{(k)}, X_{i2}^{(k)}, \cdots, X_{ip}^{(k)}), i = 1, 2, \cdots, n_k$

作条件假设：$H_0: \mu_1 = \mu_2 = \cdots = \mu_k$，$H_1: \mu_i$（$i = 1, 2, \cdots, k$）中至少有一对不相等。

如果接受了这个假设 H_0，说明这 k 个总体的统计差异不显著，在此基础上建立的判别函数效果肯定不好，除非增加新变量。如果拒绝了这个假设 H_0，说明这 k 个总体可以区分，建立的判别函数有意义，设每个 $\Sigma_i > 0$，且未知，$i = 1, 2, \cdots, k$，根据第 3 章的检验 H_0 的似然比统计量为

$$\Lambda_l = \frac{|E|}{|A + E|} = \frac{|E|}{|T|} \sim \Lambda_l(n - k, k - 1), \quad l = 1, 2, \cdots, p$$

其中，$A = \sum_{r=1}^{k} n_r (X^{(r)} - \overline{X})(X^{(r)} - \overline{X})^{\mathrm{T}}$ 为组间离差阵；

$$E = \sum_{r=1}^{k} \sum_{i=1}^{n_r} (X_i^{(r)} - \overline{X}^{(r)})(X_i^{(r)} - \overline{X}^{(r)})^{\mathrm{T}} = \begin{bmatrix} e_{11} & e_{12} & \cdots & e_{1p} \\ e_{21} & e_{22} & \cdots & e_{2p} \\ \vdots & \vdots & & \vdots \\ e_{p1} & e_{p2} & \cdots & e_{pp} \end{bmatrix} \text{为组内离差阵；}$$

$$T = \sum_{r=1}^{k} \sum_{i=1}^{n_r} (X_i^{(r)} - \overline{X})(X_i^{(r)} - \overline{X})^{\mathrm{T}} = A + E = \begin{bmatrix} t_{11} & t_{12} & \cdots & t_{1p} \\ t_{21} & t_{22} & \cdots & t_{2p} \\ \vdots & \vdots & & \vdots \\ t_{p1} & t_{p2} & \cdots & t_{pp} \end{bmatrix} \text{为总离差阵。}$$

由定义可知，$0 \leqslant \Lambda_l \leqslant 1$，$E$ 反映了同一组总体样本间的差异；T 反映了 k 个总体所有样本间的差异。因此 Λ_l 值越小，表明相同总体间的差异越小，因此对于给定的显著水平 α，应由 Λ_l 分布确定临界值 Λ_α，当 $\Lambda_l < \Lambda_\alpha$ 时，拒绝 H_0，否则接受 H_0。这里 Λ_l 中的下标是强调含有 l 个变量。

由于威尔克斯分布的数值表一般书上没有，常常用下面的近似公式。

Bartlett 近似公式：

统计量在 H_0 成立的条件下 $-[n - 1 - (p - k)/2] \ln \Lambda \prec \chi^2(p(k - 1))$

Rao 近似公式：

统计量在 H_0 成立的条件下 $\dfrac{n - (p - 1) - k}{k - 1} \left(\dfrac{\Lambda_{l-1}}{\Lambda_l} - 1 \right) \prec F(k - 1, n - (p - 1) - k)$

下面根据 Rao 近似公式给出引入变量与剔除变量的检验统计量。

1）引入变量的检验统计量的构造

假定计算 L 步，并且变量 $x_1, x_2, \cdots, x_l$ 已选入（L 不一定等于 l），考察第 $L+1$ 步添加一个变量 x_r 的判别能力，将变量分为两组，一组为已选的前 l 个变量，另一组仅有一个变量 x_r，此时 $l+1$ 个变量的组内离差阵和总离差阵仍分别记为

$$
E = \begin{array}{c} l \\ 1 \end{array} \begin{bmatrix} E_{11} & E_{12} \\ E_{21} & E_{22} \end{bmatrix} = \begin{bmatrix} e_{11} & e_{12} & \cdots & e_{1l} & e_{1r} \\ e_{21} & e_{22} & \cdots & e_{2l} & e_{2r} \\ \vdots & \vdots & & \vdots & \vdots \\ e_{l1} & e_{l2} & \cdots & e_{ll} & e_{lr} \\ e_{r1} & e_{r2} & \cdots & e_{rl} & e_{rr} \end{bmatrix}
$$

$$
T = \begin{array}{c} l \\ 1 \end{array} \begin{bmatrix} T_{11} & T_{12} \\ T_{21} & T_{22} \end{bmatrix} = \begin{bmatrix} t_{11} & t_{12} & \cdots & t_{1l} & t_{1r} \\ t_{21} & t_{22} & \cdots & t_{2l} & t_{2r} \\ \vdots & \vdots & & \vdots & \vdots \\ t_{l1} & t_{l2} & \cdots & t_{ll} & t_{lr} \\ t_{r1} & t_{r2} & \cdots & t_{rl} & t_{rr} \end{bmatrix}
$$

由于 $|E| = |E_{11}| e_{rr}^{(L)}$

$$
e_{rr}^{(L)} = \left| E_{22} - E_{21} E_{11}^{-1} E_{12} \right| = E_{22} - E_{21} E_{11}^{-1} E_{12} = e_{rr} - E_{r1} E_{11}^{-1} E_{1r}
$$

同理 $|T| = |T_{11}| t_{rr}^{(L)}$

$$
t_{rr}^{(L)} = \left| T_{22} - T_{21} T_{11}^{-1} T_{12} \right| = T_{22} - T_{21} T_{11}^{-1} T_{12} = t_{rr} - T_{r1} T_{11}^{-1} T_{1r}
$$

于是有

$$
\frac{|E|}{|T|} = \frac{|E_{11}| \cdot e_{rr}^{(l)}}{|T_{11}| \cdot t_{rr}^{(l)}}
$$

即

$$
\Lambda_{l+1} = \Lambda_l \cdot \frac{e_{rr}^{(l)}}{t_{rr}^{(l)}}
$$

所以 $\dfrac{\Lambda_l}{\Lambda_{l+1}} - 1 = \dfrac{t_{rr}^{(l)} - e_{rr}^{(l)}}{e_{rr}^{(l)}} \hat{=} \dfrac{1 - A_r}{A_r}$

其中，$A_r = \dfrac{e_{rr}^{(l)}}{t_{rr}^{(l)}}$。

将上式代入 Rao 近似公式中得到引入变量的检验统计量：

$$
F_{引} = \frac{1 - A_r}{A_r} \frac{n - l - k}{k - 1} \prec F(k-1, n-l-k)
$$

若 $F_{引} > F_\alpha(k-1, n-l-k)$，则变量 x_r 的判别能力显著，将判别能力显著的变量中作用最大的变量（即使 A_r 为最小的变量）作为入选变量；否则不能把该变量作为引入变量。

需要说明的是，不管引入变量还是剔除变量，都需要对相应的矩阵 E 和 T 作一次消去变换。不妨设第一个引入变量是 x_1，这时就要对 E 和 T 同时进行消去第一列的变换得到 E^1 和 T^1，接着考虑第二个变量，经过检验认为显著的变量，不妨设为 x_2，这时就要对 E^1 和 T^1 同时进行消去第二列的变换得到 E^2 和 T^2，对剔除变量也是如此。

2）剔除变量的检验统计量的构造

考察对已入选变量 x_r 的判别能力，可以设想已计算了 L 步，并引入了包括变量 x_r 在内的 l 个变量（L 不一定等于 l）。考察拟在第 $L+1$ 步剔除变量 x_r 的判别能力，为了方便起见，可以假设 x_r 是第 L 步引入的，即 $L-1$ 步引入了不包括 x_r 在内的 $l-1$ 个变量。因此问题转化为考查引入变量 x_r（其中 $l-1$ 个变量已给定时）的判别能力，此时有

$$A_r = \frac{e_{rr}^{(l-1)}}{t_{rr}^{(l-1)}}$$

对 $E^{(l)}$ 和 $T^{(l)}$，再作一次消去变换有

$$e_{ij}^{(l+1)} = \begin{cases} e_{ij}^{(l)}/e_{rr}^{(l)}, & i=r, j \neq r \\ e_{ij}^{(l)} - e_{ir}^{(l)}e_{rj}^{(l)}/e_{rr}^{(l)}, & i \neq r, j \neq r \\ 1/e_r^{(l)}, & i=r, j=r \\ -e_{ir}^{(l)}/e_r^{(l)}, & i \neq r, j=r \end{cases}$$

$$t_{ij}^{(l+1)} = \begin{cases} t_{ij}^{(l)}/t_{rr}^{(l)}, & i=r, j \neq r \\ t_{ij}^{(l)} - t_{ir}^{(l)}t_{rj}^{(l)}/t_r^{(l)}, & i \neq r, j \neq r \\ 1/t_r^{(l)}, & i=r, j=r \\ -t_{ir}^{(l)}/t_{rr}^{(l)}, & i \neq r, j=r \end{cases}$$

于是

$$A_r = \frac{1/e_{rr}^{(l)}}{1/t_{rr}^{(l)}} = \frac{t_{rr}^{(l)}}{e_{rr}^{(l)}}$$

从而得到剔除变量的检验统计量：

$$F_{剔} = \left(\frac{1-A_r}{A_r}\right)\frac{n-(l-1)-k}{k-1} \prec F(k-1, n-(l-1)-k)$$

在已入选的所有变量中，找出具有最大的 A_r（即使 $F_{剔}$ 最小）的一个变量进行检验。若 $F_{剔} < F_\alpha(k-1, n-(l-1)-k)$，则认为 x_r 的判别能力不显著，可以把它从判别式中剔除，否则保留变量 x_r。

3. 逐步判别法的基本步骤

1）准备工作

（1）计算各总体（类）的样本均值 $\bar{X}^{(t)}(t=1,2,\cdots,k)$ 和总体均值 $\bar{X}$。

（2）计算样本的合并组内离差阵 E 和总离差阵 T。

（3）规定显著性水平 α。

2）逐步筛选变量

假设已计算了 L 步，在判别式中选入了 l 个变量，不妨设 $x_1, x_2, \cdots, x_l$ 已选入，则第 $L+1$ 步计算内容如下。

（1）计算全部变量的判别能力。

对未入选变量 x_i 计算 $A_i = \dfrac{e_{ii}^{(l)}}{t_{ii}^{(l)}}$, $i = l+1, \cdots, p$；

对已入选变量 x_j 计算 $A_j = \dfrac{t_{jj}^{(l)}}{e_{jj}^{(l)}}$, $j = 1, 2, \cdots, l$。

（2）在已入选变量中考虑剔除可能存在的最不显著变量，取最大的 A_j（即最小的 $F_{剔}$）。假设 $A_r = \max\limits_{j} \{A_j\}$。作 F 检验：

$$F_{剔} = \left(\frac{1 - A_r}{A_r} \right) \frac{n - (l-1) - k}{k - 1} \prec F(k-1, n-(l-1)-k)$$

若 $F_{剔} \leqslant F_\alpha(k-1, n-(l-1)-k)$，则认为 x_r 的判别能力不显著，可以把它从判别式中剔除，然后对 $E^{(l)}$ 和 $T^{(l)}$ 作消去变换；

若 $F_{剔} > F_\alpha(k-1, n-(l-1)-k)$，则从未入选变量中选出最显著变量，即要找出最小的 A_i（即最大的 $F_{引}$），假设 $A_r = \min\limits_{i} \{A_i\}$。作 F 检验：

$$F_{引} = \frac{1 - A_r}{A_r} \frac{n - l - k}{k - 1} \prec F(k-1, n-l-k)$$

若 $F_{引} > F_\alpha(k-1, n-l-k)$，则变量 x_r 的判别能力显著，将判别能力显著的变量中作用最大的变量（即使 A_r 为最小的变量）作为入选变量，然后对 $E^{(l)}$ 和 $T^{(l)}$ 作消去变换。

在第 $L+1$ 步计算结束后，再重复步骤（1）、（2）直至不能剔除又不能引入新变量时，逐步计算结束。

3）建立判别式，对样品判别分类

经过步骤 2）选出重要变量后，可用各种方法建立判别函数和判别准则。这里使用贝叶斯判别法建立判别式，假设共计算 $L+1$ 步，最终选出 l 个变量，设判别式为

$$y(g/x) = \ln q_g - \frac{1}{2}\mu^{(g)} \Sigma^{-1} \mu^{(g)} + x' \Sigma^{(g)^{-1}} \mu^{(g)}, \quad g = 1, 2, \cdots, k$$

将每个样品 $x = (x_1, x_2, \cdots, x_p)^{\mathrm{T}}$ 分别代入 k 个判别式 $y(g/x)$，若 $y(h/x) = \max\limits_{1 \leqslant g \leqslant k} \{y(g/x)\}$，则判 x 属于第 h 总体。

需要指出的是：在逐步计算中，每步都是先考虑剔除，然后考虑引入，但开始几步一般是先考虑引入，而后才开始有剔除，在实际问题中，引入后又剔除的情况不多，而剔除后再引入的情况更少见。由于算法中用逐步判别选出的 l 个变量，一般不是所有 l 个变量组合中的最优组合（因为每次引入都是在保留已引入变量基础上引入新变量）。但在 l 不大时，往往是最优组合。

5.6 实例分析

实例 5.1 为研究某地区人口死亡状况，已按某种方法将 15 个已知样本单位分为三组，选择判别变量为六个：X_1 为 0 岁组死亡率，X_2 为 1 岁组死亡率，X_3 为 10 岁组死亡率，X_4 为 55 岁组死亡率，X_5 为 80 岁组死亡率，X_6 为平均预期寿命，原始数据如表 5.12 所示。建立判别函数，判定另外四个地区属于何组。

表 5.12   各地区死亡率及平均预期寿命表

编号	X_1	X_2	X_3	X_4	X_5	X_6	类别
1	34.16	7.44	1.12	7.87	95.19	69.3	1
2	33.06	6.34	1.08	6.77	94.08	69.7	1
3	36.26	9.24	1.04	8.97	97.3	68.8	1
4	40.17	13.45	1.43	13.88	101.2	66.2	1
5	50.06	23.03	2.83	23.74	112.52	63.3	1
6	33.24	6.24	1.18	22.9	160.01	65.4	2
7	32.22	4.22	1.06	20.7	124.7	68.7	2
8	41.15	10.08	2.32	32.84	172.06	65.85	2
9	53.04	25.74	4.06	34.87	152.03	63.5	2
10	38.03	11.2	6.07	27.84	146.32	66.8	2
11	34.03	5.41	0.07	5.2	90.1	69.5	3
12	32.11	3.02	0.09	3.14	85.15	70.8	3
13	44.12	15.02	1.08	15.15	103.12	64.8	3
14	54.17	25.03	2.11	25.15	110.14	63.7	3
15	28.07	2.01	0.07	3.02	81.22	68.3	3
待判	50.22	6.66	1.08	22.54	170.6	65.2	.
待判	34.64	7.33	1.11	7.78	95.16	69.3	.
待判	33.42	6.22	1.12	22.95	160.31	68.3	.
待判	44.02	15.36	1.07	16.45	105.3	64.2	

试用费希尔判别分析法和贝叶斯判别分析法分别计算。

1) 费希尔判别分析法

由 SPSS 软件计算得输出结果如表 5.13 所示。

表 5.13   计算输出结果

自变量	因变量	
	1	2
X_1	−1.861	−0.867
X_2	1.656	1.155
X_3	−0.877	−0.356
X_4	0.798	−0.089
X_5	0.098	0.054
X_6	1.579	0.690
(常数)	−74.990	−29.482

由表 5.12 得判别函数为

$$D_1 = -74.99 - 1.861x_1 + 1.656x_2 - 0.877x_3 + 0.798x_4 + 0.098x_5 + 1.579x_6$$

$$D_2 = -29.482 - 0.867x_1 + 1.155x_2 - 0.356x_3 - 0.089x_4 + 0.054x_5 + 0.69x_6$$

判别准则为：若 $D_1 > 0$，则样本属于第 2 组；若 $D_1 < 0$ 且 $D_2 > 0$，则样本属于第 1 组；若 $D_1 < 0$ 且 $D_2 < 0$，则样本属于第 3 组。

得判别结果如表 5.14 所示。

表 5.14　判别结果表

样本编号	原分类	回判组数	D_1	D_2
1	1	1	−2.17708	1.363902
2	1	1	−2.27004	1.374873
3	1	1	−2.74127	1.322512
4	1	1	−3.19932	0.637541
5	1	1	−2.58222	0.366433
6	2	2	9.673858	0.231059
7	2	2	8.332397	−0.61285
8	2	2	10.12816	−2.51783
9	2	2	8.342493	1.760246
10	2	2	9.49101	−0.14532
11	3	3	−6.68721	−0.39427
12	3	3	−7.16253	−0.68523
13	3	3	−8.65537	−1.82324
14	3	3	−4.76603	−0.60804
15	3	3	−5.72685	−0.26979
16	——	3	−20.7136	−13.4982
17	——	1	−3.31857	0.830773
18	——	2	14.00814	2.085752
19	——	3	−7.59478	−1.7521

原来的分类没有误判的情况。待判样品 16、19 号属于第 3 组，待判样品 17、18 号分别属于第 1、第 2 组。

2）贝叶斯判别分析法

由 $\ln q_1 = \ln q_2 = \ln q_3 = \ln \dfrac{1}{3} = -1.0986$，及表 5.15 可得判别函数：

表 5.15　判别函数系数表

自变量	Y		
	1	2	3
X_1	−143.851	−164.691	−134.862
X_2	153.137	171.185	144.462
X_3	−90.088	−99.976	−85.945
X_4	53.009	62.525	49.972
X_5	11.008	12.094	10.520
X_6	189.261	207.003	181.714
(常数)	−5317.234	−6202.158	−4982.880

$$f_1 = -1.0986 - 5317.234 - 143.851x_1 + 153.137x_2$$

$$-90.088x_3 + 53.009x_4 + 11.008x_5 + 189.261x_6$$

$$f_2 = -1.0986 - 6202.158 - 164.691x_1 + 171.185x_2$$

$$-99.976x_3 + 62.525x_4 + 12.094x_5 + 207.003x_6$$

$$f_3 = -1.0986 - 4982.88 - 134.862x_1 + 144.462x_2$$

$$-85.945x_3 + 49.972x_4 + 10.52x_5 + 181.714x_6$$

回判结果如表 5.16 所示。

表 5.16   回判结果

序号	原类别	回判组别	后验概率 $p(G = g \mid D = d)$
1	1	1	1.000
2	1	1	1.000
3	1	1	1.000
4	1	3	0.998
5	1	1	1.000
6	2	2	1.000
7	2	2	1.000
8	2	3	1.000
9	2	2	1.000
10	2	2	1.000
11	3	2	1.000
12	3	3	1.000
13	3	3	1.000
14	3	3	0.879
15	3	3	0.995
16	待判	3	1.000
17	待判	1	1.000
18	待判	2	0.998
19	待判	3	1.000

回判全部正确，对于待判样品 16、19 号属于第 3 组，17、18 号分别属于第 1、第 2 组。与费希尔判别分析法结果一致。

实例 5.2   全国 30 个省（自治区、直辖市）1994 年影响各地区经济增长差异的制度变量：x_1 为经济增长率；x_2 为非国有化水平；x_3 为开放度；x_4 为市场化程度的数据如表 5.17 所示。

其中前 11 个样品假设为第一类地区，第 12 至 27 号为第二类地区。试以江苏、安徽、陕西作为待判样品，对表 5.17 的数据分别用距离判别法、费希尔判别法、贝叶斯判别法、逐步判别法进行判别分析。

解   （1）距离判别法。两类地区各变量的均值

$$\bar{X}^{(1)} = (15.7364, 65.0282, 25.1946, 73.8046); \bar{X}^{(2)} = (11.5625, 40.1063, 9.2281, 58.105)$$

计算样本协方差矩阵，并求其逆矩阵

$$\Sigma = \begin{bmatrix} 9.8545 & 23.985 & 14.278 & 5.461 \\ 23.985 & 212.056 & 1.6656 & 69.732 \\ 14.2784 & 1.6656 & 202.034 & 9.5136 \\ 5.461 & 69.732 & 9.5136 & 64.118 \end{bmatrix};$$

$$\Sigma^{-1} = \begin{bmatrix} 0.1686 & -0.0231 & -0.0123 & 0.0126 \\ -0.0231 & 0.0105 & 0.0020 & -0.0098 \\ -0.0123 & 0.0020 & 0.0059 & -0.0020 \\ 0.0126 & -0.0098 & -0.0020 & 0.0255 \end{bmatrix}$$

求线性判别函数。解线性方程组

$$\Sigma a = (\bar{X}^{(1)} - \bar{X}^{(2)})$$

计算 $a = \Sigma^{-1}(\bar{X}^{(1)} - \bar{X}^{(2)}) = (0.1294, 0.0443, 0.0609, 0.1765)^{\mathrm{T}}$

表 5.17　影响各地区经济增长差异的制度变量数据 (1994) (%)

类别	序号	地区	经济增长率 x_1	非国有化水平 x_2	开放度 x_3	市场化程度 x_4
第一组	1	辽宁	11.2	57.25	13.47	73.42
	2	河北	14.9	67.19	7.89	73.09
	3	天津	14.3	64.74	19.41	72.33
	4	北京	13.5	55.63	20.59	71.33
	5	山东	16.2	75.51	11.06	72.08
	6	上海	14.3	57.63	22.51	77.35
	7	浙江	20.0	83.94	15.99	89.5
	8	福建	21.8	68.03	39.92	71.9
	9	广东	19.0	78.31	83.03	80.75
	10	广西	16.0	57.11	12.57	60.91
	11	海南	11.9	49.97	30.70	69.2
第二组	12	黑龙江	8.7	30.72	15.41	60.25
	13	吉林	14.3	37.65	12.95	66.42
	14	内蒙古	10.1	34.63	7.68	62.96
	15	山西	9.1	56.33	10.30	66.01
	16	河南	13.8	65.23	4.69	64.24
	17	湖北	15.3	55.62	6.06	54.74
	18	湖南	11.0	55.55	8.02	67.47
	19	江西	18.0	62.85	6.4	58.83
	20	甘肃	10.4	30.01	4.61	60.26
	21	宁夏	8.2	29.28	6.11	50.71
	22	四川	11.4	62.88	5.31	61.49
	23	云南	11.6	28.57	9.08	68.47
	24	贵州	8.4	30.23	6.03	55.55
	25	青海	8.2	15.96	8.04	40.26
	26	新疆	10.9	24.75	8.34	46.01
	27	西藏	15.6	21.44	28.62	46.01
待判样品	28	江苏	16.5	80.05	8.81	73.04
	29	安徽	20.6	81.24	5.37	60.43
	30	陕西	8.6	42.06	8.88	56.37

得判别函数为

$$W(X) = a^{\mathrm{T}}(X - \bar{X}) = a^{\mathrm{T}}\left(X - \frac{1}{2}(\bar{X}^{(1)} + \bar{X}^{(2)})\right)$$

$$= 0.1294x_1 + 0.0443x_2 + 0.0609x_3 + 0.1765x_4 - 16.7902$$

对已知类别的样品回判。由于 $\bar{X}^{(1)} > \bar{X}^{(2)}$，所以 $W(X) > 0$ 为第一组；$W(X) < 0$ 为第二组。

经计算得回判结果如表 5.18 所示。

表 5.18   回判结果

样品序号	$W(X)$	原类号	回判组别
1	0.9801	1	1
2	1.5031	1	1
3	1.8851	1	1
4	1.2729	1	1
5	2.0554	1	1
6	2.6450	1	1
7	6.2971	1	1
8	4.1458	1	1
9	8.4611	1	1
10	-0.6666	1	2
11	1.0552	1	1
12	-2.7251	2	2
13	-0.7538	2	2
14	-2.3635	2	2
15	-0.8322	2	2
16	-0.4838	2	2
17	-2.3096	2	2
18	-0.5022	2	2
19	-0.8966	2	2
20	-3.1934	2	2
21	-5.1051	2	2
22	-1.3423	2	2
23	-1.3799	2	2
24	-4.0874	2	2
25	-7.4231	2	2
26	-5.6504	2	2
27	-3.9523	2	2

上述回判结果表明，第一组只有第 10 个样品回判组号与原组号不同，其余完全相同；第二组各样品回判组号与原组号完全相同。10 号样品可能是属于分组时错分的样品，总的回代判对率为 96.3‰。

对待判样品判别结果如表 5.19 所示。

表 5.19 判别结果

样品序号	$W(X)$	判别类别
28	2.3278	1
29	0.4752	1
30	-3.3183	2

待判样品中江苏、安徽被判为第一组，陕西为第二组。与实际情况较吻合。

（2）费希尔判别法。

计算样本组内离差矩阵的和 E，并求其逆矩阵：

$$
E = \begin{bmatrix}
246.363 & 599.624 & 356.959 & 136.519 \\
599.624 & 5301.402 & 41.639 & 1743.296 \\
356.959 & 41.639 & 5050.860 & 237.839 \\
136.519 & 1743.296 & 237.839 & 1602.955
\end{bmatrix}
$$

$$
E^{-1} = \begin{bmatrix}
0.00675 & -0.00092 & -0.00049 & 0.00051 \\
-0.00092 & 0.00042 & 0.00001 & -0.00039 \\
-0.00049 & 0.00001 & 0.00024 & -0.00001 \\
0.00051 & -0.00039 & -0.00001 & 0.00102
\end{bmatrix}
$$

解得判别系数

$$
C = (0.005176, 0.001774, 0.002439, 0.007062)^{\mathrm{T}}
$$

所以判别函数为

$$
y = 0.005176x_1 + 0.001774x_2 + 0.002439x_3 + 0.007062x_4
$$

求判别临界点 y_0，对所给样品判别分类。经计算

$$
\bar{y}^{(1)} = 0.77937, \quad \bar{y}^{(2)} = 0.56385
$$

$$
y_0 = \frac{n_1\bar{y}^{(1)} + n_2\bar{y}^{(2)}}{n_1 + n_2} = 0.65165
$$

由于 $\bar{y}^{(1)} > \bar{y}^{(2)}$，当样品代入判别式后，若 $y > y_0$，则判为第一组；若 $y < y_0$，则判为第二组。回判结果如表 5.20 所示。

上述回判结果表明，第一组的第 10 号被回判为第二组，与距离判别法相同，说明第 10 号样品确实是误分；第二组的第 16 号被回判为第一组，仔细分析发现其数据介于第一组与第二组之间，差别不显著。总的回代判对率为 92.59%。

对待判样品判别分类，结果如表 5.21 所示。

表 5.20   回判结果

样品序号	$W(X)$	原类号	回判组别
1	0.71081	1	1
2	0.73173	1	1
3	0.74701	1	1
4	0.72252	1	1
5	0.75382	1	1
6	0.77741	1	1
7	0.92349	1	1
8	0.83744	1	1
9	1.01005	1	1
10	0.64494	1	2
11	0.71382	1	1
12	0.56260	2	2
13	0.64146	2	2
14	0.57707	2	2
15	0.63832	2	2
16	0.65226	2	1
17	0.57923	2	2
18	0.65152	2	2
19	0.63574	2	2
20	0.54387	2	2
21	0.46741	2	2
22	0.61776	2	2
23	0.61641	2	2
24	0.50411	2	2
25	0.37468	2	2
26	0.44559	2	2
27	0.51352	2	2

表 5.21   判别结果

样品序号	y	判别类别
28	0.76472	1
29	0.69061	1
30	0.53888	2

其判别结果与距离判别法相同，说明其判别结果是比较好的。

（3）贝叶斯判别法。

由前面计算知

$$\bar{X}^{(1)} = (15.7364, 65.0282, 25.1946, 73.8046); \bar{X}^{(2)} = (11.5625, 40.1063, 9.2281, 58.105)$$

$$\Sigma = \begin{bmatrix} 9.8545 & 23.985 & 14.278 & 5.461 \\ 23.985 & 212.056 & 1.6656 & 69.732 \\ 14.2784 & 1.6656 & 202.034 & 9.5136 \\ 5.461 & 69.732 & 9.5136 & 64.118 \end{bmatrix};$$

$$\Sigma^{-1} = \begin{bmatrix} 0.1686 & -0.0231 & -0.0123 & 0.0126 \\ -0.0231 & 0.0105 & 0.0020 & -0.0098 \\ -0.0123 & 0.0020 & 0.0059 & -0.0020 \\ 0.0126 & -0.0098 & -0.0020 & 0.0255 \end{bmatrix} \ln q_1$$

$$= \ln \frac{11}{27} = -0.8979, \ln q_1 = \ln \frac{16}{27} = -0.5233$$

两组判别函数分别为

$$f_1 = -0.8979 - 53.9646 + 1.7709x_1 - 0.3505x_2 - 0.0633x_3 + 1.3908x_4$$
$$f_2 = -0.5233 - 36.7998 + 1.6415x_1 - 0.3949x_2 - 0.1243x_3 + 1.2143x_4$$

判别原则:若样品的 $f_1 > f_2$,则属于第一组;否则属于第二组。

样品回判结果如表 5.22 所示。

表 5.22　样品回判结果

样品序号	f_1	f_2	原类号	回判组别	后验概率
1	46.15	45.92	1	1	0.6469
2	49.13	48.38	1	1	0.7555
3	47.14	46.00	1	1	0.8191
4	47.45	46.93	1	1	0.7106
5	46.91	45.60	1	1	0.8430
6	56.42	54.52	1	1	0.9064
7	74.60	69.05	1	1	0.9973
8	57.41	54.01	1	1	0.9775
9	58.39	50.68	1	1	0.9997
10	37.38	38.79	1	2	0.7391
11	43.00	42.69	1	1	0.6639
12	32.60	36.07	2	2	0.9569
13	48.82	50.33	2	2	0.7556
14	37.9665	41.0794	2	2	0.9392
15	32.6657	34.2473	2	2	0.7697
16	35.7269	36.9961	2	2	0.7023
17	28.4882	31.5471	2	2	0.9361
18	38.4788	39.7307	2	2	0.7062
19	36.4025	38.0486	2	2	0.7810
20	36.5562	40.4990	2	2	0.9726
21	19.5386	25.3931	2	2	0.9958
22	28.4723	30.5680	2	2	0.8482
23	50.3219	52.4513	2	2	0.8525
24	26.2965	31.2333	2	2	0.9897
25	9.5511	17.7236	2	2	0.9996
26	19.2300	25.6297	2	2	0.9976
27	27.4303	32.1320	2	2	0.9869

贝叶斯判别法与距离判别法的回判结果是一致的,其判对率为 96.3%。

对待判样品判别结果如表 5.23 所示。

表 5.23　待判样品判别结果

样品序号	f_1	f_2	判别类别	后验概率
28	47.3285	45.7501	1	0.8290
29	36.8516	37.1259	2	0.5681
30	23.4643	27.5320	2	0.9832

在贝叶斯判别法下，待判样品中江苏被判为第一组，安徽、陕西为第二组。其中安徽的判别组与距离判别法的结果不同。这与方法本身有差异有关，同时也与安徽的数据有关，其数据介于第一组与第二组之间，差别不显著。

（4）逐步判别法。

计算两类地区各变量的均值、组内离差阵、总离差阵：

$$\bar{X}^{(1)} = (15.7364, 65.0282, 25.1946, 73.8046); \bar{X}^{(2)} = (11.5625, 40.1063, 9.2281, 58.105)$$

$$E = \begin{bmatrix} 246.363 & 599.624 & 356.959 & 136.519 \\ 599.624 & 5301.402 & 41.639 & 1743.296 \\ 356.959 & 41.639 & 5050.860 & 237.839 \\ 136.519 & 1743.296 & 237.839 & 1602.955 \end{bmatrix}$$

$$T = \begin{bmatrix} 359.923 & 1277.685 & 790.127 & 563.663 \\ 1277.685 & 9350.071 & 2628.065 & 4293.751 \\ 790.127 & 2628.065 & 6703.156 & 1867.155 \\ 563.663 & 4293.751 & 1867.155 & 3209.612 \end{bmatrix}$$

逐步计算，取 $F_1 = 2.5, F_2 = 2$。

第一步：（$L = 0$）计算 $A_1 = 0.6845, A_2 = 0.5670, A_3 = 0.7535, A_4 = 0.4994$(最小)。本步无剔除，考虑引进 x_4。$F = 25.0577 > 2.5$，故引进 x_4。

第二步：（$L = 1$）计算 $A_1 = 0.44928, A_2 = 0.47165, A_3 = 0.44595$(最小)。本步无剔除（因只有一个变量 x_4），考虑引进 x_3。$F = 2.8777 > 2.5$，故引进 x_3。

第三步：（$L = 2$）对已入选的变量计算 $A_3 = 0.7535$(最大)，$A_4 = 0.4494$。考虑 x_3 剔除。$F = 2.8777 > 2$，故 x_3 不能剔除。

对未入选的变量计算 $A_1 = 0.42442, A_2 = 0.42035$(最小)。考虑 x_2 的引进。$F = 1.40106 < 2.5$，故 x_2 不能引入。

至此既无变量剔除，又无变量引入，故逐步计算结束。判别函数为

$$f_1 = -0.8979 - 43.8774 + 0.07077x_3 + 1.14057x_4$$
$$f_2 = -0.5233 - 26.852 + 0.00302x_3 + 0.90577x_4$$

样品回判结果如表 5.24 所示。

表 5.24　样品回判结果

样品序号	原类号	回判组别	后验概率
1	1	1	0.7547
2	1	1	0.6617
3	1	1	0.7812
4	1	1	0.7536
5	1	1	0.6566
6	1	1	0.9347
7	1	1	0.9938
8	1	1	0.9260
9	1	1	0.9995
10	1	2	0.8667
11	1	1	0.7863
12	2	2	0.8623
13	2	2	0.6347
14	2	2	0.8484
15	2	2	0.6960
16	2	2	0.8354
17	2	2	0.9773
18	2	2	0.6548
19	2	2	0.9415
20	2	2	0.9285
21	2	2	0.9910
22	2	2	0.9027
23	2	2	0.5826
24	2	2	0.9727
25	2	2	0.9991
26	2	2	0.9965
27	2	2	0.9864

　　逐步判别法与贝叶斯判别法、距离判别法的回判结果是一致的，其判对率为 96.3%。对待判样品判别结果如表 5.25 所示。

表 5.25　待判样品判别结果

样品序号	判别类别	后验概率
28	1	0.5858
29	2	0.9452
30	2	0.9724

　　在逐步判别法下，待判样品中江苏被判为第一组，安徽、陕西为第二组。其中安徽的判别属组与贝叶斯判别法的结果相同。计算结果表明影响各地区经济增长差异的制度变量主要是：市场化程度和开放程度，其回判结果与实际相符。

习 题

1. 试述判别分析与聚类分析的区别。

2. 简述距离判别法、费希尔判别法、贝叶斯判别法的基本思想和方法。

3. 试述距离判别法、费希尔判别法、贝叶斯判别法的异同。

4. 已知我国 2020 年全国 31 个省（自治区、直辖市）的农村居民家庭平均每人生活消费支出的 8 个指标分别为：X_1：食品；X_2：衣着；X_3：居住；X_4：家庭设备用品及服务；X_5：交通和通信；X_6：文教娱乐用品及服务；X_7：医疗保健；X_8：其他商品和服务。其具体数据如表 5.26 所示。

表 5.26　各地区农村居民家庭平均每人生活消费支出 (2020 年)　(单位：元)

序号	地区	食品	衣着	居住	家庭设备用品及服务	交通和通信	文教娱乐用品及服务	医疗保健	其他商品和服务
1	北京	5968.1	1035.6	6453.1	1120.6	2924.4	1142.7	1972.8	295.4
2	天津	5621.7	1002.2	3527.9	1026.1	2504.3	931.6	1858.2	372.1
3	河北	3686.8	810.6	2711.1	782.9	1892.8	1154.6	1380.1	225.3
4	山西	3247.6	720.9	2286.6	526.0	1145.0	967.4	1182.8	213.8
5	内蒙古	4164.3	727.1	2632.6	583.5	2152.1	1436.5	1667.0	230.8
6	辽宁	3660.3	2412.5	698.6	529.6	1946.4	1109.1	1718.7	236.1
7	吉林	3730.5	716.4	1992.7	488.9	1899.2	1177.4	1568.5	289.8
8	黑龙江	4243.7	858.6	2046.8	548.6	1680.9	1197.7	1562.9	220.8
9	上海	8647.8	1077.5	4439.3	1325.2	3495.5	1003.1	1655.3	451.8
10	江苏	5216.3	823.0	3785.6	957.7	2786.9	1448.4	1712.2	291.6
11	浙江	6952.1	1043.1	5719.9	1225.5	2937.5	1776.3	1546.2	354.9
12	安徽	5145.8	867.5	3390.5	855.0	1663.7	1422.0	1457.4	221.7
13	福建	6273.9	754.5	3943.0	874.0	1688.3	1232.0	1270.9	302.1
14	江西	4557.1	602.6	3553.8	686.6	1402.6	1477.6	1136.7	162.4
15	山东	3721.9	689.0	2434.7	817.9	2112.0	1290.8	1413.4	180.7
16	河南	3396.7	873.1	2770.1	783.2	1501.8	1285.6	1379.1	211.4
17	湖北	4304.5	780.4	3197.6	790.9	2175.3	1382.3	1558.5	283.0
18	湖南	4635.9	674.4	3367.0	853.0	1730.5	1783.8	1706.6	222.6
19	广东	6991.8	506.9	3829.2	803.2	1958.1	1275.5	1517.9	249.8
20	广西	4296.9	354.2	2659.2	667.0	1681.8	1408.2	1227.8	136.1
21	海南	5766.2	362.1	2529.2	573.8	1412.4	1244.9	1077.3	203.5
22	重庆	5183.1	736.3	2630.9	919.1	1591.5	1290.3	1560.1	228.3
23	四川	5478.1	753.3	2866.4	905.4	1935.0	1106.5	1650.3	257.6
24	贵州	3214.3	595.7	2337.3	603.9	1543.2	1377.8	959.4	185.9
25	云南	3797.1	451.7	2115.4	569.9	1691.7	1324.2	980.6	138.8
26	西藏	3369.0	708.0	1908.6	474.6	1386.2	380.1	402.5	288.2
27	陕西	3182.6	609.6	2715.4	688.1	1460.9	1057.4	1490.7	170.9
28	甘肃	3065.4	608.1	1905.8	588.8	1234.4	1211.4	1140.4	168.6
29	青海	3664.7	823.0	2154.9	628.5	2146.7	989.2	1416.0	311.2
30	宁夏	3331.1	656.0	2197.5	626.4	2022.4	1179.6	1478.0	233.3
31	新疆	3473.3	713.3	2255.4	612.6	1344.2	1230.4	955.0	193.9

已知上海、北京为农村居民消费水平最高地区；天津、辽宁、广东、江苏、吉林、内蒙古、湖南、湖北为农村居民消费水平较高的地区；河北、河南、新疆、甘肃、陕西、广西、江西、青海、宁夏、安徽、云南、海南、贵州、西藏为农村居民消费水平相对较低的地区。浙江、福建、山东、黑龙江、山西、重庆、四川为待判地区。

试分别用距离判别法、费希尔判别法、贝叶斯判别法对其进行判别分析。

第 6 章　主成分分析

6.1　主成分分析的概念及基本思想

1. 主成分分析的概念

主成分概念首先由皮尔逊（Pearson）在 1901 年引入，不过当时只是对非随机变量来讨论的。1933 年霍特林（Hotelling）将这个概念推广到随机变量。

在对数据进行分析时，涉及的样品往往包含有多个变量，较多的变量会使分析变得复杂。在多数实际问题中，较多指标之间常常存在一定程度的相关性，有时甚至存在相当高的相关性。由于指标较多及指标间有一定的相关性，因此蕴含在观测数据中的信息在一定程度上有所重叠，势必会增加分析问题的难度，有必要对变量进行降维，使问题的分析得以简化。

主成分分析设法将原来指标重新组合成一组新的互相无关的几个综合指标来代替原来指标，并尽可能多地反映原来的指标的信息。这种将多个指标化为少数相互无关的综合指标的统计方法称为主成分分析。在数学上也是处理降维的一种方法。

这些综合指标是原来多个指标的线性组合，虽然这些综合指标是不能直接观测到的，但这些综合指标之间互不相关，且能反映原来那些指标的大部分信息。

当一个变量只取一个数据时，这个变量提供的信息是非常有限的，当这个变量取一系列不同数据时，可以从中求出最大值、最小值、平均数等信息。变量的变异性越大，说明它对各种场景的"遍历性"越强，提供的信息就更加充分，反映的信息量就越大。主成分分析中的信息，就是指标的变异性，用标准差或方差表示。因此主成分分析就是考察多个数值变量间相关性的一种多元统计方法，它研究如何通过少数几个主成分来解释多变量的方差—协方差结构。

2. 主成分分析的基本思想

通常数学上的处理是将原来 p 个指标作线性组合，作为新的综合指标，但是这种线性组合如果不加限制，则可以有很多，那么应该如何选取呢？如果将选取的第一个线性组合即第一个综合指标记为 Z_1，自然希望 Z_1 尽可能多地反映原来指标的信息，这里的"信息"用什么来表达呢？最经典的就是用 Z_1 的方差来表示，Z_1 的方差越大，表示 Z_1 所包含的信息越多。因此在所有的线性组合中应使 Z_1 的方差最大的线性组合，称为第一主成分。

如果第一主成分不足以代表原来 p 个指标的信息，再考虑选取 Z_2 即第二个线性组合，为了有效地反映原来的信息，Z_1 已有的信息就不需要再出现在 Z_2 中，用数学语言表达就是要求 $\mathrm{Cov}(Z_1, Z_2) = 0$，称 Z_2 为第二主成分，以此类推，可以构造出第三，第四，…，第 p 个主成分。不难想象这些主成分之间不仅不相关，而且方差依次递减。因此在实际工作中，就挑选前几个最大主成分，虽然这样做会损失一部分信息，但是由于它抓住了主要矛盾，并从原来数据中提取出大部分信息，这种既减少了变量的数目又抓住了主要矛盾的做法有利于问题的分析和处理。因此主成分分析就是通过适当的变量替换，使新变量成为原变量的线性组合，并寻求主成分来分析事物的一种方法。

6.2 总体主成分分析的数学模型及几何解释

1. 总体主成分分析的数学模型

设 $X = (x_1, x_2, \cdots, x_p)^{\mathrm{T}}$ 是 p 维随机向量，均值向量 $E(X) = \mu$，协方差阵 $D(X) = \Sigma$。考虑如下线性变换：

$$
\begin{aligned}
z_1 &= u_{11}x_1 + u_{21}x_2 + \cdots + u_{p1}x_p = U_1'X \\
z_2 &= u_{12}x_1 + u_{22}x_2 + \cdots + u_{p2}x_p = U_2'X \\
&\cdots \\
z_p &= u_{1p}x_1 + u_{2p}x_2 + \cdots + u_{pp}x_p = U_p'X
\end{aligned}
\tag{6.1}
$$

易见

$$
\mathrm{Var}(z_i) = U_i^2 D(X) = U_i' D(X) U_i, \quad i = 1, 2, \cdots, p
$$

$$
\mathrm{Cov}(z_i, z_j) = U_i' D(X) U_j, \quad i, j = 1, 2, \cdots, p
$$

如果要用 z_1 来代替原来的 p 个变量 $x_1, x_2, \cdots, x_p$，这就要求 z_1 尽可能多地反映原来 p 个变量的信息，也就是 $\mathrm{Var}(z_1)$ 越大越好，从式 (6.1) 可以看出，U_1 必须限制，否则 $\mathrm{Var}(z_1) \to \infty$。常用的限制是 $U_1'U_1 = u_{11}^2 + u_{21}^2 + \cdots + u_{p1}^2 = 1$。若存在满足以上约束的 U_1，使 $\mathrm{Var}(z_1)$ 达到最大，就称 z_1 为第一主成分。如果第一主成分不足以代表原来 p 个变量的绝大部分信息，再考虑选取 x 的第二个线性组合 z_2。为了有效地反映原来的信息，z_1 已有的信息就不需要再出现在 z_2 中，这就要求 $\mathrm{Cov}(z_1, z_2) = 0$，于是求 z_2，就是在约束 $U_2'U_2 = u_{12}^2 + u_{22}^2 + \cdots + u_{p2}^2 = 1$ 及 $\mathrm{Cov}(z_1, z_2) = U_1' D(x) U_2 = U_1' \Sigma U_2 = 0$ 的条件下，求 U_2 使 $\mathrm{Var}(z_2)$ 达到最大，这时称 z_2 为第二主成分；类似可以求出第三主成分、第四主成分等。

2. 总体主成分分析的几何解释

从代数学的观点看，主成分就是 p 个变量 $x_1, x_2, \cdots, x_p$ 的线性组合，而在几何上这些线性组合正是把变量 $x_1, x_2, \cdots, x_p$ 构成的坐标系进行旋转产生新的坐标系，新坐标轴使之通过样品变差最大的方向（或说具有最大的样品方差）。下面以最简单的二元变量来说明主成分的几何意义。

假设只有两个变量 x_1, x_2，有 n 个样品点，每个样品都测量了两个指标 (x_1, x_2)，则它们大致分布在一个矩形内（图 6.1）。事实上，散点的分布总有可能沿着某一个方向略显扩张，这个方向就可以看作矩形的长边方向。显然在坐标系 $x_1 o x_2$ 里，单独看这 n 个点沿 x_1 与 x_2 都有较大的离散性，其离散程度可以用方差测定。如果将坐标旋转某个角度变成新坐标系 $z_1 o z_2$，那么矩形的长边就是 z_1 方向，这相当于坐标轴旋转了一个角度 θ。根据旋转变换公式，新旧坐标之间有关系：

$$\begin{cases} z_1 = x_1 \cos\theta + x_2 \sin\theta \\ z_2 = -x_1 \sin\theta + x_2 \cos\theta \end{cases}$$

写成矩阵为

$$\begin{bmatrix} z_1 \\ z_2 \end{bmatrix} = \begin{bmatrix} \cos\theta & \sin\theta \\ -\sin\theta & \cos\theta \end{bmatrix} \begin{bmatrix} x_1 \\ x_2 \end{bmatrix}$$

其中，z_1, z_2 为原始变量 x_1, x_2 的特殊线性组合。

从图 6.1 可以看出，坐标旋转变换的目的是使得 n 个样本点在 z_1 轴方向上的离散程度最大，即 z_1 的方差最大，变量 z_1 代表了原始数据的绝大部分信息，在 z_2 轴方向上 n 个样本点的波动很小，可以忽略不计，这样一来，二维问题就可以转化为一维问题来解决。因此在研究某经济问题时，即使不考虑变量 z_2 也不会损失太多的信息。z_1 与 z_2 除了具有浓缩作用，还具有不相关性。

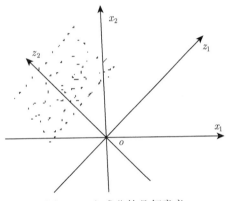

图 6.1　主成分的几何意义

一般情况下，p 个变量 $x_1, x_2, \cdots, x_p$ 组成 p 维空间，n 个样品就是 p 维空间的 n 个点，对于 p 维随机变量来说，就是寻求线性变换 $U = (u_{ij})_{p\times p}$，使得

$$Z = \begin{bmatrix} z_1 \\ z_2 \\ \vdots \\ z_p \end{bmatrix} = U^{\mathrm{T}}X = \begin{bmatrix} U_1^{\mathrm{T}}X \\ U_2^{\mathrm{T}}X \\ \vdots \\ U_p^{\mathrm{T}}X \end{bmatrix} = \begin{bmatrix} \sum_{j=1}^{p} u_{j1}x_j \\ \sum_{j=1}^{p} u_{j2}x_j \\ \vdots \\ \sum_{j=1}^{p} u_{jp}x_j \end{bmatrix}$$

3. 总体主成分的求法

设 p 维随机向量 $X = (x_1, x_2, \cdots, x_p)^{\mathrm{T}}$ 的均值向量 $E(X) = 0$，协方差阵 $D(X) = \Sigma > 0$。

求第一主成分 $z_1 = u_{11}x_1 + u_{21}x_2 + \cdots + u_{p1}x_p = U_1'X$ 的问题, 就是求 $U_1 = (u_{11}, u_{21}, \cdots, u_{p1})^{\mathrm{T}}$, 使得在 $U_1'U_1 = u_{11}^2 + u_{21}^2 + \cdots + u_{p1}^2 = 1$ 下, $\mathrm{Var}(z_1)$ 达到最大。这是条件极值问题, 可用拉格朗日乘子法求解。令

$$\varphi(U_1, \lambda) = \mathrm{Var}(U_1'X) - \lambda(U_1'U_1 - 1) = U_1'\Sigma U_1 - \lambda(U_1'U_1 - 1)$$

考虑

$$\begin{cases} \dfrac{\partial \varphi}{\partial U_1} = 2\,(\Sigma - \lambda I)\,U_1 = 0 \\[3mm] \dfrac{\partial \varphi}{\partial \lambda} = U_1'U_1 - 1 = 0 \end{cases} \tag{6.2}$$

因 $U_1 \neq 0$, 故 $|\Sigma - \lambda I| = 0$, 因此 λ 就是 Σ 的特征值, 而 U_1 就是矩阵 Σ 的属于特征值 λ 的特征向量; 又由于 $U_1'U_1 = 1$, 所以求解方程组 (6.2), 其实就是求 Σ 的特征值与单位特征向量问题。设 $\lambda = \lambda_1$ 是 Σ 的最大特征值, 则相应的单位特征向量 U_1 即为所求。一般地, 求 X 的第 i 个主成分可通过求 Σ 的第 i 大特征值所对应的单位特征向量得到。

定理 6.1 设 $X = (x_1, x_2, \cdots, x_p)^{\mathrm{T}}$ 是 p 维随机向量, 且协方差阵 $D(X) = \Sigma$, Σ 的特征值为 $\lambda_1 \geqslant \lambda_2 \geqslant \cdots \geqslant \lambda_p \geqslant 0$, $U_1, U_2, \cdots, U_p$ 为相应的单位正交特征向量, 则 X 的第 i 个主成分为

$$z_i = U_i'X, \quad i = 1, 2, \cdots, p$$

证明 因 Σ 为对称矩阵, 对于任意的非零向量 U, 有

$$\lambda_p \leqslant \frac{U'\Sigma U}{U'U} \leqslant \lambda_1$$

且最大值在 $U = U_1$ 时达到, 故在 $U_1'U_1 = 1$ 的约束条件下, 使得

$$\mathrm{Var}(z_1) = \mathrm{Var}(U_1'X) = U_1'\Sigma U_1 = \lambda_1$$

达到极大值。

根据主成分的定义, $z_1 = U_1'X$ 为 X 的第一主成分。

对 $r = 2, 3, \cdots, p$, $\max\limits_{U \neq 0} \dfrac{U'\Sigma U}{U'U} = \lambda_r$。

且最大值在 $U = U_r$ 时达到, 故在 $U_r'U_r = 1$ 的约束条件下, U_r 满足

$$U_r'\Sigma U_j = U_r'\lambda_j U_j = \lambda_j U_r'U_j = 0, \quad j = 1, 2, \cdots, r-1$$

且使得

$$\mathrm{Var}(z_r) = \mathrm{Var}(U_r'X) = U_r'\Sigma U_r = \lambda_r$$

达到极大值。根据主成分的定义, $z_r = U_r'X$ 为 X 的第 r 主成分。

推论 6.1 设 $Z = (z_1, z_2, \cdots, z_p)^{\mathrm{T}}$ 为 p 维随机向量, 则其分量 $z_i(i = 1, 2, \cdots, p)$ 依次是 X 的第 i 个主成分的充分必要条件是:

(1) $Z = U'X$, U 为正交矩阵;

(2) $D(Z) = \mathrm{diag}(\lambda_1, \lambda_2, \cdots, \lambda_p)$, 即随机向量 z 的协方差阵为对角阵;

(3) $\lambda_1 \geqslant \lambda_2 \geqslant \cdots \geqslant \lambda_p$。

4. 总体主成分的性质

记 $\Sigma = (\sigma_{ij})$，$\Lambda = \mathrm{diag}(\lambda_1, \lambda_2, \cdots, \lambda_p)$，其中 $\lambda_1 \geqslant \lambda_2 \geqslant \cdots \geqslant \lambda_p$ 为 Σ 的特征值，$U_1, U_2, \cdots, U_p$ 为相应的单位正交特征向量，记正交矩阵 $U = (U_1, U_2, \cdots, U_p)^{\mathrm{T}}$，主成分 $z = (z_1, z_2, \cdots, z_p)^{\mathrm{T}}$，其中 $z_i = U_i'X \ (i = 1, 2, \cdots, p)$。

总体主成分有如下性质。

性质 1　$D(Z) = \Lambda$，即 p 个主成分的方差为：$\mathrm{Var}(z_i) = \lambda_i \ (i = 1, 2, \cdots, p)$，且它们是互不相关的。

证明　设 $Z = U^{\mathrm{T}}X$ 为原总体 X 的主成分，有

$$D(Z) = D(U^{\mathrm{T}}X) = U^{\mathrm{T}}D(X)U = U^{\mathrm{T}}\Sigma U = \Lambda = \mathrm{diag}(\lambda_1, \lambda_2, \cdots, \lambda_p)$$

性质 2　$\displaystyle\sum_{i=1}^{p} \sigma_{ii} = \sum_{i=1}^{p} \lambda_i$，通常称 $\displaystyle\sum_{i=1}^{p} \sigma_{ii}$ 为原总体 X 的总方差。

由于 $\displaystyle\sum_{i=1}^{p} \sigma_{ii}$ 是 Σ 主对角线上元素的和，即 Σ 的迹是 $\displaystyle\sum_{i=1}^{p} \sigma_{ii}$；$\displaystyle\sum_{i=1}^{p} \lambda_i$ 是矩阵 Λ 的迹，由迹的定义知

$$\sum_{k=1}^{p} \sigma_{ii} = \mathrm{tr}(\Sigma) = \mathrm{tr}(U\Lambda U') = \mathrm{tr}(\Lambda) = \sum_{i=1}^{p} \lambda_i$$

它表明主成分分析是迹的意义下将原始变量 X 各分量的方差全部保留下来。即主成分的总方差等于原始变量的总方差。

此性质说明原总体 X 的总方差可以分解为不相关的主成分的方差和，且存在 $m(m < p)$，使 $\displaystyle\sum_{i=1}^{p} \sigma_{ii} \approx \sum_{i=1}^{m} \lambda_i$，即 p 个原始变量所提供的总信息（总方差）的绝大部分只需用前 m 个主成分来代替。

性质 3　主成分 z_k 与原始变量 x_i 的相关系数 $\rho(z_k, x_i)$ 为

$$\rho(z_k, x_i) = \sqrt{\lambda_k} \cdot u_{ik}/\sqrt{\sigma_{ii}}, \quad k, i = 1, 2, \cdots, p \tag{6.3}$$

并把主成分 z_k 与原始变量 x_i 的相关系数称为因子载荷量（或因子负荷量）。

证明　$\rho(z_k, x_i) = \dfrac{\mathrm{Cov}(z_k, x_i)}{\sqrt{\mathrm{Var}(z_k) \cdot \mathrm{Var}(x_i)}} = \dfrac{\mathrm{Cov}(U_k'X, e_i'X)}{\sqrt{\lambda_k \sigma_{ii}}}$

其中，$e_i = (0, \cdots, 0, 1, 0, \cdots, 0)^{\mathrm{T}}$，它是除第 i 个元素为 1 外其余元素均为 0 的单位向量。

而 $\mathrm{Cov}(U_k'X, e_i'X) = U_k'D(X)e_i = U_k'\Sigma e_i = e_i'D(X)U_k = \lambda_k e_i'U_k = \lambda_k u_{ik}$

即得　　　　　$\rho(z_k, x_i) = \sqrt{\lambda_k} \cdot u_{ik}/\sqrt{\sigma_{ii}}, \ k, i = 1, 2, \cdots, p$

如果把主成分 z_k 与原始变量 x_i 的相关系数列成表 6.1 的形式，则由相关系数计算公式 (6.3)，可得性质 4 和性质 5.

表 6.1   主成分与原始变量的相关系数

	z_1	$\cdots$	z_k	$\cdots$	z_p
x_1	$\rho(z_1, x_1)$	$\cdots$	$\rho(z_k, x_1)$	$\cdots$	$\rho(z_p, x_1)$
x_2	$\rho(z_1, x_2)$	$\cdots$	$\rho(z_k, x_2)$	$\cdots$	$\rho(z_p, x_2)$
$\vdots$	$\vdots$		$\vdots$		$\vdots$
x_p	$\rho(z_1, x_p)$	$\cdots$	$\rho(z_k, x_p)$	$\cdots$	$\rho(z_p, x_p)$

性质 4 $\displaystyle\sum_{k=1}^{p} \rho^2(z_k, x_i) = \sum_{k=1}^{p} \frac{\lambda_k u_{ik}^2}{\sigma_{ii}} = 1, \ i = 1, 2, \cdots, p$。

证明   因为 $U^{\mathrm{T}} \Sigma U = \Lambda = \mathrm{diag}\,(\lambda_1, \lambda_2, \cdots, \lambda_p)$，可得 $\Sigma = U \Lambda U^{\mathrm{T}}$，故

$$\sigma_{ii} = (u_{i1}, u_{i2}, \cdots, u_{ip})\, \Lambda \begin{bmatrix} u_{i1} \\ u_{i2} \\ \vdots \\ u_{ip} \end{bmatrix} = \sum_{k=1}^{p} \lambda_k u_{ik}^2$$

因此，$\displaystyle\sum_{k=1}^{p} \rho^2(z_k, x_i) = \sum_{k=1}^{p} \frac{\lambda_k u_{ik}^2}{\sigma_{ii}} = 1, \ i = 1, 2, \cdots, p$。

事实上，主成分 $z_k(i = 1, 2, \cdots, p)$ 是变量 $x_1, x_2, \cdots, x_p$ 的线性组合；反过来，x_i 也可以表示为 $z_1, z_2, \cdots, z_p$ 的线性组合。又因为 $z_1, z_2, \cdots, z_p$ 互不相关，由回归分析的知识可知，x_i 与 $z_1, z_2, \cdots, z_p$ 的全相关系数的平方和等于 1，即表 6.1 中每一行的平方和等于 1。

性质 5 $\displaystyle\sum_{i=1}^{p} \sigma_{ii} \rho^2(z_k, x_i) = \lambda_k, \ k = 1, 2, \cdots, p$。

证明   只需把 $\rho(z_k, x_i)$ 的计算公式 (6.3) 代入 $\displaystyle\sum_{i=1}^{p} \sigma_{ii} \rho^2(z_k, x_i)$ 可得

$$\sum_{i=1}^{p} \sigma_{ii} \rho^2(z_k, x_i) = \sum_{i=1}^{p} \sigma_{ii} \lambda_k u_{ik}^2 / \sigma_{ii} = \sum_{i=1}^{p} \lambda_k u_{ik}^2 = \lambda_k$$

由于 z_k 可以表示成 $x_1, x_2, \cdots, x_p$ 的线性组合，但 $x_i(i = 1, 2, \cdots, p)$ 一般有相关性，由 z_k 与 x_i 的相关系数计算公式 (6.3)，也可以得出表 6.1 中每一列关于各变量相关系数的加权平方和为 λ_k，即 $\mathrm{Var}(z_k)$。

主成分分析的目的之一就是简化数据结构，减少变量的个数，因此在实际应用中，一般绝不会用 p 个主成分，而是选用 $m(m < p)$ 个主成分，忽略一些带有较小方差的主成分将不会给总方差带来太大的影响。m 选取多大，这是一个很实际的问题，为此引入贡献率的概念。

定义 6.1   称 $\dfrac{\lambda_i}{\displaystyle\sum_{k=1}^{p} \lambda_k}(i = 1, 2, \cdots, p)$ 为第 i 个主成分 z_i 的贡献率。

因此第一主成分的贡献率就是第一主成分的方差在全部方差 $\sum\limits_{k=1}^{p} \lambda_k$ 中的比值，这个比值越大，第一主成分综合变量 $x_1, x_2, \cdots, x_p$ 的能力越强，而 $z_2, \cdots, z_m$ 的综合能力依次递减；若只取前 m 个主成分，则称 $\sum\limits_{i=1}^{m} \lambda_i \Big/ \sum\limits_{k=1}^{p} \lambda_k \quad (m = 1, 2, \cdots, p)$ 为第 m 主成分 $z_1, z_2, \cdots, z_m (m < p)$ 的累计贡献率。它表明主成分 $z_1, z_2, \cdots, z_m$ 解释 $x_1, x_2, \cdots, x_p$ 的能力。

通常取 m，使累计贡献率达到 $80\% \sim 90\%$，累计贡献率的大小仅表达前 m 个主成分包含全部测量指标信息的多少，这样既减少了变量个数又便于对实际问题的分析和研究。但它没有表达某个变量被提取了多少信息，为此引入另一个概念。

定义 6.2 将前 m 个主成分 $z_1, z_2, \cdots, z_m$ 对原始变量 x_i 的贡献率 $\rho_i^{(m)}$ 定义为 x_i 与 $z_1, z_2, \cdots, z_m$ 的相关系数的平方和，它等于

$$\rho_i^{(m)} = \sum_{k=1}^{m} \lambda_k u_{ik}^2 / \sigma_{ii}, \quad i = 1, 2, \cdots, p$$

由性质 4 可知，$\rho_i^{(p)} = 1, i = 1, 2, \cdots, p$。

例 6.1 设随机变量 $X = (x_1, x_2, x_3)^{\mathrm{T}}$ 的协方差阵为

$$\Sigma = \begin{bmatrix} 1 & -2 & 0 \\ -2 & 5 & 0 \\ 0 & 0 & 2 \end{bmatrix}$$

试求 X 的主成分及主成分对变量 x_i 的贡献率 $\rho_i (i = 1, 2, 3)$。

解 Σ 的特征根为 $\lambda_1 = 3 + \sqrt{8}$，$\lambda_2 = 2$，$\lambda_3 = 3 - \sqrt{8}$，相应的单位正交特征向量分别为

$$u_1 = \begin{bmatrix} 0.383 \\ -0.924 \\ 0 \end{bmatrix}, \quad u_2 = \begin{bmatrix} 0 \\ 0 \\ 1 \end{bmatrix}, \quad u_3 = \begin{bmatrix} 0.924 \\ 0.383 \\ 0 \end{bmatrix}$$

故主成分为

$$z_1 = 0.383x_1 - 0.924x_2$$

$$z_2 = x_3 (x_3 \text{本身就是一个主成分，它与} x_1, x_2 \text{不相关})$$

$$z_3 = 0.924x_1 + 0.383x_2$$

取 $m = 1$ 时，z_1 对 X 的贡献率为

$$\frac{3 + \sqrt{8}}{\lambda_1 + \lambda_2 + \lambda_3} = \frac{3 + \sqrt{8}}{8} = 72.8\%$$

取 $m = 2$ 时，z_1, z_2 对 X 的累计贡献率为

$$\frac{\lambda_1 + \lambda_2}{\lambda_1 + \lambda_2 + \lambda_3} = \frac{5 + \sqrt{8}}{8} = 97.85\%$$

表 6.2 列出了两个主成分对各变量 x_i 的贡献率 $\rho_i^{(m)}$。

表 6.2   主成分对各变量的贡献率

i	$\rho(z_1, x_i)$	$\rho(z_2, x_i)$	$\rho_i^{(1)}$	$\rho_i^{(2)}$
1	0.925	0	0.856	0.856
2	-0.998	0	0.996	0.996
3	0	1	0	1

由表 6.2 可以看出，当 $m = 1$ 时，z_1 对 X 的贡献率已达 72.8%，但 z_1 对 x_3 的贡献率 $\rho(z_1, x_3) = 0$，这是因为在 z_1 中没有包含 x_3 的任何信息，仅取 $m = 1$ 是不够的，故取 $m = 2$，这时 z_1, z_2 对 X 的累计贡献率为 97.85%，且 z_1, z_2 对 x_i 的贡献率 $\rho_i^{(2)} (i = 1, 2, 3)$ 也较高。

下面讨论原始变量对总体主成分的影响。由式 (6.1) 可知

$$z_i = u_{1i} x_1 + u_{2i} x_2 + \cdots + u_{pi} x_p = U_i' X$$

称 u_{ik} 为第 k 主成分 z_k 在第 i 个原始变量 x_i 上的载荷，它度量了 x_i 对 z_k 的重要程度。在解释主成分时，需要考察载荷，同时也应考察相关系数。由公式 $\rho(z_k, x_i) = \sqrt{\lambda_k} \cdot u_{ik} / \sqrt{\sigma_{ii}}$ 知，相关系数 $\rho(z_k, x_i)$ 是与载荷 u_{ik} 成正比的。

由公式 $\sum_{k=1}^{p} \rho^2(z_k, x_i) = \sum_{k=1}^{p} \lambda_k u_{ik}^2 / \sigma_{ii} = 1$ 可知

$$\sigma_{ii} = \sum_{k=1}^{p} \lambda_k u_{ik}^2$$

由于 $\sum_{k=1}^{p} u_{ik}^2 = 1$，故 σ_{ii} 实际上是 $\lambda_1, \lambda_2, \cdots, \lambda_p$ 的加权平均，σ_{ii} 主要倾向于 $u_{i1}, u_{i2}, \cdots,$ u_{ip} 中前几个较大的绝对值。方差大的那些变量与具有大特征值的主成分有密切的联系，方差小的另一些变量与具有小特征值的主成分有较强的联系。通常取前几个主成分，因此所取主成分会过于照顾方差大的变量，而对方差小的变量却照顾得不够。

由公式 $\sigma_{ii} = \sum_{k=1}^{p} \lambda_k u_{ik}^2$ 可以看出

$$\max_{1 \leqslant i \leqslant p} \{\sigma_{ii}\} \leqslant \lambda_1, \quad \min_{1 \leqslant i \leqslant p} \{\sigma_{ii}\} \geqslant \lambda_p$$

因此 $\max\limits_{1 \leqslant i \leqslant p} \{\sigma_{ii}\}$ 在总方差 $\sum_{i=1}^{p} \sigma_{ii}$ 中占有较大的比例时，第一主成分 z_1 将有大的贡献率。实践中，第 p 主成分 z_p 的贡献率常常非常小，这时可以认为 $\mathrm{Var}(z_p) \approx 0$，即 z_p 接

近于一个常数。虽然 z_p 显得不重要，一般认为可以忽略，但它却可能揭示出变量之间存在着一个意外的共线性关系。更进一步来说，如果后几个主成分的贡献率都非常小，则可能表示变量之间有几个共线性关系。

例 6.2　设随机变量 $X = (x_1, x_2, x_3)^{\mathrm{T}}$ 的协方差阵为

$$\Sigma = \begin{bmatrix} 16 & 2 & 30 \\ 2 & 1 & 4 \\ 30 & 4 & 100 \end{bmatrix}$$

试求 X 的主成分及第一主成分的贡献率。

解　经计算 Σ 的特征根为 $\lambda_1 = 109.793$，$\lambda_2 = 6.49$，$\lambda_3 = 0.738$，相应的单位正交特征向量分别为

$$u_1 = \begin{bmatrix} 0.305 \\ 0.041 \\ 0.951 \end{bmatrix}, \quad u_2 = \begin{bmatrix} 0.944 \\ 0.120 \\ -0.308 \end{bmatrix}, \quad u_3 = \begin{bmatrix} -0.127 \\ 0.992 \\ -0.002 \end{bmatrix}$$

因此相应的主成分为

$$z_1 = 0.305x_1 + 0.041x_2 + 0.951x_3$$

$$z_2 = 0.944x_1 + 0.12x_2 - 0.308x_3$$

$$z_3 = -0.127x_1 + 0.992x_2 - 0.002x_3$$

可见方差大的原始变量 x_3 在很大程度上控制了第一主成分 z_1，方差小的原始变量 x_2 几乎控制了第三主成分 z_3，方差介于中间的 x_1 则基本控制了第二主成分 z_2。

第一主成分 z_1 的贡献率为

$$\frac{\lambda_1}{\lambda_1 + \lambda_2 + \lambda_3} = \frac{109.793}{117} = 93.8\%$$

这么高的贡献率首先归因于变量 x_3 的方差比 x_1 和 x_2 的方差大得多，其次是 x_1, x_2, x_3 相互之间存在着一定的线性相关性。第三主成分 z_3 的特征值很小，表明 x_1, x_2, x_3 之间有这样一个线性依赖关系：

$$-0.127x_1 + 0.992x_2 - 0.002x_3 \approx c$$

其中，$c = -0.127\mu_1 + 0.992\mu_2 - 0.002\mu_3$ 为一常数。

5. 标准化变量的总体主成分及性质

前面讨论的主成分计算是从协方差矩阵 Σ 出发来求主成分，其结果受变量单位的影响。不同的变量往往有有不同的单位，对同一变量单位的改变会产生不同的主成分，主成分倾向于方差大的变量的信息，方差小的变量就可能体现得不够，也存在"大数吃小数"的

问题。为了使主成分分析能够均等地对待每一个变量原始数据，消除由于单位不同可能带来的影响，常常对各原始变量进行标准化处理。

通常采用将变量标准化的方法对数据进行标准化处理，以使每一个变量的均值为 0，方差为 1。若记 $E(x_i) = \mu_i$，$\mathrm{Var}(x_i) = \sigma_i^2$，即令

$$x_i^* = \frac{x_i - E(x_i)}{\sqrt{\mathrm{Var}(x_i)}} = \frac{x_i - \mu_i}{\sigma_i}, \quad i = 1, 2, \cdots, p$$

由于 $\mathrm{Cov}(x_i^*, x_j^*) = E((x_i^* - E(x_i^*))'(x_j^* - E(x_j^*))) = E((x_j^*)' x_i^*)$

$$\rho_{ij} = \frac{\mathrm{Cov}(x_i^*, x_j^*)}{\sqrt{D(x_i^*)} \cdot \sqrt{D(x_j^*)}} = \mathrm{Cov}(x_i^*, x_j^*)$$

因此，数据标准化后，总体的协方差矩阵与总体的相关系数矩阵相等。

这里需要进一步强调的是，从相关矩阵求得的主成分与协差阵求得的主成分一般情况下是不同的。实际表明，这种差异有时很大。如果各指标间的数量级相差较大，特别是各指标有不同的量纲，较为合理的做法就是用相关系数矩阵代替协差阵。对于经济问题所涉及的变量大部分量纲都是不统一的，采取相关系数矩阵 R 代替协差阵后，可以看作用标准化的数据做分析，这样使得主成分分析有实际意义。不仅便于剖析实际问题，又可以避免异常数据的影响。

这时标准化后的随机向量 $x^* = (x_1^*, x_2^*, \cdots, x_p^*)^{\mathrm{T}}$ 的协方差阵 Σ^* 就是原随机向量 X 的相关矩阵 R。从相关阵 R 出发求主成分，记主成分分量为 $Z^* = (z_1^*, z_2^*, \cdots, z_p^*)^{\mathrm{T}}$，则 Z^* 有与总体主成分相应的性质。

性质 1　$D(z^*) = \Lambda^* = \mathrm{diag}\,(\lambda_1^*, \lambda_2^*, \cdots, \lambda_p^*)$，其中 $\lambda_1^* \geqslant \lambda_2^* \geqslant \cdots \geqslant \lambda_p^*$ 为相关阵 R 的特征根。

性质 2　$\displaystyle\sum_{i=1}^{p} \lambda_i^* = p$。

性质 3　主成分 z_k^* 与标准化变量 x_i^* 的相关系数 $\rho(z_k^*, x_i^*)$ 为

$$\rho(z_k^*, x_i^*) = \sqrt{\lambda_k^*} \cdot u_{ik}^*, \quad k, i = 1, 2, \cdots, p$$

其中，$u_k^* = (u_{1k}^*, u_{2k}^*, \cdots, u_{pk}^*)^{\mathrm{T}}$ 是相关阵 R 对应于 λ_k^* 的单位正交特征向量。

性质 4　$\displaystyle\sum_{k=1}^{p} \rho^2(z_k^*, x_i^*) = \sum_{k=1}^{p} \lambda_k^*(u_{ik}^*)^2 = 1$，$i = 1, 2, \cdots, p$。

性质 5　$\displaystyle\sum_{i=1}^{p} \rho^2(z_k^*, x_i^*) = \sum_{i=1}^{p} \lambda_k^*(u_{ik}^*)^2 = \lambda_k^*$，$k = 1, 2, \cdots, p$。

将主成分 $z_k^*(k = 1, 2, \cdots, p)$ 对标准化变量 x_i^* 的因子载荷量 $\rho_{ik} = \rho(z_k^*, x_i^*)$ 列成表 6.3。

表 6.3　变量标准化后的因子载荷量

	z_1^*	$\cdots$	z_k^*	$\cdots$	z_p^*
x_1^*	$\sqrt{\lambda_1^*}u_{11}^*$	$\cdots$	$\sqrt{\lambda_k^*}u_{1k}^*$	$\cdots$	$\sqrt{\lambda_p^*}u_{1p}^*$
x_2^*	$\sqrt{\lambda_1^*}u_{21}^*$	$\cdots$	$\sqrt{\lambda_k^*}u_{2k}^*$	$\cdots$	$\sqrt{\lambda_p^*}u_{2p}^*$
$\vdots$	$\vdots$		$\vdots$		$\vdots$
x_p^*	$\sqrt{\lambda_1^*}u_{p1}^*$	$\cdots$	$\sqrt{\lambda_k^*}u_{pk}^*$	$\cdots$	$\sqrt{\lambda_p^*}u_{pp}^*$
$\sum\limits_{i=1}^{p}\rho_{ik}^2$	λ_1^*	$\cdots$	λ_k^*	$\cdots$	λ_p^*

例 6.3　设随机变量 $X = (x_1, x_2, x_3)^{\mathrm{T}}$ 的协方差阵如例 6.2 中的 Σ，试以其相关阵 R 求 X 的主成分、第一主成分的贡献率及第一与第二主成分的累计贡献率。

解　由随机变量 X 的协方差阵可求得其相关阵 R

$$R = \begin{bmatrix} 1 & 0.5 & 0.75 \\ 0.5 & 1 & 0.4 \\ 0.75 & 0.4 & 1 \end{bmatrix}$$

经计算 R 的特征根为 $\lambda_1 = 2.114$，$\lambda_2 = 0.646$，$\lambda_3 = 0.240$，相应的单位正交特征向量分别为

$$u_1 = \begin{bmatrix} 0.627 \\ 0.497 \\ 0.600 \end{bmatrix}, \quad u_2 = \begin{bmatrix} -0.241 \\ 0.856 \\ -0.457 \end{bmatrix}, \quad u_3 = \begin{bmatrix} -0.741 \\ 0.142 \\ 0.656 \end{bmatrix}$$

因此相应的主成分为

$$z_1 = 0.627x_1 + 0.497x_2 + 0.6x_3$$

$$z_2 = -0.241x_1 + 0.856x_2 - 0.457x_3$$

$$z_3 = -0.741x_1 + 0.142x_2 + 0.656x_3$$

第一主成分 z_1 的贡献率为

$$\frac{\lambda_1}{\lambda_1 + \lambda_2 + \lambda_3} = \frac{2.114}{3} = 70.5\%$$

z_1 和 z_2 的累计贡献率为

$$\frac{\lambda_1 + \lambda_2}{\lambda_1 + \lambda_2 + \lambda_3} = \frac{2.114 + 0.646}{3} = 92\%$$

6.3　样本主成分分析

6.2 节讨论了总体的主成分，值得指出的是，在实际问题中，总体协方差矩阵 Σ 或相关阵 R 常常是未知的，因而它的特征根和特征向量也是未知的，需要通过样本矩阵来估计。下面介绍样本主成分分析。

有 n 个样品，每个样品观测 p 项指标（变量），构成一个 $n \times p$ 的样本数据矩阵：

$$X = \begin{bmatrix} x_{11} & x_{12} & \cdots & x_{1p} \\ x_{21} & x_{22} & \cdots & x_{2p} \\ \vdots & \vdots & & \vdots \\ x_{n1} & x_{n2} & \cdots & x_{np} \end{bmatrix} = (x_1, x_2, \cdots, x_p)$$

其中，$x_i = (x_{1i}, x_{2i}, \cdots, x_{ni})^{\mathrm{T}}$，$i = 1, 2, \cdots, p$。

则样本协方差阵 S 和样本相关矩阵 R 分别为

$$S = \frac{1}{n-1} \sum_{k=1}^{n} (x_k - \bar{X})(x_k - \bar{X})' = (s_{ij})_{p \times p}$$

$$R = (r_{ij})_{p \times p}$$

其中

$$\bar{X} = \frac{1}{n} \sum_{k=1}^{n} x_k = (\bar{x}_1, \bar{x}_2, \cdots, \bar{x}_p)^{\mathrm{T}}, \quad s_{ij} = \frac{1}{n-1} \sum_{k=1}^{n} (x_{ki} - \bar{x}_i)(x_{kj} - \bar{x}_j)'$$

$$R = (r_{ij})_{p \times p}$$

$$r_{ij} = \frac{s_{ij}}{\sqrt{s_{ii}}\sqrt{s_{jj}}}, \quad i, j = 1, 2, \cdots, p$$

可以用样本协方差阵 S 作为 Σ 的估计，或用 R 作为总体相关阵的估计，然后利用 6.2 节的方法即可获得样本的主成分。

1. 样本主成分的性质

假定每个变量的观测数据都已经标准化（标准化后的数据仍记为 X，它是 $n \times p$ 矩阵）。这时样本协方差阵 S 与样本相关阵 R 相等，即

$$S = R = \frac{1}{n-1} X'X$$

记样本相关阵 R 的 p 个主成分为 $z_1, z_2, \cdots, z_p$，$\lambda_1 \geqslant \lambda_2 \geqslant \cdots \geqslant \lambda_p \geqslant 0$ 为样本相关阵 R 的特征值，$u_1, u_2, \cdots, u_p$ 为相应的单位正交特征向量，记 $U = (u_1, u_2, \cdots, u_p)$ 为正交矩阵。显然第 i 个样本主成分 $z_i = u_i'X (i = 1, 2, \cdots, p)$。将第 t 个样本 $X_t = (x_{t1}, x_{t2}, \cdots, x_{tp})^{\mathrm{T}}$ 的值代入 z_i 的表达式，可得第 t 个样本在第 i 个主成分的得分，记为 z_{ti}（显然 $z_{ti} = u_i'X_t$，$i = 1, 2, \cdots, p$）。

设 $z_{(t)} = (z_{t1}, z_{t2}, \cdots, z_{tp})' = U'X_t (t = 1, 2, \cdots, n)$

$$Z = \begin{bmatrix} z_{11} & z_{12} & \cdots & z_{1p} \\ z_{21} & z_{22} & \cdots & z_{2p} \\ \vdots & \vdots & & \vdots \\ z_{n1} & z_{n2} & \cdots & z_{np} \end{bmatrix} = \begin{bmatrix} z'_{(1)} \\ z'_{(2)} \\ \vdots \\ z'_{(n)} \end{bmatrix}$$

　　显然主成分得分阵 Z 和标准化后的原始数据阵 X 满足：

$$Z = u'X$$

类似总体主成分，样本主成分也有如下性质。

　　（1）第 k 个主成分 z_k 的系数向量是第 k 个特征根 λ_k 所对应的单位正交特征向量。

　　（2）第 k 个主成分的方差为第 k 个特征根 λ_k，且任意两个主成分都是不相关的，也就是 $z_1, z_2, \cdots, z_p$ 的样本协方差矩阵是对角矩阵。

　　（3）样本主成分的总方差等于原变量样本的总方差，即

$$\sum_{i=1}^{p} \sigma_{ii} = \sum_{i=1}^{p} \lambda_i = p$$

　　（4）第 k 个样本主成分 z_k 与第 j 个变量样本 x_j 之间的相关系数为

$$\rho(z_k, x_j) = \sqrt{\lambda_k} u_{kj}$$

　　定义 6.3　称 $\dfrac{\lambda_i}{\sum\limits_{i=1}^{p} \lambda_i} = \dfrac{\lambda_i}{p}$ 为样本主成分 z_i 的贡献率，这个值越大，表明第 i 个样本主成分综合信息的能力越强；称 $\dfrac{\sum\limits_{j=1}^{m} \lambda_j}{\sum\limits_{i=1}^{p} \lambda_i} = \dfrac{\sum\limits_{j=1}^{m} \lambda_j}{p}$ 为样本主成分 $z_1, z_2, \cdots, z_m (m < p)$ 的累计贡献率，它表明取前 m 个样本主成分基本包含了全部测量指标所具有信息的百分率。

　　前面介绍了主成分分析的目的之一就是简化数据结构，减少变量的个数，用尽可能少的主成分 $z_1, z_2, \cdots, z_m (m < p)$ 代替原来的 p 个变量，这样就把 p 个变量的 n 次观测数据简化为 m 个主成分的得分数据。这就要求：

　　（1）m 个主成分所反映的信息与原来 p 个变量所提供的信息差不多；

　　（2）m 个主成分又能够对数据所具有的意义进行解释。

　　样本主成分的个数 m 如何选取是实际工作者关心的问题。关于主成分的个数如何确定，常用的标准有两个：

　　（1）使累计贡献率达到 80%～90% 来确定；

　　（2）先计算 S 或 R 的 p 个特征值的平均值 $\bar{\lambda}\left(\bar{\lambda} = \dfrac{1}{p}\sum\limits_{i=1}^{p} \lambda_i = 1\right)$，取特征值大于或接近 $\bar{\lambda}$ 的特征值来确定。

　　2. 样本主成分分析的基本步骤与实际经济意义解释

　　根据对样本主成分分析的介绍，可得样本主成分分析计算的基本步骤如下：

　　（1）将原始数据矩阵进行标准化处理；

（2）计算样本协方差阵 S 或样本相关矩阵 R；

（3）求样本协方差阵 S 或样本相关矩阵 R 的特征值以及相应的单位正交特征向量，并计算贡献率，确定主成分个数；

（4）写出主成分分析模型 $Z = U'X$；

（5）对所选主成分做实际经济意义解释。

在对样本主成分进行实际经济意义解释时，可以从以下几个方面入手：

（1）从系数的大小、系数的符号进行分析；

（2）系数绝对值较大，则表明该主成分主要综合了绝对值大的变量；

（3）正号表示原变量与主成分作用同方向，负号表示原变量与主成分作用反方向；

（4）如果变量分组较有规则，则从特征向量各分量数值作出组内组间对比分析。

6.4 主成分分析的综合评价

人们对样本进行主成分分析往往不是最终的目的，而常常是解决某个实际问题的一种手段。如在对某个单位或某个系统进行综合评价时会遇到如何选择评价指标体系和如何对这些指标进行综合的问题。一般情况下，选择指标体系后通过对指标进行加权的办法来进行综合。但是如何对指标加权是一项复杂的问题。常用的多指标加权评估法有专家评估法、综合评估法、层次分析法、主成分分析法等。

对一个系统进行综合评价，往往需要综合考察许多指标。这些指标很难直接比较优劣，因此希望将一个多指标问题转化为一个单指标的形式，也就是在一维空间中对评价对象进行排序，这就产生了许多评价方法。下面分别介绍几种利用主成分分析进行评估的方法。

1. 选用多个主成分的排序

利用主成分分析提取的前 m 个主成分 $z_1, z_2, \cdots, z_m$ 做线性组合，并以每个主成分 z_i 的方差贡献率 α_i 作为权数构造综合评价函数：

$$y = \alpha_1 z_1 + \alpha_2 z_2 + \cdots + \alpha_m z_m$$

其中，z_i 为第 i 个主成分的得分（求出主成分的表达式后，将标准化后的数据再代入主成分的表达式中）。

当把 m 个主成分得分代入 y 函数后，即可得到每个样本的综合评价函数得分，根据每个样本的综合评价函数得分就可以对其进行综合排序。

由于主成分分析能从选定的指标体系中归纳出大部分信息，因此根据主成分提供的信息进行综合评价不失为一个可行的选择。这个方法根据指标间的相对重要性进行客观加权，可以避免综合评价者的主观影响，在实际应用中越来越受到人们的重视。

在利用主成分分析进行综合评价时，主要是将原有的信息进行综合，因此要充分利用原始变量提供的信息。将主成分的权重用它们的方差贡献率来确定，方差贡献率反映了各个主成分的信息含量，因此用它作为主成分的权重是合适的。

这种方法也是目前在很多文献中介绍最多、使用最广泛的方法。但在实践中有时会出现不理想的结果，主要原因是当产生主成分的特征向量的各分量的符号与实际变量的正负相关性不一致时，主成分得分就会出现不合理的情况，因此这时利用该方法就很难进行排序。例如，假定高考中考试科目共有四门课程：数学 (x_1)，语文 (x_2)，外语 (x_3)，物理 (x_4)，满分都是 150 分。考生的四门考试成绩必须综合成一个综合分数，一般取四门课程成绩的总和 $\sum x_i$。但是从统计学的角度来看，也许取这四门课程成绩标准化数值的和更合理一些。如果使用主成分分析，根据上述方法利用综合函数 y 的得分进行排序，可能就会出现错误。在后面的因子分析中，类似建立的评价函数具有相同的问题。

2. 选用一个主成分的排序

只用第一个主成分 z_1 对评估对象进行排序。

$$y = z_1$$

选用第一主成分作为评价是因为第一主成分与原始变量 $x_1, x_2, \cdots, x_p$ 综合相关度最强。从这个意义上讲，如果想以一个综合变量来代替原来的所有原始变量，则最佳选择应该是 z_1；第一主成分 z_1 对应于数据变异最大的方向也就是使数据信息损失最小、精度最高的一维综合变量。但使用这种方法的前提条件是：要求所有的评价指标变量都是正相关的，也就是说对于所有变量均有同增、同减的趋势。这个前提基于下面的定理。

定理 6.2　若相关系数阵 $R = (r_{ij})$ 中的每一个元素都是正值（即对于一切的 i, j，都有 $r_{ij} > 0$），则矩阵 R 的最大特征值所对应的特征向量中所有分量均大于零，即 $u_1 = (u_{11}, u_{21}, \cdots, u_{p1})' > 0$。

样本主成分分析如果不满足这个前提条件，在原变量系统中 $x_1, x_2, \cdots, x_p$ 有一部分变量正相关，另一部分变量负相关，这时无法保证相关矩阵 R 的最大特征值所对应的特征向量中所有分量均大于零，因此生成的主成分 z_1 有一部分与原变量正相关，另一部分与原变量负相关甚至与变量无关，这时 z_1 有可能成为无序指数，因此很难以 $z_1(i_1)(i = 1, 2, \cdots, n)$ 取值的大小来排序。特别是出现某一分量 $u_{j1} = 0$ 或 $u_{j1} \approx 0$ 时，使用 z_1 作为评价指标，更要慎重防止遗漏 x_j 上的重要信息。

3. 改进的方法

改进的方法是把传统的专家法与第一主成分评估法相结合，把传统的专家调查研究评估法进行修正，具体做法如下。

（1）将原始数据资料 $X = (x_{ij})_{n \times p}$ 进行标准化处理，处理后仍记为 X，标准化后的随机向量仍记为 $X = (x_1, x_2, \cdots, x_p)'$。

（2）把专家调查研究后得到的信息对变量的重要程度分别赋予不同的权重。设 X_j 是第 j 个变量的 n 次观测向量，令

$$x_j^* = (1 + \alpha_j)x_j = (x_{1j}^*, x_{2j}^*, \cdots, x_{nj}^*)', \quad \alpha_j > 0, j = 1, 2, \cdots, p$$

记

$$X^* = (x_{ij}^*)_{n \times p}$$

这时

$$\mathrm{Var}(x_j^*) = (1 + \alpha_j)^2 \mathrm{Var}(x)_j = (1 + \alpha_j)^2$$

因此这 p 个变量的方差分别为

$$(1+\alpha_1)^2, (1+\alpha_2)^2, \cdots, (1+\alpha_p)^2$$

由于一部分在系统评估中更重要的变量赋予更大的权重，因此在这些指标上，变量的变差被拉长，这时求第一主成分时，这些指标会得到更多的重视。

（3）由标准化且加权后的数据矩阵 X^* 出发，计算协差阵 Σ^*，求 Σ^* 的最大特征值 λ_1 和相应的单位正交特征向量 u_1。

（4）令 $Z = u_1 X^* = (z_1^*, z_2^*, \cdots, z_n^*)'$，然后按 $z_1^*, z_2^*, \cdots, z_n^*$ 的大小进行排序比较或评估。

6.5　主成分回归分析

在考虑因变量 y 与 P 个自变量 $x_1, x_2, \cdots, x_p$ 的回归模型中，当自变量间有较强的线性相关性（多重共线性）时，利用经典的回归方法求回归系数的最小二乘估计，一般效果较差。利用 p 个变量的主成分 $z_1, z_2, \cdots, z_p$ 所具有的性质，如它们是互不相关的，则 $\mathrm{Var}(z_i) = \lambda_i$ 为第 i 大特征值，可由前 m 个主成分 $z_1, z_2, \cdots, z_m$ 来建立主成分回归模型：

$$y = b_0 + b_1 z_1 + b_2 z_2 + \cdots + b_m z_m, \quad m < p$$

由原始变量的观测值计算前 m 个主成分的得分值，将其作为主成分 $z_1, z_2, \cdots, z_m$ 的观测值，建立 y 与 $z_1, z_2, \cdots, z_m$ 的回归模型即为主成分回归方程。这时就把 p 元数据降为 m 元数据。这样既简化了回归方程的结构，也消除了变量间相关性（或多重共线性）带来的影响；另外，主成分回归分析也给回归模型的解释带来一定的复杂性，因为主成分是原始变量的线性组合，不是直接观测的变量，其含义有时不明确，在求主成分回归方程后，经常又使用逆变换将其变为原始变量的回归方程进行解释。

当原始变量间有较强的多重共线性，其主成分又有特殊的含义时，往往利用主成分回归分析，其效果比较好。下面通过具体的例子来说明主成分回归方法。

例 6.4　考察某地区出口总额 y 与国内总产值 x_1、存储量 x_2、消费量 x_3 之间的关系，现有该地区 1999~2009 年共 11 年的具体数据如表 6.4 所示，试用主成分回归方法求他们之间的数量关系。

表 6.4　某地区经济数据　　　　　　　　　　（单位：亿元）

序号	x_1	x_2	x_3	y
1	149.3	4.2	108.1	15.9
2	161.2	4.1	114.8	16.4
3	171.5	3.1	123.2	19.0
4	175.5	3.1	126.9	19.1
5	180.8	1.1	132.1	18.8
6	190.7	2.2	137.7	20.4
7	202.1	2.1	146.0	22.7
8	212.4	5.6	154.1	26.5
9	226.1	5.0	162.3	28.1
10	231.9	5.1	164.3	27.6
11	239.0	0.7	167.6	26.3

解　首先把各变量的观测数据标准化（用 x_i^* 表示 x_i 标准化后的数据，用 y^* 表示 y 标准化后的数据），再调用 SPSS 软件对三个自变量进行主成分计算，然后用主成分得分数据进行主成分回归分析。

计算它们相关阵 R 的三个特征值分别为

$$\lambda_1 = 1.999, \quad \lambda_2 = 0.998, \quad \lambda_3 = 0.003$$

前两个主成分的累计贡献率在 99% 以上，因此取两个主成分，计算它们相应的单位正交特征向量分别为

$$u_1 = \begin{bmatrix} 0.7063 \\ 0.0435 \\ 0.7065 \end{bmatrix}, \quad u_2 = \begin{bmatrix} -0.0357 \\ 0.9990 \\ -0.0258 \end{bmatrix}$$

因此相应的主成分为

$$z_1 = 0.7063x_1^* + 0.0435x_2^* + 0.7065x_3^*$$

$$z_2 = -0.0357x_1^* + 0.999x_2^* - 0.0258x_3^*$$

由主成分回归得到的标准化回归方程为

$$y^* = 0.68998z_1 + 0.1913z_2 = 0.4804x_1^* + 0.2211x_2^* + 0.4825x_3^*$$

用原始变量可将 y 的回归方程表示为

$$y = -9.13 + 0.0727x_1 + 0.6091x_2 + 0.1062x_3$$

这个方程中各个回归系数都是有意义的，均方根误差为 0.55。

如果不采用主成分回归，用普通回归得回归方程为

$$y = -10.128 - 0.05196x_1 + 0.58695x_2 + 0.28685x_3$$

可以发现，x_1 的回归系数没有实际意义，从方程来看，随着国内总产值 x_1 的增加，出口总额 y 减少，与实际不符，均方根误差为 0.48887。虽然主成分回归的均方根误差比普通回归均方根误差有所增加，但增加得并不明显。

6.6　实 例 分 析

实例 6.1　我国 31 个省（自治区、直辖市）2020 年农村居民家庭平均每人生活消费支出的主成分分析。八个指标分别为：x_1：食品；x_2：衣着；x_3：居住；x_4：家庭设备用品及服务；x_5：交通和通信；x_6：文教、娱乐用品及服务；x_7：医疗保健；x_8：其他商品和服务。2020 年全国 31 个省（自治区、直辖市）的农村居民家庭平均每人生活消费支出的八个指标的数据如表 6.5 所示。

表 6.5　各地区农村居民家庭平均每人生活消费支出 (2020 年)　(单位: 元)

地区	x_1	x_2	x_3	x_4	x_5	x_6	x_7	x_8
北京	5968.1	1035.6	6453.1	1120.6	2924.4	1142.7	1972.8	295.4
天津	5621.7	1002.2	3527.9	1026.1	2504.3	931.6	1858.2	372.1
河北	3686.8	810.6	2711.1	782.9	1892.8	1154.6	1380.1	225.3
山西	3247.6	720.9	2286.6	526	1145	967.4	1182.8	213.8
内蒙古	4164.3	727.1	2632.6	583.5	2152.1	1436.5	1667	230.8
辽宁	3660.3	2412.5	698.6	529.6	1946.4	1109.1	1718.7	236.1
吉林	3730.5	716.4	1992.7	488.9	1899.2	1177.4	1568.5	289.8
黑龙江	4243.7	858.6	2046.8	548.6	1680.9	1197.7	1562.9	220.8
上海	8647.8	1077.5	4439.3	1325.2	3495.5	1003.1	1655.3	451.8
江苏	5216.3	823	3785.6	957.7	2786.9	1448.4	1712.2	291.6
浙江	6952.1	1043.1	5719.9	1225.5	2937.5	1776.3	1546.2	354.9
安徽	5145.8	867.5	3390.5	855	1663.7	1422	1457.4	221.7
福建	6273.9	754.5	3943	874	1688.3	1232	1270.9	302.1
江西	4557.1	602.6	3553.8	686.6	1402.6	1477.6	1136.7	162.4
山东	3721.9	689	2434.7	817.9	2112	1290.8	1413.4	180.7
河南	3396.7	873.1	2770.1	783.2	1501.8	1285.6	1379.1	211.4
湖北	4304.5	780.4	3197.6	790.9	2175.3	1382.3	1558.5	283
湖南	4635.9	674.4	3367	853	1730.5	1783.8	1706.6	222.6
广东	6991.8	506.9	3829.2	803.2	1958.1	1275.5	1517.9	249.8
广西	4296.9	354.2	2659.2	667	1681.8	1408.2	1227.8	136.1
海南	5766.2	362.1	2529.2	573.8	1412.4	1244.9	1077.3	203.5
重庆	5183.1	736.3	2630.9	919.1	1591.5	1290.3	1560.1	228.3
四川	5478.1	753.3	2866.4	905.4	1935	1106.5	1650.3	257.6
贵州	3214.3	595.7	2337.3	603.9	1543.2	1377.8	959.4	185.9
云南	3797.1	451.7	2115.4	569.9	1691.7	1324.2	980.6	138.8
西藏	3369	708	1908.6	474.6	1386.2	380.1	402.5	288.2
陕西	3182.6	609.6	2715.4	688.1	1460.9	1057.4	1490.7	170.9
甘肃	3065.4	608.1	1905.8	588.8	1234.4	1211.4	1140.4	168.6
青海	3664.7	823	2154.9	628.5	2146.7	989.2	1416	311.2
宁夏	3331.1	656	2197.5	626.4	2022.4	1179.6	1478	233.3
新疆	3473.3	713.3	2255.4	612.6	1344.2	1230.4	955	193.9

（1）首先对原始数据做标准化处理（标准化处理过程在此从略），然后计算各指标之间的相关系数矩阵，其相关系数矩阵如表 6.6 所示。

表 6.6　相关系数矩阵

	x_1	x_2	x_3	x_4	x_5	x_6	x_7	x_8
x_1	1.000	0.085	0.734	0.794	0.662	0.178	0.414	0.658
x_2	0.085	1.000	−0.054	0.165	0.346	−0.129	0.420	0.370
x_3	0.734	−0.054	1.000	0.834	0.644	0.321	0.423	0.499
x_4	0.794	0.165	0.834	1.000	0.771	0.255	0.560	0.643
x_5	0.662	0.346	0.644	0.771	1.000	0.112	0.639	0.770
x_6	0.178	−0.129	0.321	0.255	0.112	1.000	0.315	−0.240
x_7	0.414	0.420	0.423	0.560	0.639	0.315	1.000	0.422
x_8	0.658	0.370	0.499	0.643	0.770	−0.240	0.422	1.000

（2）计算出相关矩阵的特征值，以及各主成分的贡献率和累计贡献率，计算结果如表 6.7 所示。

表 6.7 特征值及主成分贡献率和累计贡献率

成分	相关矩阵特征值			各主成分的贡献率和累计贡献率		
	特征值	方差的贡献率/%	累计贡献率/%	特征值	方差的贡献率/%	累计贡献率/%
1	4.315	53.936	53.936	4.315	53.936	53.936
2	1.458	18.225	72.161	1.458	18.225	72.161
3	1.076	13.446	85.607	1.076	13.446	85.607
4	0.379	4.734	90.341			
5	0.264	3.296	93.636			
6	0.251	3.133	96.770			
7	0.137	1.708	98.478			
8	0.122	1.522	100.000			

由累计贡献率可知, 选取三个主成分。

(3) 计算主成分载荷, 计算结果如表 6.8 所示。

表 6.8 主成分载荷

	主成分		
	1	2	3
x_1	0.846	0.143	-0.265
x_2	0.316	-0.698	0.522
x_3	0.819	0.379	-0.202
x_4	0.923	0.159	-0.092
x_5	0.224	0.752	0.546
x_6	0.701	-0.064	0.553
x_7	0.901	-0.154	0.024
x_8	0.788	-0.433	-0.281

分析: 从表 6.8 可知, 第一主成分 z_1 与 x_1, x_3, x_4, x_6, x_7, x_8 这六个变量有较大的正相关, 第二主成分 z_1 与 x_5 有较大正相关, 前三个主成分的累计贡献率达到 85% 以上, 所以这八个变量可以由三个主成分代表。

实例 6.2 流域系统的主成分分析。对于某区域地貌-水文系统, 其 57 个流域盆地的九项地理要素: x_1 为流域盆地总高度 (m), x_2 为流域盆地山口的海拔 (m), x_3 为流域盆地周长 (m), x_4 为河道总长度 (km), x_5 为河道总数, x_6 为平均分叉率, x_7 为河谷最大坡度 (°), x_8 为河源数, x_9 为流域盆地面积 (km^2)。(原始数据在此从略。) 曾有人用这些地理要素的原始数据对该区域地貌-水文系统作了主成分分析。下面将其作为主成分分析方法在地理学研究中的一个应用实例介绍给读者, 以供参考。

具体计算过程如下。

(1) 对原始数据作标准化处理, 并计算相关系数矩阵如表 6.9 所示。

表 6.9   相关系数矩阵

	x_1	x_2	x_3	x_4	x_5	x_6	x_7	x_8	x_9
x_1	1.000								
x_2	−0.370	1.000							
x_3	0.619	−0.017	1.000						
x_4	0.657	−0.157	0.841	1.000					
x_5	0.474	−0.150	0.737	0.921	1.000				
x_6	0.074	−0.274	0.167	0.094	0.165	1.000			
x_7	0.607	−0.566	0.162	0.217	0.158	0.170	1.000		
x_8	0.481	−0.158	0.753	0.928	0.999	0.181	0.164	1.000	
x_9	0.689	−0.016	0.910	0.937	0.788	0.071	0.158	0.799	1.000

（2）由相关系数矩阵计算特征值、各个主成分的贡献率、累计贡献率。由各个主成分的贡献率、累计贡献率 (表 6.10) 可知，第一、第二、第三主成分的累计贡献率已高达 86.504%，故只需求出第一、第二、第三主成分 z_1, z_2, z_3 即可。

表 6.10   特征值及主成分贡献率

主成分	特征值	贡献率/%	累计贡献率/%
1	5.043	56.029	56.029
2	1.746	19.399	75.428
3	0.997	11.076	86.504
4	0.610	6.781	93.285
5	0.339	3.778	97.061
6	0.172	1.907	98.967
7	0.079	0.8727	99.840
8	0.014	0.1556	99.996
9	0.0004	0.0042	100.00

（3）对于特征值 $\lambda_1 = 5.043$，$\lambda_2 = 1.746$，$\lambda_3 = 0.997$ 分别求出其特征向量 u_1, u_2, u_3，由此计算各变量 $x_1, x_2, \cdots, x_9$ 在各主成分 z_1, z_2, z_3 上的载荷，如表 6.11 所示。

表 6.11   主成分载荷（即三个主成分的特征值）

原变量	主成分			占方差的百分数/%
	z_1	z_2	z_3	
x_1	0.75	− 0.38	− 0.36	83.05
x_2	− 0.25	0.82	− 0.08	73.20
x_3	0.89	0.19	0.00	82.19
x_4	0.97	0.14	−0.03	96.63
x_5	0.91	0.18	0.16	88.26
x_6	0.20	− 0.36	0.86	89.97
x_7	0.35	− 0.80	− 0.25	83.19
x_8	0.92	0.17	0.16	89.90
x_9	0.93	0.22	− 0.10	92.16

分析：

（1）第一主成分 z_1 与 $x_1, x_3, x_4, x_5, x_8, x_9$ 有较大的正相关，这是由于这六个地理要素与流域盆地的规模有关，因此第一主成分可以被认为是流域盆地规模的代表。

（2）第二主成分 z_2 与 x_2 有较大的正相关，与 x_7 有较大的负相关，而这两个地理要素是与流域切割程度有关的，因此第二主成分可以被认为是流域侵蚀状况的代表。

（3）第三主成分 z_3 与 x_6 有较大的正相关，地理要素 x_6 是流域比较独立的特性——河系形态的表征，因此，第三主成分可以被认为是代表河系形态的主成分。

以上分析结果表明，根据主成分载荷，该区域地貌-水文系统的九项地理要素可以被归为三类，即流域盆地的规模，流域侵蚀状况和流域河系形态。如果选取其中相关系数绝对值最大者作为代表，则流域面积、流域盆地出口的海拔和分叉率可作为这三类地理要素的代表，利用这三个要素代替原来九个要素进行区域地貌-水文系统分析，可以使问题大大的简化。

实例 6.3　中国大陆 31 个省（自治区、直辖市）2019 年第三产业综合发展水平的主成分分析与评估。选取了人均地区生产总值、人均第三产业增加值、第二产业占地区生产总值的比重、第三产业占地区生产总值的比重、第三产业法人单位数比重、城镇化水平、第三产业固定资产投资增长情况七项指标，具体数据如表 6.12 所示。

表 6.12　2019 年我国第三产业综合发展水平数据

地区	人均地区生产总值/元	人均第三产业增加值/元	第二产业占地区生产总值的比重	第三产业占地区生产总值的比重	第三产业法人单位数比重	城镇化水平/%	第三产业固定资产投资增长情况
北京	164220	137152	16.2	83.5	93.1	86.6	−2.3
天津	90371	57298	35.2	63.5	76.9	83.48	11.8
河北	46348	23694	38.7	51.3	66.8	57.62	11
山西	45724	23462	43.8	51.4	72.0	59.55	11.4
内蒙古	67852	33584	39.6	49.6	70.7	63.37	5.4
辽宁	57191	30332	38.3	53	72.6	68.11	2.6
吉林	43475	23429	35.2	53.8	72.7	58.27	−4.7
黑龙江	36183	18169	26.6	50.1	70.0	60.9	7.6
上海	157279	114301	27	72.7	84.4	88.3	3.8
江苏	123607	63277	44.4	51.3	68.9	70.61	6.3
浙江	107624	57586	42.6	54	69.9	70	10.3
安徽	58496	29627	41.3	50.8	69.8	55.81	10.6
福建	107139	48369	48.5	45.3	75.2	66.5	2.8
江西	53164	25204	44.2	47.5	68.8	57.42	9.2
山东	70653	37379	39.8	53	72.1	61.51	6.8
河南	56388	26990	43.5	48	75.1	53.21	9
湖北	77387	38672	41.7	50	76.1	61	13.4
湖南	57540	30584	37.6	53.2	76.2	57.22	7
广东	94172	51882	40.4	55.5	76.5	71.4	12.9
广西	42964	21718	33.3	50.7	75.6	51.09	12

地区	人均地区生产总值/元	人均第三产业增加值/元	第二产业占地区生产总值的比重	第三产业占地区生产总值的比重	第三产业法人单位数比重	城镇化水平 /%	第三产业固定资产投资增长情况
海南	56507	33117	20.7	59	78.6	59.23	−11.9
重庆	75828	40197	40.2	53.2	74.1	66.8	4.4
四川	55774	29186	37.3	52.4	75.3	53.79	10.1
贵州	46433	23269	36.1	50.3	62.0	49.02	−3
云南	47944	25164	34.3	52.6	71.5	48.91	7
西藏	48902	26325	37.4	54.4	70.3	31.54	1.4
陕西	66649	30499	46.4	45.8	73.5	59.43	−0.4
甘肃	32995	18154	32.8	55.1	69.2	48.49	3.6
青海	48981	24742	39.1	50.7	68.8	55.52	−2.4
宁夏	54217	27105	42.3	50.3	70.2	59.86	−14.3
新疆	54280	27823	35.3	51.6	77.7	51.87	0.2

数据来源：2020 年《中国统计年鉴》、2020 年《中国第三产业统计年鉴》。

（1）首先对原始数据做标准化处理，然后计算各指标之间的相关系数矩阵，其相关系数矩阵如表 6.13 所示。

表 6.13　相关系数矩阵

	人均地区生产总值	人均第三产业增加值	第二产业占地区生产总值的比重	第三产业占地区生产总值的比重	第三产业法人单位数比重	城镇化水平	第三产业固定资产投资增长情况
人均地区生产总值	1.000	0.955	−0.197	0.672	0.647	0.816	0.037
人均第三产业增加值	0.955	1.000	−0.428	0.849	0.751	0.800	−0.036
第二产业占地区生产总值的比重	−0.197	−0.428	1.000	−0.757	−0.553	−0.230	0.312
第三产业占地区生产总值的比重	0.672	0.849	−0.757	1.000	0.760	0.622	−0.151
第三产业法人单位数比重	0.647	0.751	−0.553	0.760	1.000	0.584	−0.066
城镇化水平	0.816	0.800	−0.230	0.622	0.584	1.000	0.079
第三产业固定资产投资增长情况	0.037	−0.036	0.312	−0.151	−0.066	0.079	1.000

（2）计算出相关矩阵的特征值，以及各主成分的贡献率和累计贡献率，计算结果如表 6.14 所示。

表 6.14　特征值及主成分贡献率和累计贡献率

成分	相关矩阵特征值			各主成分的贡献率和累计贡献率		
	特征值	方差的贡献率/%	累计贡献率/%	特征值	方差的贡献率/%	累计贡献率/%
1	4.289	61.268	61.268	4.289	61.268	61.268
2	1.367	19.529	80.798	1.367	19.529	80.798
3	0.716	10.231	91.029			
4	0.313	4.469	95.498			
5	0.230	3.288	98.786			
6	0.079	1.132	99.918			
7	0.006	0.082	100.000			

由累计贡献率可知，选取两个主成分。

（3）计算主成分载荷，计算结果如表 6.15 所示。

表 6.15　主成分载荷

	主成分	
	1	2
人均地区生产总值	0.872	0.357
人均第三产业增加值	0.962	0.157
第二产业占地区生产总值的比重	−0.599	0.659
第三产业占地区生产总值的比重	0.920	−0.230
第三产业法人单位数比重	0.851	−0.086
城镇化水平	0.815	0.359
第三产业固定资产投资增长情况	−0.097	0.769

（4）计算主成分得分。

将两列主成分载荷分别除以对应特征值的算术平方根得到特征向量，将特征向量与标准化后的数据相乘，就可以得到各个主成分得分 z_1、z_2。以主成分的方差贡献率为系数，将两个主成分得分进行线性组合，得到综合得分，如表 6.16 所示。

（5）综合评价结论。

① 第一主成分得分排在前三位的是北京、上海、天津，其分值依次为 3.84679、2.7883、1.08944；得分较高的有海南、广东，其分值依次为 0.56586、0.52051。

② 第二主成分得分排在前三位的是江苏、浙江、广东，其分值依次为 1.48158、1.44541、1.29801；得分较高的有福建、湖北、天津、山西、江西、安徽、河南，其分值依次为 1.24897、1.1268、0.93946、0.77112、0.76141、0.6179、0.55343。

③ 综合主成分得分在全国平均水平之上（＞0）的，依次为北京、上海、天津、广东、江苏、浙江、福建、湖北、重庆、山东，它们是第三产业综合发展水平较发达的区域，其中，北京、上海两个直辖市得分最高（均在 1.5 以上）；其他省（自治区、直辖市）则位于全国平均水平之下（＜0）；得分居于最后的是宁夏、甘肃、西藏和贵州（＜−0.5），其第三产业综合发展水平最低。

表 6.16   中国各省（自治区、直辖市）第三产业发展水平的主成分得分

地区	第一主成分得分	第二主成分得分	综合得分
北京	3.84679	−1.11516	2.13907
天津	1.08944	0.93946	0.85094
河北	−0.67243	0.41571	−0.3308
山西	−0.56032	0.77112	−0.1927
内蒙古	−0.26553	0.36048	−0.09229
辽宁	−0.08595	−0.04337	−0.06113
吉林	−0.27816	−1.22879	−0.41039
黑龙江	−0.39817	−0.72314	−0.38517
上海	2.7883	0.3358	1.77392
江苏	0.33951	1.48158	0.49735
浙江	0.31771	1.44541	0.47693
安徽	−0.52997	0.6179	−0.20403
福建	0.02578	1.24897	0.25971
江西	−0.75805	0.76141	−0.31574
山东	−0.11037	0.39336	0.0092
河南	−0.53985	0.55343	−0.22268
湖北	−0.06579	1.1268	0.17974
湖南	−0.12723	−0.02214	−0.08227
广东	0.52051	1.29801	0.57239
广西	−0.41722	−0.14042	−0.28304
海南	0.56586	−2.812	−0.20246
重庆	0.1097	0.37217	0.13989
四川	−0.26525	0.13904	−0.13536
贵州	−0.91938	−1.01608	−0.76172
云南	−0.48801	−0.46863	−0.39051
西藏	−0.7917	−1.11995	−0.70377
陕西	−0.49045	0.29346	−0.24318
甘肃	−0.61845	−1.03551	−0.58114
青海	−0.58867	−0.67656	−0.49279
宁夏	−0.45198	−1.28063	−0.52701
新疆	−0.18069	−0.87169	−0.28094

习　题

1. 试述主成分分析的基本思想。

2. 简述主成分分析中累计贡献率的含义。

3. 简述主成分分析的作用。

4. 设 $X = (X_1, X_2)'$ 的协方差矩阵 $\Sigma = \begin{bmatrix} 1 & 4 \\ 4 & 100 \end{bmatrix}$，试从协方差矩阵 Σ 和相关阵 R 出发求出总体主成分，并加以比较。

5. 设 $X = (X_1, X_2, \cdots, X_p)'$ 的协方差矩阵为

$$\Sigma = \sigma^2 \begin{bmatrix} 1 & \rho & \cdots & \rho \\ \rho & 1 & \cdots & \rho \\ \vdots & \vdots & & \vdots \\ \rho & \rho & \cdots & 1 \end{bmatrix}_{p \times p}, \quad 0 < \rho < 1$$

（1）试证明 $\lambda_1 = \sigma^2(1-\rho(1-\rho))$ 为最大特征根，其对应的主成分为 $Z_1 = \frac{1}{\sqrt{p}}\sum_{i=1}^{p}x_i$。

（2）求第一主成分的贡献率。

6. 对我国 31 个省（自治区、直辖市）2020 年城镇居民家庭平均每人全年消费性支出进行主成分分析。其八个指标分别为：X_1：食品；X_2：衣着；X_3：居住；X_4：家庭设备用品及服务；X_5：交通和通信；X_6：文教、娱乐用品及服务；X_7：医疗保健；X_8：其他商品和服务。具体数据如表 6.17 所示。

表 6.17　各地区城镇居民家庭平均每人全年消费性支出（2020 年）　　（单位：元）

地区	X_1	X_2	X_3	X_4	X_5	X_6	X_7	X_8
北京	5968.1	1035.6	6453.1	1120.6	2924.4	1142.7	1972.8	295.4
天津	5621.7	1002.2	3527.9	1026.1	2504.3	931.6	1858.2	372.1
河北	3686.8	810.6	2711.1	782.9	1892.8	1154.6	1380.1	225.3
山西	3247.6	720.9	2286.6	526	1145	967.4	1182.8	213.8
内蒙古	4164.3	727.1	2632.6	583.5	2152.1	1436.5	1667	230.8
辽宁	3660.3	2412.5	698.6	529.6	1946.4	1109.1	1718.7	236.1
吉林	3730.5	716.4	1992.7	488.9	1899.2	1177.4	1568.5	289.8
黑龙江	4243.7	858.6	2046.8	548.6	1680.9	1197.7	1562.9	220.8
上海	8647.8	1077.5	4439.3	1325.2	3495.5	1003.1	1655.3	451.8
江苏	5216.3	823	3785.6	957.7	2786.9	1448.4	1712.2	291.6
浙江	6952.1	1043.1	5719.9	1225.5	2937.5	1776.3	1546.2	354.9
安徽	5145.8	867.5	3390.5	855	1663.7	1422	1457.4	221.7
福建	6273.9	754.5	3943	874	1688.3	1232	1270.9	302.1
江西	4557.1	602.6	3553.8	686.6	1402.6	1477.6	1136.7	162.4
山东	3721.9	689	2434.7	817.9	2112	1290.8	1413.4	180.7
河南	3396.7	873.1	2770.1	783.2	1501.8	1285.6	1379.1	211.4
湖北	4304.5	780.4	3197.6	790.9	2175.3	1382.3	1558.5	283
湖南	4635.9	674.4	3367	853	1730.5	1783.8	1706.6	222.6
广东	6991.8	506.9	3829.2	803.2	1958.1	1275.5	1517.9	249.8
广西	4296.9	772.28	891.33	603.84	1376.03	1408.2	1227.8	136.1
海南	5766.2	491.84	1106.39	565.51	1303.50	1244.9	1077.3	203.5
重庆	5183.1	1294.30	1096.82	842.09	1044.36	1290.3	1560.1	228.3
四川	5478.1	1042.45	819.28	590.51	1121.45	1106.5	1650.3	257.6
贵州	3214.3	851.50	836.54	525.70	871.15	1377.8	959.4	185.9
云南	3797.1	1026.50	739.20	331.94	1216.46	1324.2	980.6	138.8
西藏	3369	1011.82	634.94	310.22	966.74	380.1	402.5	288.2
陕西	3182.6	1047.61	1007.68	618.16	967.52	1057.4	1490.7	170.9
甘肃	3065.4	1022.62	846.26	546.23	817.17	1211.4	1140.4	168.6
青海	3664.7	945.14	802.73	538.54	787.63	989.2	1416	311.2
宁夏	3331.1	1178.88	1069.15	596.81	1096.32	1179.6	1478	233.3
新疆	3473.3	1245.02	781.90	535.31	1003.89	1230.4	955	193.9

7. 利用主成分分析法，对我国 2020 年六个工业行业的经济效益指标进行综合评价。具体数据见表 6.18。

表 6.18　我国 2020 年六个工业行业的经济效益指标数据　　（单位：亿元）

行业	资产总计	固定资产净值	从业人员人数/万人	工业产值	主营业务收入	利润总额
煤炭开采和洗选业	19457.74	6477.02	502.38	14625.92	15315.15	2348.45
石油和天然气开采业	12806.58	6867.23	112.76	10615.96	11052.97	4601.23
黑色金属矿采选业	3179.97	819.91	61.52	3760.65	3635.66	700.37
有色金属矿采选业	2290.30	689.75	53.53	2727.84	2705.99	407.31
非金属矿采选业	1330.02	500.63	54.23	1869.49	1822.50	168.92
其他采矿业	4.07	2.19	0.28	10.35	9.74	0.57

第 7 章 因 子 分 析

7.1 因子分析的概念

因子分析研究相关阵或协方差阵的内部依赖关系，它将多个变量综合为少数几个因子，以再现原始变量与因子之间的相关关系，同时根据不同因子对变量进行分类。因子分析是主成分分析的推广和发展，是多元统计分析中又一种降维的方法。

因子分析的概念起源于 20 世纪初皮尔逊和斯皮尔曼（Spearman）等为定义和测验智力所作的统计分析。目前因子分析在心理学、社会学、教育学、经济学等学科都得到了广泛的应用。

因子分析通过研究众多变量之间的内部依赖关系，探求观测数据中的基本结构，并用少数几个"抽象"的变量来表示其基本结构。这几个抽象的变量称为因子，它能反映原来众多变量的主要信息。原始的变量是可观测的显在变量，因子一般是不可观测的潜在变量。例如，在商业企业的形象评价中，消费者可以通过一系列指标构成一个评价指标体系，评价百货商场在各个方面的优劣，但消费者真正关心的只是商场的环境、商场的服务质量和商品的价格这三个方面。除了商品的价格外，商场的环境和商场的服务质量都是客观存在的、抽象的影响因素，都不便于直接测量，只能通过其他具体指标进行间接反映。因子分析就是一种通过显在变量测评潜在变量，通过具体指标进行间接反映的方法。又如，某公司对 100 名招聘人员的知识和能力进行测评，主要测评六个方面的内容：语言表达能力、逻辑思维能力、判断事物的敏捷和果断程度、思想修养、兴趣爱好、生活常识等，将每一个方面称为因子，显然这里所说的因子不同于回归分析中的因素，因为前者是比较抽象的一种概念，而后者有着极为明确的实际意义。假设 100 人测试得分 X_i 可以用上述六个因子表示成线性函数：

$$X_i = a_{i1}F_1 + a_{i2}F_2 + \cdots + a_{i6}F_6 + \varepsilon_i, \quad i = 1, 2, \cdots, 100$$

其中，$F_1, F_2, \cdots, F_6$ 表示六个因子，它对所有的 X_i 是共有的因子，通常称为公共因子，它们的系数 $a_{i1}, a_{i2}, \cdots, a_{i6}$ 称为因子载荷，它表示第 i 个应试人员在这六个方面的能力。ε_i 是第 i 个应试人员的能力和知识不能被前六个因子所包含的部分，称为特殊因子。通常假定 $\varepsilon_i \sim N(0, \sigma_i^2)$。

再如，研究区域社会经济发展问题时，描述社会和经济现象的指标很多，过多的指标容易导致分析过程复杂化。一个合适的做法就是从这些关系错综复杂的社会经济指标间提取少数几个主要因子，每一个主要因子都能反映相互依赖的社会经济指标间的共同作用，抓住这些主要因素就可以帮助我们对复杂的社会经济发展问题进行深入的分析、合理解释和正确评价。

因子分析的基本思想就是把每个研究变量分解为几个影响因素变量，将每个原始变量分解成两部分因素，一部分是由所有变量共同具有的少数几个公共因子组成的，另一部分是每个变量独自具有的因素，即特殊因子。每一个变量都可以表示为公共因子的线性函数和特殊因子之和，即

$$X_i = a_{i1}F_1 + a_{i2}F_2 + \cdots + a_{im}F_m + \varepsilon_i, \quad i = 1, 2, \cdots, p$$

因子分析的研究内容十分丰富，常用的因子分析类型是 R 型因子分析和 Q 型因子分析。R 型因子分析对变量作因子分析，Q 型因子分析对样品作因子分析。

7.2 因子分析的数学模型

1. 正交因子模型

1）R 型因子分析模型

R 型因子分析中的公共因子是不可直接观测但又客观存在的共同影响因素，每一个变量都可以表示成公共因子的线性函数和特殊因子之和。即

$$X_i = a_{i1}F_1 + a_{i2}F_2 + \cdots + a_{im}F_m + \varepsilon_i, \quad i = 1, 2, \cdots, p \tag{7.1}$$

其中，$F_1, F_2, \cdots, F_m$ 称为公共因子，它们的系数 $a_{ij}(i = 1, 2, \cdots, p; j = 1, 2, \cdots, m)$ 称为因子载荷，ε_i 称为特殊因子。该模型用矩阵表示为

$$X = AF + \varepsilon$$

其中

$$A = \begin{bmatrix} a_{11} & a_{12} & \cdots & a_{1m} \\ a_{21} & a_{22} & \cdots & a_{2m} \\ \vdots & \vdots & & \vdots \\ a_{p1} & a_{p2} & \cdots & a_{pm} \end{bmatrix} = (A_1, A_2, \cdots, A_m)$$

$$X = \begin{bmatrix} X_1 \\ X_2 \\ \vdots \\ X_p \end{bmatrix}, \quad F = \begin{bmatrix} F_1 \\ F_2 \\ \vdots \\ F_m \end{bmatrix}, \quad \varepsilon = \begin{bmatrix} \varepsilon_1 \\ \varepsilon_2 \\ \vdots \\ \varepsilon_p \end{bmatrix}$$

A 称为因子载荷矩阵或因子负荷矩阵，a_{ij} 是第 i 个变量在第 j 个因子上的负荷。且满足：

（1）$m \leqslant p$；

（2）$\text{Cov}(F, \varepsilon) = 0$，即公共因子 F 与特殊因子 ε 是不相关的；

（3）$D(F) = \begin{bmatrix} 1 & 0 & \cdots & 0 \\ 0 & 1 & \cdots & 0 \\ \vdots & \vdots & & \vdots \\ 0 & 0 & \cdots & 1 \end{bmatrix} = I_m$，即各个公共因子不相关且方差为 1；

$$(4) \ D(\varepsilon) = \begin{bmatrix} \sigma_1^2 & 0 & \cdots & 0 \\ 0 & \sigma_2^2 & \cdots & 0 \\ \vdots & \vdots & & \vdots \\ 0 & 0 & \cdots & \sigma_p^2 \end{bmatrix},$$ 即各个特殊因子不相关，且方差不要求相等。

其中，$X = (X_1, X_2, \cdots, X_p)'$ 是可观测的 p 个指标所构成的 p 维随机向量，$F = (F_1, F_2, \cdots, F_m)'$ 是不可观测的向量。

2）Q 型因子分析模型

类似地，Q 型因子分析的数学模型可表示为

$$X_i = a_{i1}F_1 + a_{i2}F_2 + \cdots + a_{im}F_m + \varepsilon_i, \quad i = 1, 2, \cdots, n \tag{7.2}$$

Q 型因子分析与 R 型因子分析模型的差异体现在 $X_1, X_2, \cdots, X_n$ 表示的是 n 个样品。

无论 Q 型因子分析或 R 型因子分析，都用公共因子 F 代替 X，一般要求 $m < p$，$m < n$，因此，因子分析与主成分分析一样，也是一种降低变量维数的统计方法。因子分析的求解过程与主成分分析类似，也是从协方差阵（或相似系数阵）出发的。虽然因子分析与主成分分析有许多相似之处，但这两种模型又存在明显的不同。主成分分析的数学模型实质上是一种线性变换，将原来坐标变换到变异程度大的方向上，相当于从空间上转换观看数据的角度，突出数据变异的方向，归纳重要的信息。在主成分分析中每个主成分相应的系数 a_{ij} 是唯一确定的。因子分析模型是描述原指标 X 协方差阵结构的一种模型，是从显在变量去提炼潜在因子的过程，因为因子分析是一个提炼潜在因子的过程，所以因子的个数 m 取多大是要通过一定的规则确定的，并且因子分析中因子载荷阵不是唯一确定的。一般来说，作为"自变量"的因子是不可观测的。

这里应该注意以下几个问题。

（1）变量 X 的协方差阵 Σ 的分解式为

$$\Sigma = D(X) = D(AF + \varepsilon) = E((AF + \varepsilon)(AF + \varepsilon)')$$
$$= AE(FF')A' + AE(F\varepsilon') + E(F'\varepsilon)A' + E(\varepsilon\varepsilon') = AD(F)A' + D(\varepsilon)$$

故

$$\Sigma = AA' + D_\varepsilon \tag{7.3}$$

如果 X 为标准化随机向量，则 Σ 就是相关矩阵 R，即

$$R = AA' + D_\varepsilon \tag{7.4}$$

（2）因子载荷阵不是唯一的。这是因为对于 m 阶正交矩阵 T，令 $A^* = AT, F^* = T'F$。则因子分析模型可以表示为

$$X = A^*F^* + \varepsilon$$

由于

$$D(F^*) = D(T'F) = T'D(F)T = T'T = I_m$$

$$\text{Cov}(F^*, \varepsilon) = \text{Cov}(T'F, \varepsilon) = T\text{Cov}(F, \varepsilon) = 0$$

所以 A^* 仍然满足模型的条件。同样 Σ 也可以分解为

$$\Sigma = AA' + D_\varepsilon = AUU'A' + \varphi = AU(AU)' + D_\varepsilon = A^*(A^*)' + D_\varepsilon$$

因此，因子载荷矩阵 A 不是唯一的，在实际应用中经常会利用这一点，通过因子的变换，使得新的因子有更好的实际意义。

2. 因子载荷阵的统计意义与性质

为了便于对因子分析计算结果进行解释，将因子分析模型中各个量的统计意义加以说明是十分必要的。假设模型中各个变量以及公共因子、特殊因子都已经是标准化（均值为 0，方差为 1）的变量。

1）因子载荷 a_{ij} 的统计意义

已知模型：

$$X_i = a_{i1}F_1 + a_{i2}F_2 + \cdots + a_{im}F_m + \varepsilon_i, \quad i = 1, 2, \cdots, p$$

可以得到变量 X_i 与公共因子 F_j 的协方差为

$$\text{Cov}(X_i, F_j) = \text{Cov}\left[\sum_{k=1}^{m} a_{ik}F_k + \varepsilon_i, F_j\right] = \text{Cov}\left[\sum_{k=1}^{m} a_{ik}F_k, F_j\right] + \text{Cov}[\varepsilon_i, F_j] = a_{ij}$$

由于变量 X_i 与公共因子 F_j 已作标准化处理，因此

$$r_{X_iF_j} = \frac{\text{Cov}(X_i, F_j)}{\sqrt{\text{Var}(X_i)}\sqrt{\text{Var}(F_j)}} = \text{Cov}(X_i, F_j) = a_{ij}$$

故第 i 个变量 X_i 与第 j 个公共因子 F_j 的相关系数即可以表示为 X_i 依赖 F_j 的分量（比重）。

在各公共因子不相关的前提下，a_{ij} 是 X_i 与 F_j 的相关系数，一方面它表示 X_i 依赖于 F_j 的程度，绝对值越大，密切程度越高；另一方面也反映了第 i 个原有变量 X_i 在第 j 个公共因子 F_j 上的相对重要性。

2）变量共同度 h_i^2 及其统计意义

因子载荷阵 A 中第 i 行元素的平方和称为变量 X_i 的共同度。记为 h_i^2

$$h_i^2 = \sum_{j=1}^{m} a_{ij}^2, \quad i = 1, 2, \cdots, p$$

为了给出 h_i^2 的统计意义，下面计算 X_i 的方差

$$\text{Var}(X_i) = \text{Var}\left(\sum_{j=1}^{m} a_{ij}F_j + \varepsilon_i\right) = \sum_{j=1}^{m} a_{ij}^2 \cdot \text{Var}(F_j) + \text{Var}(\varepsilon_i) = \sum_{j=1}^{m} a_{ij}^2 + \sigma_i^2 = h_i^2 + \sigma_i^2$$

这说明变量 X_i 的方差由两部分组成：第一部分为共同度 h_i^2，它刻划了全部公共因子对变量 X_i 的总方差所作的贡献，反映了公共因子对变量 X_i 的影响程度。第二部分为特殊因子 ε_i 对变量 X_i 的方差所作的贡献。由于 X_i 已作了标准化处理，因此有

$$h_i^2 + \sigma_i^2 = 1 \tag{7.5}$$

h_i^2 反映了全部公共因子对变量 X_i 的影响，是全部公共因子对变量方差所做出的贡献，或者说 X_i 对公共因子的共同依赖程度，称为公共因子对变量 X_i 的方差贡献。

h_i^2 越接近于 1，表明该变量 X_i 的原始信息几乎都被选取的公共因子说明了。

特殊因子 ε_i 的方差，反映了原有变量方差中无法被公共因子描述的比例。

显然，若 h_i^2 大，σ_i^2 必小。h_i^2 越大，表明变量 X_i 对公共因子 $F_1, F_2, \cdots, F_m$ 的共同依赖程度就越大。当 $h_i^2 = 1$ 时，表明变量 X_i 完全能够由公共因子的线性组合表示；当 $h_i^2 \approx 0$ 时，表明公共因子对变量 X_i 的影响很小，X_i 主要由特殊因子 ε_i 来描述。可见 h_i^2 反映了变量 X_i 对公共因子 $F_1, F_2, \cdots, F_m$ 的共同依赖程度，故称公共因子方差 h_i^2 为变量 X_i 的共同度。

3）公共因子 F_j 的方差贡献及其统计意义

因子载荷阵中第 j 列元素的平方和称为公共因子 F_j 对变量 X 的贡献。记为 g_j^2

$$g_j^2 = \sum_{i=1}^{p} a_{ij}^2, \quad j = 1, 2, \cdots, m$$

g_j^2 表示第 j 个公共因子 F_j 对于 X 的每一分量 X_i 所提供的方差贡献的总和。称第 j 个公共因子的方差贡献。它是衡量某一公共因子相对重要性的指标，g_j^2 越大，表明公共因子 F_j 对 X 的贡献越大，该因子的重要程度越高，或者说对 X 的影响和作用越大，它是衡量每一个公共因子相对重要性的指标。

有时也用方差贡献率来衡量公共因子的相对重要性：

$$F_j \text{的方差贡献率} = \frac{g_j^2}{p}, \quad j = 1, 2, \cdots, m$$

它也是衡量公共因子相对重要性的另一指标。

另外，任意两个变量 X_k 与 X_l 的协方差等于因子载荷阵中第 k 行与第 l 行对应元素乘积之和。

$$r(X_k, X_l) = a_{k1}a_{l1} + a_{k2}a_{l2} + \cdots + a_{km}a_{lm} = \sum_{i=1}^{m} a_{ki}a_{li}$$

例 7.1 某校对学生进行了测量语言能力和数学能力的六项考试。考试成绩都化为标准分。假定 X_1, X_2, X_3 是语言能力的三项不同考试的标准分，X_4, X_5, X_6 是数学能力

的三项不同考试的标准分。通过部分学生这六项考试成绩，得到相关系数矩阵 R：

$$R = \begin{bmatrix} 1 & & & & & \\ 0.24 & 1 & & & & \\ 0.28 & 0.42 & 1 & & & \\ 0.20 & 0.30 & 0.35 & 1 & & \\ 0.24 & 0.36 & 0.42 & 0.78 & 1 & \\ 0.28 & 0.42 & 0.49 & 0.75 & 0.72 & 1 \end{bmatrix}$$

试求满足式 (7.4) 的因子载荷矩阵 A 和特殊因子 ε 的协方差阵，并计算各变量的共同度及公共因子的方差贡献率。

解 容易验证

$$A = \begin{bmatrix} 0.272 & 0.293 \\ 0.409 & 0.439 \\ 0.477 & 0.513 \\ 0.926 & -0.179 \\ 0.848 & 0.031 \\ 0.843 & 0.172 \end{bmatrix}, \quad D_\varepsilon = \begin{bmatrix} 0.84 & 0 & 0 & 0 & 0 & 0 \\ 0 & 0.64 & 0 & 0 & 0 & 0 \\ 0 & 0 & 0.51 & 0 & 0 & 0 \\ 0 & 0 & 0 & 0.11 & 0 & 0 \\ 0 & 0 & 0 & 0 & 0.28 & 0 \\ 0 & 0 & 0 & 0 & 0 & 0.26 \end{bmatrix}$$

满足 $R = AA' + D_\varepsilon$。因此，A, D_ε 分别是因子载荷矩阵和特殊因子协方差阵。

各变量的共同度，各变量对应的特殊因子方差，各公共因子方差贡献率以及两个公共因子的累计方差贡献率见表 7.1。

表 7.1　各变量的共同度及各公共因子方差贡献率

变量	a_{i1}	a_{i2}	共同度	特殊因子方差
X_1	0.272	0.293	0.16	0.84
X_2	0.409	0.439	0.36	0.64
X_3	0.477	0.513	0.49	0.51
X_4	0.926	-0.179	0.89	0.11
X_5	0.848	0.031	0.72	0.28
X_6	0.843	0.172	0.74	0.26
方差贡献率	45.9%	10.1%	56%	44%
累计方差贡献率	45.9%	56%		

通过前面的研究及例 7.1 可以得出因子变量具有如下特点。

（1）因子变量的数量远少于原有指标变量的数量。

（2）因子变量是对原始变量的重新组构，能够反映原有众多指标的绝大部分信息。

（3）因子变量之间没有线性相关关系，对因子变量的分析能够为研究工作提供较大的便利。

（4）因子变量具有命名解释性。

7.3　因子载荷矩阵的求解

已知 p 维随机向量 $X = (X_1, X_2, \cdots, X_p)'$ 的 n 次观测值矩阵为

$$
\begin{bmatrix}
x_{11} & x_{12} & \cdots & x_{1p} \\
x_{21} & x_{22} & \cdots & x_{2p} \\
\vdots & \vdots & & \vdots \\
x_{n1} & x_{n2} & \cdots & x_{np}
\end{bmatrix}
$$

因子分析的目的就是用少数几个公共因子来描述这 p 个变量间的协方差结构：

$$
\Sigma = AA' + D_\varepsilon
$$

其中，$A = (a_{ij})_{p \times m}$ 为因子载荷矩阵，$D_\varepsilon = \mathrm{diag}(\sigma_1^2, \sigma_2^2, \cdots, \sigma_p^2)$ 为 p 阶对角矩阵。

由 p 个变量的观测矩阵计算样本协方差阵 S，把它作为协方差阵 Σ 的估计，因此要建立实际问题的因子分析的具体模型，关键是根据样本数据估计载荷矩阵 A 和特殊因子的方差 σ_i^2。常用的估计方法有很多，这里主要介绍主成分分析法和主因子法。

1. 主成分分析法

设随机向量 $X = (X_1, X_2, \cdots, X_p)'$ 的协方差阵为 Σ，X 已作了标准化变换，因此 $R = \Sigma$，$\lambda_1 \geqslant \lambda_2 \geqslant \cdots \geqslant \lambda_p \geqslant 0$ 为 Σ 的特征值，$U_1, U_2, \cdots, U_p$ 为相应的单位正交特征向量。

根据线性代数知识，Σ 可分解为

$$
\Sigma = U \begin{bmatrix}
\lambda_1 & & 0 \\
& \ddots & \\
0 & & \lambda_P
\end{bmatrix} U' = \lambda_1 U_1 U_1' + \lambda_2 U_2 U_2' + \cdots + \lambda_p U_p U_p' = \sum_{i=1}^{p} \lambda_i U_i U_i'
$$

$$
= \begin{pmatrix} \sqrt{\lambda_1} U_1 & \sqrt{\lambda_2} U_2 & \cdots & \sqrt{\lambda_p} U_p \end{pmatrix} \begin{bmatrix}
\sqrt{\lambda_1} U_1 \\
\sqrt{\lambda_2} U_2 \\
\vdots \\
\sqrt{\lambda_p} U_p
\end{bmatrix}
$$

其中，$U = (U_1, U_2, \cdots, U_p)$。

上式的分解式恰是公共因子个数与变量个数一样多，且特殊因子的方差为 0 时，因子模型中协方差阵的结构。

因为这时因子模型为：$X = AF$，其中 $D(F) = I$，所以 $D(X) = D(AF) = AD(F)A' = AA'$，即 $\Sigma = AA'$。由分解式可以看出，因子载荷阵 A 的第 j 列元素为 $\sqrt{\lambda_j} U_j$，也就是说除常数 $\sqrt{\lambda_j}$ 外，第 j 列因子载荷恰是第 j 个主成分的系数 U_j，因此称为主成分分析法。

上面给出 Σ 的表达式是精确的，但实际应用时总是希望公共因子的个数小于变量的个数，即 $m < p$，当最后 $p - m$ 个特征值较小时，通常是略去最后 $p - m$ 个公共因子对 Σ 的贡献，于是得到

$$\Sigma \approx \left(\begin{array}{cccc} \sqrt{\lambda_1}U_1 & \sqrt{\lambda_2}U_2 & \cdots & \sqrt{\lambda_m}U_m \end{array} \right) \left[\begin{array}{c} \sqrt{\lambda_1}U_1 \\ \sqrt{\lambda_2}U_2 \\ \vdots \\ \sqrt{\lambda_m}U_m \end{array} \right] = AA'$$

即

$$A = \left(\begin{array}{cccc} U_1 & U_2 & \cdots & U_m \end{array} \right) \left[\begin{array}{cccc} \sqrt{\lambda_1} & 0 & \cdots & 0 \\ 0 & \sqrt{\lambda_2} & \cdots & 0 \\ \vdots & \vdots & & \vdots \\ 0 & 0 & \cdots & \sqrt{\lambda_m} \end{array} \right]$$

$$= \left(\begin{array}{cccc} \sqrt{\lambda_1}U_1 & \sqrt{\lambda_2}U_2 & \cdots & \sqrt{\lambda_m}U_m \end{array} \right) \tag{7.6}$$

式 (7.6) 假定了因子模型中特殊因子是不重要的，因而从 Σ 的分解中忽略掉特殊因子的方差。

如果考虑了特殊因子，则协方差阵为

$$\Sigma = AA' + D_\varepsilon = \left(\begin{array}{cccc} \sqrt{\lambda_1}U_1 & \sqrt{\lambda_2}U_2 & \cdots & \sqrt{\lambda_m}U_p \end{array} \right) \left[\begin{array}{c} \sqrt{\lambda_1}U_1 \\ \sqrt{\lambda_2}U_2 \\ \vdots \\ \sqrt{\lambda_p}U_p \end{array} \right] + \left[\begin{array}{ccc} \sigma_1^2 & & 0 \\ & \ddots & \\ 0 & & \sigma_p^2 \end{array} \right]$$

当 Σ 未知时，可用样本协方差阵 S 代替，注意这时要对数据进行标准化处理，处理后的 S 与相关阵 R 相同，仍然作上面的表示。

具体计算时，一般取前 m 个特征值所对应的因子载荷矩阵 A 的前 m 个列向量组成的矩阵作为因子载荷矩阵。确定公共因子的个数有两种方法：一是根据具体问题的专业理论来确定；二是利用主成分分析中选取主成分个数的方法来确定。

2. 主因子法

主因子法的基本思想是使用多元相关系数的平方作为对公因子方差的初始估计。初始估计公因子方差时多元相关系数的平方置于对角线上。这些因子载荷用于估计新公因子方差，替换对角线上前一次的公因子方差估计。这样的迭代持续到本次到下一次迭代结果公因子方差的变化满足提取因子的收敛条件（解稳定）。

主因子法是对主成分分析法的一种修正，假设原始变量经过数据标准化变换。如果随机向量 X 满足因子模型，则有

$$R = AA' + D_\varepsilon$$

其中，R 为 X 的相关阵，令

$$R^* = R - D_\varepsilon = AA' \tag{7.7}$$

称 R^* 为约相关阵。这时 R^* 中的对角线元素是共同度 h_i^2，而不是 1，非对角线元素和 R 中的元素完全相同，并且 R^* 也是一个非负定矩阵。

设 $\hat{\sigma}_i^2$ 是特殊因子方差 σ_i^2 的一个初始估计值，则约相关阵可估计为

$$\hat{R}^* = \hat{R} - \hat{D}_\varepsilon = \begin{bmatrix} \hat{h}_1^2 & r_{12} & \cdots & r_{1p} \\ r_{21} & \hat{h}_2^2 & \cdots & r_{2p} \\ \vdots & \vdots & & \vdots \\ r_{p1} & r_{p2} & \cdots & \hat{h}_p^2 \end{bmatrix}$$

其中，$\hat{R} = (r_{ij})$，$\hat{D}_\varepsilon = \mathrm{diag}(\hat{\sigma}_1^2, \hat{\sigma}_2^2, \cdots, \hat{\sigma}_p^2)$，$\hat{h}_i^2 = 1 - \hat{\sigma}_i^2$ 是 h_i^2 的初始估计值。

又设 $\hat{R}^*$ 的前 m 个特征值依次为 $\hat{\lambda}_1^* \geqslant \hat{\lambda}_2^* \geqslant \cdots \geqslant \hat{\lambda}_m^* > 0$，相应的单位正交特征向量为 $\hat{U}_1^*, \hat{U}_2^*, \cdots, \hat{U}_m^*$，则 A 的主因子解为

$$\hat{A} = \left(\sqrt{\hat{\lambda}_1^*}\hat{U}_1^* \quad \sqrt{\hat{\lambda}_2^*}\hat{U}_2^* \quad \cdots \quad \sqrt{\hat{\lambda}_m^*}\hat{U}_m^* \right) \tag{7.8}$$

由此可以重新估计特殊方差，σ_i^2 的最终估计值为

$$\hat{\sigma}_i^2 = 1 - \hat{h}_i^2 = 1 - \sum_{j=1}^{m} \hat{a}_{ij}^2, \quad i = 1, 2, \cdots, p \tag{7.9}$$

在实际应用中，特殊因子的方差 σ_i^2 和共同度 h_i^2 是未知的，以上得到的解是近似解。为了得到拟合程度更好的解，则可以使用迭代的方法，即利用式 (7.9) 中的 $\hat{\sigma}_i^2$ 再作为特殊因子方差的初始估计值，重复上述步骤，直至得到稳定解。

因为特殊因子方差 $\sigma_i^2 = 1 - h_i^2$，故求特殊因子方差 σ_i^2 的初始估计等价于求共同度 h_i^2 的初始估计。下面介绍共同度 h_i^2 常用的初始估计的几种方法。

（1）h_i^2 取为第 i 个变量与其他 $p-1$ 个变量的多重相关系数的平方。

（2）h_i^2 取为第 i 个变量与其他 $p-1$ 个变量的多重相关系数绝对值的最大值，即 $\hat{h}_i^2 = \max\limits_{j \neq i} |r_{ij}|$。

（3）取 $\hat{h}_i^2 = 1$，它等价于主成分解。

主因子法的求解步骤如下。

（1）给出共同度 h_i^2 的初步估计值 $\hat{h}_i^2$。

（2）求出约化相关阵。计算 $\hat{\sigma}_i^2 = 1 - \hat{h}_i^2$，再计算出 $\hat{R}^* = \hat{R} - \hat{D}_\varepsilon$。

（3）求出约化相关阵 $\hat{R}^*$ 的特征根和特征向量，得主因子解为

$$\hat{A} = \left(\sqrt{\hat{\lambda}_1^*}\hat{U}_1^* \quad \sqrt{\hat{\lambda}_2^*}\hat{U}_2^* \quad \cdots \quad \sqrt{\hat{\lambda}_m^*}\hat{U}_m^* \right)$$

（4）求出 $\hat{\sigma}_i^2 = 1 - \hat{h}_i^2 = 1 - \sum\limits_{j=1}^{m} \hat{a}_{ij}^2$ 的估计，用估计值代替步骤（2）中的 $\hat{\sigma}_i^2$。直到 $\hat{A}$，$\hat{\sigma}_i^2$ 的估计达到稳定。

7.4 因子旋转

1. 因子旋转的概念

　　因子分析的目标之一就是要对提取的抽象因子的实际含义进行合理的解释，进行这种解释通常需要一定的专业知识和经验，要对每个公共因子给出具有实际意义的一种名称，用它来反映这个公共因子对每个原始变量的重要性（在数量上表现为相应的载荷大小）。有时直接根据特征根、特征向量求解的因子载荷难以看出公共因子的含义，因此需要对其进行变换。公共因子的解释带有一定的主观性，常常通过旋转公共因子的方法来减少这种主观性。例如，可能有些变量在多个公共因子上都有较大的载荷，有些公共因子对大部分变量的载荷都不小，说明它对多个变量都有较明显的影响作用。这种因子模型反而是不利于突出主要矛盾和矛盾的主要方面的，也难对因子的实际背景进行合理的解释。这就需要通过某种方法使每个变量仅在一个公共因子上有较大的载荷，而在其余的公共因子上的载荷比较小，至多达到中等大小。这时对于公共因子而言（载荷矩阵的每一列），它在部分变量上载荷较大，在其他变量上载荷较小，使同一列上的载荷尽可能地靠近 1 或 0，两极分离。这时就突出了每个公共因子和载荷较大的那些变量的联系，该公共因子的含义也就可以通过这些载荷较大的变量做出合理的解释与说明，这样也显示出该公共因子的主要性质。

　　因子旋转的目的就是使每个变量在尽可能少的因子上有比较高的载荷，让某个变量在某个因子上的载荷趋于 1，而在其他因子上的载荷趋于 0；要求每一列上的载荷大部分为很小的值，每一列只有少量的或最好只有一个较大的载荷值；每两列中大载荷与小载荷的排列模式应该不同。

　　因子旋转的方法有正交旋转和斜交旋转两类，这里重点介绍正交旋转。对公共因子作正交旋转相当于对载荷矩阵 A 作一正交变换，右乘正交矩阵 T，使 AT 能有更鲜明的实际意义。旋转后的公共因子向量为 $F^* = T'F$，它的各个分量也是互不相关的公共因子，它的几何意义是在 m 维空间上对原因子轴作一次旋转。正交矩阵 T 的不同选取方法构成了正交旋转的各种不同方法，在这些方法中使用最普遍的是最大方差旋转法，下面就介绍这种方法。

　　令
$$A^* = AT = (a_{ij}^*),\ d_{ij} = a_{ij}^*/h_i$$

$$\bar{d}_j = \frac{1}{p}\sum_{i=1}^{p} d_{ij}^2 \tag{7.10}$$

则 A^* 的第 j 列元素平方的相对方差可定义为

$$V_j = \frac{1}{p}\sum_{i=1}^{p}(d_{ij}^2 - \bar{d}_j)^2 \tag{7.11}$$

　　以上用 a_{ij}^* 除以 h_i 是为了消除公共因子对各原始变量的方差贡献不同的影响，选择除数 h_i 是由于正交旋转不改变共性方差（因 $A^*(A^*)' = ATT'A' = AA'$），取 d_{ij}^2 是为了消

除 d_{ij} 符号不同的影响。最大方差旋转法就是选择正交矩阵 T，使得矩阵 A^* 所有 m 个列元素平方的相对方差之和

$$V = V_1 + V_2 + \cdots + V_m$$

达到最大。

2. 两公共因子的方差最大正交旋转

当 $m = 2$ 时，设已求出的因子载荷矩阵为

$$A = \begin{bmatrix} a_{11} & a_{12} \\ a_{21} & a_{22} \\ \vdots & \vdots \\ a_{p1} & a_{p2} \end{bmatrix}$$

现选取正交变换矩阵 T 进行因子旋转，T 可以表示为

$$T = \begin{bmatrix} \cos\varphi & -\sin\varphi \\ \sin\varphi & \cos\varphi \end{bmatrix}$$

其中，φ 为坐标平面上因子轴按逆时针旋转的角度，只要求出 φ，也就求出了 T。

$$A^* = AT = \begin{bmatrix} a_{11}\cos\varphi + a_{12}\sin\varphi & -a_{11}\sin\varphi + a_{12}\cos\varphi \\ \vdots & \vdots \\ a_{p1}\cos\varphi + a_{p2}\sin\varphi & -a_{p1}\sin\varphi + a_{p2}\cos\varphi \end{bmatrix} = \begin{bmatrix} a_{11}^* & a_{12}^* \\ \vdots & \vdots \\ a_{p1}^* & a_{pp}^* \end{bmatrix}$$

$$d_{ij} = a_{ij}^*/h_i, \quad i = 1, 2, \cdots, p; j = 1, 2$$

$$\bar{d}_j = \frac{1}{p}\sum_{i=1}^{p} d_{ij}^2, \quad j = 1, 2$$

根据式 (7.10) 和式 (7.11) 即可求得 A^* 的各列元素平方的相对方差之和 V。

$$V_j = \frac{1}{p}\sum_{i=1}^{p}\left(\frac{a_{ij}^{*2}}{h_i^2}\right)^2 - \left(\frac{1}{p}\sum_{i=1}^{p}\frac{a_{ij}^{*2}}{h_i^2}\right)^2, \quad j = 1, 2$$

$$V = V_1 + V_2$$

显然 V 是旋转角度 φ 的函数，求旋转角度 φ 使得 V 达到最大。由微积分中求极值的方法，将 V 对 φ 求导，并令其等于零，可以得到。

令

$$\frac{\partial V}{\partial \varphi} = 0$$

得

$$\tan 4\varphi = \frac{D - 2AB/p}{C - (A^2 - B^2)/p} \tag{7.12}$$

其中
$$A = \sum_{i=1}^{p} \mu_i, \quad B = \sum_{i=1}^{p} v_i, \quad C = \sum_{i=1}^{p} \left(\mu_i^2 - v_i^2 \right), \quad D = 2\sum_{i=1}^{p} \mu_i v_i$$

$$\mu_i = \left(\frac{a_{i1}}{h_i} \right)^2 - \left(\frac{a_{i2}}{h_i} \right)^2, \quad v_i = 2\frac{a_{i1}a_{i2}}{h_i^2}$$

根据式 (7.12) 分子、分母的符号来确定旋转角度 φ 的取值范围如表 7.2 所示。

表 7.2　旋转角度 φ 的取值范围

分子符号	分母符号	4φ 取值范围	φ 取值范围
+	+	$0 \sim \pi/2$	$0 \sim \pi/8$
+	−	$\pi/2 \sim \pi$	$\pi/8 \sim \pi/4$
−	+	$-\pi \sim -\pi/2$	$-\pi/4 \sim -\pi/8$
−	−	$-\pi/2 \sim 0$	$-\pi/8 \sim 0$

3. 多因子的方差最大正交旋转

当 $m > 2$ 时，可以逐次对每两个公共因子进行上述旋转。对公共因子 F_l 和 F_k 进行旋转，就是对 A 的第 l 列和第 k 列进行正交变换，使这两列元素平方的相对方差之和达到最大，其余各列不变，其正交变换矩阵为

$$T_{lk} = \begin{bmatrix} 1 & & & & & & & & & & \\ & \ddots & & & & & & & & & \\ & & 1 & & & & & & & & \\ & & & \cos\varphi & & & & -\sin\varphi & & & \\ & & & & 1 & & & & & & \\ & & & & & \ddots & & & & & \\ & & & & & & 1 & & & & \\ & & & \sin\varphi & & & & \cos\varphi & & & \\ & & & & & & & & 1 & & \\ & & & & & & & & & \ddots & \\ & & & & & & & & & & 1 \end{bmatrix} \begin{matrix} \\ \\ \\ l \\ \\ \\ \\ k \\ \\ \\ \\ \end{matrix}$$

$$\phantom{T_{lk} = }\quad\quad\quad l \qquad\qquad\qquad k$$

其中，φ 为因子轴 F_l 和 F_k 的旋转角度，矩阵中其余位置上的元素全为 0。

由于有 m 个公共因子，每次取两个因子进行旋转，全部配对旋转需要进行 $c_m^2 = \dfrac{m(m-1)}{2}$ 次，全部旋转完毕算一次循环，并将第一轮旋转后的因子载荷矩阵记为 $A^{(1)}$。如果循环完毕得出的因子载荷阵还没达到目的，则可以继续进行第二轮配对旋转，新的因子载荷矩阵记为 $A^{(2)}$，如此不断重复旋转，可得一系列因子载荷矩阵 $A^{(1)}, A^{(2)}, \cdots, A^{(s)}$。

记 $V^{(s)}$ 为 $A^{(s)}$ 各列元素平方的相对方差之和，则得到 V 值是一个升序列：

$$V^{(1)} \leqslant V^{(2)} \leqslant V^{(3)} \leqslant \cdots \leqslant V^{(s)} \leqslant \cdots$$

这是一个有界的单调数列，因此一定会收敛到某一个极限。实际应用中，经过若干次旋转之后，相对方差 $V^{(s)}$ 改变不大时，即可停止旋转。

7.5　因子得分

在因子分析中通过样本矩阵估计出了公共因子个数 m、因子载荷矩阵 A 及特殊方差矩阵 D_ε，并试图对公共因子 $F_1, F_2, \cdots, F_m$ 进行合理的解释，即给出具有实际意义的名称。但有时要求把公共因子表示成变量的线性组合。

因子分析的数学模型是将变量（或样品）表示为公共因子的线性组合：

$$X_i = a_{i1}F_1 + a_{i2}F_2 + \cdots + a_{im}F_m + \varepsilon_i, \quad i = 1, 2, \cdots, p$$

由于公共因子能反映原始变量的相关关系，用公共因子代表原始变量时，有时更有利于描述研究对象的特征，因而往往需要反过来将公共因子表示为变量（或样品）的线性组合，即

$$F_i = b_{i1}X_1 + b_{i2}X_2 + \cdots + b_{ip}X_p, \quad i = 1, 2, \cdots, m$$

称为因子得分函数，用它来计算每个样本的公共因子得分。

由于因子得分函数中方程的个数 m 小于变量的个数 p，因此不能精确计算出因子得分，只能对因子得分进行估计。

估计因子得分的方法很多，下面介绍因子得分的几种常用的方法：加权最小二乘法（巴特利特因子得分）、回归法等。

1. 加权最小二乘法

把一个个体的 p 个变量的取值 X 当作因变量，把求因子解中得到的 A 作为自变量数据矩阵，对于这个个体在公因子上的取值 F，当作未知参数，而特殊因子的取值看作误差，于是可以得到线性回归模型 $X = AF + \varepsilon$，则称未知参数 F 为取值 X 的因子得分。

假设 X 满足正交因子模型

$$X = AF + \varepsilon$$

假定因子载荷矩阵 A 和特殊因子方差 σ^2 已知，把特殊因子 ε 看作误差，$\mathrm{Var}(\varepsilon_i) = \sigma_i^2 \ (i = 1, 2, \cdots, p)$ 一般是不相等的，因此用加权最小二乘法估计公共因子 F 的值。

用误差方差的倒数作为权重的误差平方和：

$$\sum_{i=1}^{p} \frac{\varepsilon_i^2}{\sigma_i^2} = \varepsilon D^{-1} \varepsilon' = (X - AF)D^{-1}(X - AF)' = \sum_{i=1}^{p} (X_i - (a_{i1}F_1 + a_{i2}F_2 + \cdots + a_{im}F_m))^2 / \sigma_i^2$$

$$\tag{7.13}$$

在式 (7.13) 中，A, D 已知，X 为可观测的变量，因此求 F，使其达到最小。

令
$$(X - AF)D^{-1}(X - AF)' = \varphi(F)$$

由微积分中求极值的方法，将 $\varphi(F)$ 对 F 求导，并令其等于零，可以得到。

令
$$\frac{\partial \varphi(F)}{\partial F} = 0$$

可得 F 的估计值 $\hat{F} = (A'D^{-1}A)^{-1}A'D^{-1}X$。这就是因子得分的加权最小二乘法。

若将 F 和 ε 不相关的假设加强为相互独立，则在 F 值已知的条件下，可得因子得分 $\hat{F}$ 的条件数学期望

$$E(\hat{F}/F) = \left(A'D^{-1}A\right)^{-1} A'D^{-1}E(AF + \varepsilon/F) = \left(A'D^{-1}A\right)^{-1} A'D^{-1}AF = F$$

因此，从条件意义上来说，加权最小二乘的因子得分 $\hat{F}$ 是无偏的。

2. 回归法

在最小二乘法意义下对因子得分函数进行估计，记建立的公共因子 F 对变量 X 满足回归方程

$$F_i = b_{i1}X_1 + b_{i2}X_2 + \cdots + b_{ip}X_p = BX, \quad i = 1, 2, \cdots, m \tag{7.14}$$

下面估计式 (7.14) 中的回归系数 $b_{i1}, b_{i2}, \cdots, b_{ip}$。

因为因子得分 F_j 的值是待估的，所以利用样本值可得因子载荷矩阵 $A = (a_{ij})_{p \times m}$。由因子载荷矩阵的意义知：

$$a_{ij} = E(X_iF_j) = E(X_i(b_{j1}X_1 + b_{j2}X_2 + \cdots + b_{jp}X_p)) = b_{j1}E(X_iX_1) + \cdots + b_{jp}E(X_iX_p)$$

$$= b_{j1}r_{i1} + \cdots + b_{jp}r_{ip}, \quad i = 1, 2, \cdots, p; j = 1, 2, \cdots, m$$

写成矩阵的形式为

$$RB = A$$

因此 B 的最小二乘估计为

$$B = R^{-1}A$$

把 B 的最小二乘估计代入式 (7.14)，得因子得分的估计为

$$\hat{F} = R^{-1}AX = (AA' + D)^{-1}AX$$

这就是回归法估计因子得分的计算公式，也称为汤姆森因子得分。

7.6 变量间的相关性检验

由前面的分析可知，进行因子分析的前提就是要保证观测变量 $X_1, X_2, \cdots, X_p$ 之间具有相关性。如果相关系数矩阵中大部分相关系数都小于 0.3 且未通过统计检验，那么这些变量就不适合做因子分析。也就是说如果相关性较低，则它们不可能共享公共因子，只有相关性较高时，才适合作因子分析。常用的相关性检验方法有反映像相关矩阵检验（anti-image correlation matrix）、巴特利特球度检验（Bartlett test of sphericity）、KMO(Kaiser-Meyer-Olkin) 检验。

1. 巴特利特球度检验

巴特利特球度检验是通过对相关系数矩阵的检验来判定是否适合作因子分析。

检验假设 H_0：相关系数矩阵是一个单位阵。

检验的统计量根据相关系数矩阵的行列式计算得到。如果该统计量值比较大，使得巴特利特统计值的显著性概率小于等于 α，则拒绝原假设 H_0，认为相关系数矩阵不太可能是单位阵，适合作因子分析；反之，接受原假设 H_0，可以认为相关系数矩阵可能是单位阵，不适合作因子分析。

2. 反映像相关矩阵检验

反映像相关矩阵：将偏相关系数矩阵的每个元素取相反数（即乘以 -1）；由于偏相关系数是在控制了其他变量对两变量影响的条件下计算出来的净相关系数，如果变量之间确实存在较强的相互重叠传递影响，即如果变量中确实能够提取出公共因子，那么控制了这些影响后的偏相关系数必然很小，因此，如果反映像相关矩阵中的有关元素的绝对值比较大，则说明这些变量可能不适合作因子分析。

3. KMO 检验

KMO 统计量是用于比较变量间简单相关系数和偏相关系数的一个指标，计算公式如下：

$$\mathrm{KMO} = \frac{\sum\limits_{i \neq j}\sum r_{ij}^2}{\sum\limits_{i \neq j}\sum r_{ij}^2 + \sum\limits_{i \neq j}\sum p_{ij}^2}$$

式中，r_{ij} 是变量和变量之间的简单相关系数；p_{ij} 是它们之间的偏相关系数。

KMO 统计量的取值在 0 和 1 之间，KMO 越接近于 1，则越适合作因子分析。当所有变量间的简单相关系数平方和远远大于偏相关系数平方和时，KMO 值接近 1。KMO 值越接近于 1，意味着变量间的相关性越强，原有变量越适合作因子分析；当所有变量间的简单相关系数平方和接近 0 时，KMO 值接近 0。KMO 值越接近 0，意味着变量间的相关性越弱，原有变量越不适合作因子分析。

Kaiser 给出了常用的 KMO 度量标准：0.9 以上表示非常适合；0.8~0.9 表示很适合；0.7~0.8 表示适合；0.6~0.7 表示一般；0.5~0.6 表示不太适合；0.5 以下表示极不适合。

综上所述，可得因子分析求解的基本步骤如下。

（1）进行变量之间的相关性检验，确认待分析的这些变量是否适合作因子分析。然后将原始数据进行标准化处理。

（2）建立变量 X 的相关系数矩阵 $R = (r_{ij})$：

$$r_{ij} = \frac{\sum\limits_{k=1}^{n}(x_{ki} - \bar{x}_i)(x_{kj} - \bar{x}_j)}{\sqrt{\sum\limits_{k=1}^{n}(x_{ki} - \bar{x}_i)^2}\sqrt{\sum\limits_{k=1}^{n}(x_{kj} - \bar{x}_j)^2}} = \frac{1}{n}\sum\limits_{k=1}^{n}x_{ki}x_{kj}$$

若作 Q 型因子分析，则建立样品的相似系数矩阵 Q。

（3）求相关系数矩阵 R 的特征值及相应的单位正交特征向量

特征根记为

$$\lambda_1 \geqslant \lambda_2 \geqslant \cdots \geqslant \lambda_p$$

相应的单位正交特征向量记为

$$u_1, u_2, \cdots, u_p$$

正交矩阵为

$$U = \begin{bmatrix} u_{11} & u_{12} & \cdots & u_{1p} \\ u_{21} & u_{22} & \cdots & u_{2p} \\ \vdots & \vdots & & \vdots \\ u_{p1} & u_{p2} & \cdots & u_{pp} \end{bmatrix}$$

并根据累计贡献率的要求，取前 m 个特征值及相应的单位正交特征向量，使累计贡献率达到 80%~90%，写出因子载荷矩阵：

$$A = \begin{bmatrix} a_{11} & a_{12} & \cdots & a_{1m} \\ a_{21} & a_{22} & \cdots & a_{2m} \\ \vdots & \vdots & & \vdots \\ a_{p1} & a_{p2} & \cdots & a_{pm} \end{bmatrix} = \begin{bmatrix} u_{11}\sqrt{\lambda_1} & u_{12}\sqrt{\lambda_2} & \cdots & u_{1m}\sqrt{\lambda_m} \\ u_{21}\sqrt{\lambda_1} & u_{22}\sqrt{\lambda_2} & \cdots & u_{2m}\sqrt{\lambda_m} \\ \vdots & \vdots & & \vdots \\ u_{p1}\sqrt{\lambda_1} & u_{p2}\sqrt{\lambda_2} & \cdots & u_{pm}\sqrt{\lambda_m} \end{bmatrix}$$

（4）对 A 施行最大正交旋转，并对公共因子进行解释。

（5）计算因子得分。

7.7 实 例 分 析

实例 7.1 我国 31 个省（自治区、直辖市）2020 年经济发展基本情况的七项指标，X_1：地区生产总值；X_2：居民人均消费支出；X_3：固定资产投资；X_4：职工平均工资；X_5：居民消费价格指数；X_6：商品零售价格指数；X_7：工业增加值；试对其进行因子分析。具体数据如表 7.3 所示。

表 7.3 **2020 年我国 31 个省（自治区、直辖市）经济发展基本情况**

地区	X_1/亿元	X_2/元	X_3/亿元	X_4/元	X_5	X_6	X_7/亿元
北京	36102.55	38903	7890.07	185026	101.7	101.0	4216.5
天津	14083.73	28461	12502.17	118918	102.0	101.0	4188.1
河北	36206.89	18037	38773.57	79964	102.1	101.4	11545.9
山西	17651.93	15733	7718.38	77364	102.9	10.9	6733.9
内蒙古	17359.82	19794	10569.70	87916	101.9	10.5	5547.5
辽宁	25114.96	20672	7139.32	82223	102.4	101.1	7938.1
吉林	12311.32	17318	12234.12	81050	102.3	100.7	3501.2

续表

地区	X_1/亿元	X_2/元	X_3/亿元	X_4/元	X_5	X_6	X_7/亿元
黑龙江	13698.50	17056	11851.03	78972	102.3	101.5	3144.0
上海	38700.58	42536	8837.48	174678	101.7	100.9	9656.5
江苏	102718.98	26225	59251.06	106034	102.5	101.8	37744.9
浙江	64613.34	31295	39393.29	111722	102.3	101.2	22654.4
安徽	38680.63	18877	37563.40	89381	102.7	101.6	11662.2
福建	43903.89	25126	31067.18	91072	102.2	101.3	15745.5
江西	25691.50	17955	28991.32	80503	102.6	101.6	8952.7
山东	73129.00	20940	54533.88	90661	102.8	102.0	23111.0
河南	54997.07	16143	54183.09	71351	102.8	100.9	17772.0
湖北	43443.46	19246	32180.99	87782	102.7	102.2	14249.8
湖南	41781.49	20998	41647.47	82356	102.3	101.3	12363.5
广东	110760.94	28492	49786.15	110324	102.6	100.8	38903.9
广西	22156.69	16357	25915.32	86111	102.8	101.4	5221.2
海南	5532.39	18972	3641.95	89642	102.3	101.6	536.3
重庆	25002.79	21678	20607.76	98380	102.3	102.2	6990.8
四川	48598.76	19783	39248.55	91928	103.2	102.7	13428.7
贵州	17826.56	14874	18713.26	94276	12.6	101.6	4602.7
云南	24521.90	16792	24694.35	98287	103.6	102.4	5458.0
西藏	1902.74	13225	2238.33	126226	102.2	102.0	145.2
陕西	26181.86	17418	28059.12	87054	102.5	101.9	8860.1
甘肃	9016.70	16175	6435.77	83392	102.0	101.3	2289.0
青海	3005.92	18284	3841.60	104157	12.6	102.4	785.9
宁夏	3920.55	17506	2845.11	101827	101.5	10.6	1283.7
新疆	13797.58	16512	10770.26	88782	101.5	100.6	3633.3

解　首先对数据进行标准化处理,然后计算相关系数矩阵,具体的相关系数矩阵计算如表 7.4 所示。

表 7.4　相关系数矩阵

	X_1	X_2	X_3	X_4	X_5	X_6	X_7
X_1	1.0000						
X_2	0.4331	1.0000					
X_3	0.8530	0.0799	1.0000				
X_4	0.1062	0.8103	−0.2398	1.0000			
X_5	0.2674	−0.3554	0.4628	−0.3986	1.0000		
X_6	0.0432	−0.2428	0.2242	−0.0961	0.6300	1.0000	
X_7	0.9825	0.3440	0.8488	−0.0017	0.2671	0.0260	1.0000

通过相关系数矩阵,计算其特征根和累计贡献率如表 7.5 所示。

表 7.5   特征根和累计贡献率

成分	相关矩阵特征值			各主成分的贡献率和累计贡献率		
	特征值	方差的贡献率/%	累计贡献率/%	特征值	方差的贡献率/%	累计贡献率/%
1	3.073	43.894	43.894	3.073	43.894	43.894
2	2.352	33.600	77.494	2.352	33.600	77.494
3	1.071	15.304	92.798	1.071	15.304	92.798
4	0.279	3.992	96.790			
5	0.117	1.668	98.457			
6	0.101	1.442	99.899			
7	0.007	0.101	100.000			

由于前三个特征根的累计贡献率已达 92.798%，故取前三个特征根建立因子载荷阵如表 7.6 所示。

表 7.6   因子载荷阵

指标	因子载荷		
	1	2	3
X_1	0.953	0.266	-0.088
X_2	0.246	0.895	0.266
X_3	0.939	-0.122	-0.147
X_4	-0.074	0.818	0.528
X_5	0.506	-0.680	0.333
X_6	0.262	-0.544	0.742
X_7	0.945	0.198	-0.177

将因子载荷阵进行方差最大正交旋转，得正交因子矩阵如表 7.7 所示。

表 7.7   正交因子矩阵

指标	因子载荷		
	1	2	3
X_1	0.958	0.202	0.054
X_2	0.288	0.895	-0.219
X_3	0.920	-0.150	0.220
X_4	-0.095	0.970	-0.062
X_5	0.309	-0.351	0.781
X_6	-0.010	-0.014	0.956
X_7	0.977	0.096	0.021

将七个指标按高载荷分成三类，并结合专业知识对各因子进行命名，如表 7.8 所示。

表 7.8　因子命名

	高载荷指标	因子命名
1	X_1 X_3 X_7	投入与产出因子
2	X_2 X_4	职工收入与消费因子
3	X_5 X_6	价格因子

实例 7.2　对我国 30 个省（自治区、直辖市）（不含西藏和港澳台）2020 年农业生产情况进行因子分析。取六项指标 X_1：乡村就业人员数；X_2：人均农作物播种面积；X_3：人均固定资产投资；X_4：农村居民可支配收入；X_5：人均农业产值；X_6：增加值占 GDP 的比重。具体数据如表 7.9 所示。

表 7.9　2020 年我国 30 个省（自治区、直辖市）农业生产情况数据

地区	X_1/万人	X_2/（亩/人）	X_3/（元/人）	X_4/（元/人）	X_5/（元/人）	X_6/%
北京	146	1.01	5657.53	30125.7	7369.86	0.3
天津	109	5.77	1366.97	25690.6	20990.83	1.5
河北	1572	7.72	1699.75	16467.0	21713.10	10.7
山西	736	7.22	1663.04	13878.0	14618.21	5.4
内蒙古	458	29.09	3150.66	16566.9	37096.07	11.7
辽宁	750	8.58	2781.33	17450.3	27424.00	9.1
吉林	533	17.31	2247.65	16067.0	23110.69	12.6
黑龙江	550	40.66	3943.64	16168.4	73529.09	25.1
上海	172	2.23	366.28	34911.3	8023.26	0.3
江苏	1412	7.94	1284.70	24198.5	29052.41	4.4
浙江	1102	2.74	6037.21	31930.5	14464.61	3.4
安徽	1452	9.11	2746.56	16620.2	17392.56	8.2
福建	727	3.37	2841.82	20880.3	25009.63	6.2
江西	968	8.75	3537.19	16980.8	17457.64	8.7
山东	2164	7.55	3990.76	18753.2	23883.55	7.3
河南	2293	9.61	2227.65	16107.9	27234.19	9.7
湖北	1389	8.61	1979.12	16305.9	25143.99	9.5
湖南	1409	8.94	4190.21	16584.6	23880.77	10.1
广东	1621	4.12	2343.00	20143.4	23252.93	4.3
广西	1219	7.52	4803.94	14814.9	26815.42	16.0
海南	223	4.55	4434.98	16278.8	39228.70	20.5
重庆	576	8.78	1407.99	16361.4	27710.07	7.2
四川	2256	6.55	2733.16	15929.1	20841.76	11.4
贵州	915	8.98	2615.30	11642.3	30402.19	14.2
云南	1514	6.93	2881.77	12841.9	19169.09	14.7
陕西	870	7.17	3068.97	13316.5	32265.52	8.7
甘肃	713	8.27	1639.55	10344.3	19969.14	13.3
青海	109	7.86	4137.61	12342.5	17302.75	11.1
宁夏	124	14.20	6580.65	13889.4	32088.71	8.6
新疆	591	15.94	3348.56	14056.1	49683.59	14.4

解 首先对数据进行标准化处理，然后计算相关系数矩阵，具体的相关系数矩阵计算如表 7.10 所示。

表 7.10   相关系数矩阵

	X_1	X_2	X_3	X_4	X_5	X_6
X_1	1.0000					
X_2	−0.1599	1.0000				
X_3	−0.1463	0.0882	1.0000			
X_4	−0.1602	−0.3332	−0.0007	1.0000		
X_5	−0.1082	0.7937	0.1439	−0.3751	1.0000	
X_6	0.0212	0.6133	0.1919	−0.6728	0.7279	1.0000

通过相关系数矩阵，计算其特征根和累计贡献率如表 7.11 所示。

表 7.11   特征根和累计贡献率

成分	相关矩阵特征值			各主成分的贡献率和累计贡献率		
	特征值	方差的贡献率/%	累计贡献率/%	特征值	方差的贡献率/%	累计贡献率/%
X_1	2.814	46.908	46.908	2.814	46.908	46.908
X_2	1.241	2.686	67.594	1.241	2.686	67.594
X_3	0.912	15.204	82.797	0.912	15.204	82.797
X_4	0.636	10.597	93.394			
X_5	0.243	4.057	97.451			
X_6	0.153	2.549	100.000			

由于前三个特征根对应的累计方差贡献率大于 80%，因此取前三个特征根建立的因子载荷阵如表 7.12 所示。

表 7.12   因子载荷阵

	成分		
	1	2	3
X_1	−0.074	−0.82	0.330
X_2	0.836	0.174	−0.276
X_3	0.214	0.531	0.813
X_4	−0.668	0.471	−0.163
X_5	0.890	0.128	−0.158
X_6	0.909	−0.132	−0.124

将因子载荷阵进行方差最大正交旋转，得正交因子矩阵如表 7.13 所示。

表 7.13   正交因子矩阵

	成分		
	1	2	3
X_1	−0.120	0.873	−0.100
X_2	0.868	−0.224	−0.035
X_3	0.072	−0.870	0.988
X_4	−0.636	−0.538	−0.027
X_5	0.902	−0.125	0.055
X_6	0.877	0.235	0.184

将六个指标按高载荷分成三类, 并结合专业知识对各因子进行命名, 如表 7.14 所示。

表 7.14　因子命名

	高载荷指标	因子命名
1	X_2	
	X_5	产出与效益因子
	X_4	
	X_6	
2	X_1	劳动力投入因子
3	X_3	资产投入因子

习　题

1. 试述因子分析与主成分分析的联系与区别。

2. 因子分析主要应用在哪些方面?

3. 在进行因子分析时为什么要进行因子旋转? 最大方差因子旋转的基本思想是什么?

4. 试对我国 31 个省(自治区、直辖市)2020 年城镇居民家庭平均每人全年消费性支出进行因子分析。其中城镇居民家庭平均每人全年消费性支出的八个指标分别为: X_1: 食品; X_2: 衣着; X_3: 居住; X_4: 家庭设备用品及服务; X_5: 交通和通信; X_6: 文教、娱乐用品及服务; X_7: 医疗保健; X_8: 其他商品和服务。具体数据如表 7.15 所示。

表 7.15　各地区城镇居民家庭平均每人全年消费性支出 (2020 年)　　　(单位: 元)

地区	X_1	X_2	X_3	X_4	X_5	X_6	X_7	X_8
北京	8751.4	1924.0	17163.1	2306.7	3020.7	3755.0	3925.2	880.0
天津	9122.2	7770.0	1860.4	1804.1	2530.6	2811.0	4045.7	950.7
河北	6234.6	1667.4	5996.0	1540.6	2412.2	1988.8	2798.3	529.6
山西	5304.4	1671.0	4452.3	1149.4	2150.2	2421.2	2687.2	496.3
内蒙古	6690.6	2123.5	5149.3	1472.9	2099.5	2039.8	3724.4	587.7
辽宁	7334.0	1717.8	5503.6	1372.7	2371.4	2595.2	3016.5	937.9
吉林	6040.8	1749.7	4597.2	1236.5	2187.7	2396.4	2770.2	644.7
黑龙江	6029.5	1615.0	4449.4	1142.1	1891.1	2350.7	2436.1	483.6
上海	11515.1	1763.5	16465.1	2177.5	3962.6	3188.7	4677.1	1089.9
江苏	8291.7	1768.0	9388.4	1809.0	2728.2	2173.7	3994.6	728.6
浙江	9913.7	2035.5	10664.7	2073.1	3449.7	2162.1	4987.6	910.5
安徽	7400.8	1548.9	5348.9	1358.6	2283.1	1637.6	2674.1	430.6
福建	9673.0	1443.5	9355.8	1519.3	2300.9	1773.8	3755.2	665.0
江西	6949.1	1354.5	5315.6	1233.9	2262.3	1724.3	2856.8	437.9
山东	7318.6	2012.5	5972.9	2148.7	3204.5	2298.1	3688.4	647.4
河南	5584.3	1620.0	4992.8	1413.8	2141.9	1899.3	2391.8	600.9
湖北	7112.4	1472.3	5774.3	1316.0	2040.8	1922.3	2852.5	394.8
湖南	7807.1	1778.4	5465.5	1708.7	3360.8	2350.5	3722.5	602.8
广东	10794.7	9457.9	1282.1	1895.3	2958.7	1748.6	4626.3	747.7
广西	7091.9	874.1	4645.1	1232.9	2181.1	1903.4	2601.8	376.2
海南	8896.1	896.8	5463.9	1140.0	2383.2	1668.3	2677.5	434.1
重庆	8618.8	1918.0	4970.8	1897.3	2648.3	2445.3	3290.8	675.1
四川	8741.1	1674.5	4951.4	1599.6	2253.0	2193.4	3052.2	668.1
贵州	6568.4	1436.0	3929.1	1319.7	2001.3	1706.6	3168.4	457.5
云南	6851.9	1434.4	5310.2	1486.7	2531.1	2317.7	4092.4	544.9
西藏	8637.7	2303.1	5855.3	1827.7	1015.1	1098.9	3621.1	568.4
陕西	6295.8	1649.8	4887.6	1622.3	2387.2	2608.4	2855.2	560.2

续表

地区	X_1	X_2	X_3	X_4	X_5	X_6	X_7	X_8
甘肃	7068.2	1859.4	5786.6	1662.0	2426.7	2090.5	3081.4	639.8
青海	6754.1	1770.5	5053.7	1509.6	2043.1	2524.6	4076.4	583.1
宁夏	6068.3	1776.3	4319.2	1383.5	2250.3	2267.3	3680.3	634.0
新疆	7194.3	1616.8	4483.1	1500.8	1778.2	2349.1	3413.5	615.9

数据来源：2021 年《中国统计年鉴》。

5. 试对中国 31 个省（自治区、直辖市）2019 年第三产业综合发展水平进行因子分析。选取了人均地区生产总值 (元)、人均第三产业增加值 (元)、第二产业占地区生产总值的比重、第三产业占地区生产总值的比重、第三产业法人单位数比重、城镇化水平 (%)、第三产业固定资产投资增长情况八项指标，具体数据如表 7.16 所示。

表 7.16　　2019 年我国第三产业综合发展水平数据

地区	人均地区生产总值/元	人均第三产业增加值/元	第二产业占地区生产总值的比重	第三产业占地区生产总值的比重	第三产业法人单位数比重	城镇化水平 /%	第三产业固定资产投资增长情况
北京	164220	137152	16.2	83.5	93.1	86.6	−2.3
天津	90371	57298	35.2	63.5	76.9	83.48	11.8
河北	46348	23694	38.7	51.3	66.8	57.62	11
山西	45724	23462	43.8	51.4	72.0	59.55	11.4
内蒙古	67852	33584	39.6	49.6	70.7	63.37	5.4
辽宁	57191	30332	38.3	53.0	72.6	68.11	2.6
吉林	43475	23429	35.2	53.8	72.7	58.27	−4.7
黑龙江	36183	18169	26.6	50.1	70.0	60.9	7.6
上海	157279	114301	27.0	72.7	84.4	88.3	3.8
江苏	123607	63277	44.4	51.3	68.9	70.61	6.3
浙江	107624	57586	42.6	54.0	69.9	70	10.3
安徽	58496	29627	41.3	50.8	69.8	55.81	10.6
福建	107139	48369	48.5	45.3	75.2	66.5	2.8
江西	53164	25204	44.2	47.5	68.8	57.42	9.2
山东	70653	37379	39.8	53.0	72.1	61.51	6.8
河南	56388	26990	43.5	48.0	75.1	53.21	9.0
湖北	77387	38672	41.7	50.0	76.1	61.0	13.4
湖南	57540	30584	37.6	53.2	76.2	57.22	7.0
广东	94172	51882	40.4	55.5	76.5	71.4	12.9
广西	42964	21718	33.3	50.7	75.6	51.09	12.0
海南	56507	33117	20.7	59	78.6	59.23	−11.9
重庆	75828	40197	40.2	53.2	74.1	66.8	4.4
四川	55774	29186	37.3	52.4	75.3	53.79	10.1
贵州	46433	23269	36.1	50.3	62.0	49.02	−3.0
云南	47944	25164	34.3	52.6	71.5	48.91	7.0
西藏	48902	26325	37.4	54.4	70.3	31.54	1.4
陕西	66649	30499	46.4	45.8	73.5	59.43	−0.4
甘肃	32995	18154	32.8	55.1	69.2	48.49	3.6
青海	48981	24742	39.1	50.7	68.8	55.52	−2.4
宁夏	54217	27105	42.3	50.3	70.2	59.86	−14.3
新疆	54280	27823	35.3	51.6	77.7	51.87	0.2

数据来源：2020 年《中国统计年鉴》、2020 年《中国第三产业统计年鉴》

第 8 章 对应分析

8.1 对应分析方法及其基本思想

对应分析是在 R 型和 Q 型因子分析的基础上发展起来的多元统计分析方法,又称为 R-Q 型因子分析,是近年新发展起来的一种多元相依变量统计分析技术,通过分析由定性变量构成的交互汇总表来揭示变量间的联系。可以揭示同一变量的各个类别之间的差异,以及不同变量各个类别之间的对应关系。主要应用在市场细分、产品定位、地质研究以及计算机工程等领域中。原因在于,它是一种视觉化的数据分析方法,它能够将几组看不出任何联系的数据,通过视觉上可以接受的定位图展现出来。

因子分析方法是用少数几个公共因子去提取研究对象的绝大部分信息,既减少了因子的数目,又把握住了研究对象的相互关系。在因子分析中根据研究对象的不同,又分为 R 型和 Q 型因子分析,如果研究变量间的相互关系,则采用 R 型因子分析;如果研究样品间的相互关系,则采用 Q 型因子分析。但 R 型和 Q 型因子分析都未能很好地揭示变量和样品间的双重关系。另外,当样品容量 n 很大时(如 $n > 1000$),进行 Q 型因子分析,计算 n 阶矩阵的特征值与特征向量,其计算机容量和计算速度都要求较高。进行数据处理时,为了将数量级相差很大的变量进行比较,常常是先对变量作标准化处理,然而这种标准化处理对样品就不好进行了,换言之,这种标准化处理对于变量和样品是非对等的,这给寻找 R 型和 Q 型因子分析之间的联系带来了一定的困难。

针对上述问题,20 世纪 70 年代初,法国统计学家 Benzecri 提出了对应分析方法,这个方法是在因子分析的基础上发展起来的,它对原始数据采用适当的变换,把 R 型和 Q 型因子分析结合起来,同时得到两方面的结果——在同一因子平面上对变量和样品同时进行分类,从而揭示所研究的样品和变量间的内在联系。

对应分析由 R 型因子分析的结果,可以很容易得到 Q 型因子分析的结果,这不仅克服了样品量大时作 Q 型因子分析所带来的计算上的困难,且把 R 型和 Q 型因子分析统一起来,把样品点和变量点同时反映到相同的因子轴上,这就便于对研究的对象进行解释和推断。

对应分析的基本思想:由于 R 型因子分析和 Q 型因子分析都是反映一个整体的不同侧面,因而它们之间存在内在的联系。对应分析就是利用对应变换后的标准化矩阵 Z 将二者有机地结合起来。具体地说,首先给出变量间的协方差阵 $S_R = Z'Z$ 和样品间的协方差阵 $S_Q = ZZ'$,由于 $S_R = Z'Z$ 和 $S_Q = ZZ'$ 有相同的非零特征根,记为 $\lambda_1 \geqslant \lambda_2 \geqslant \cdots \geqslant \lambda_m > 0$,$0 < m \leqslant \min(p, n)$,如果 S_R 的特征根 λ_i 对应的标准化特征向量为 v_i,则 S_Q 的特征根 λ_i 对应的标准化特征向量为

$$u_i = \frac{1}{\sqrt{\lambda_i}} v_i$$

由此可以很方便地由 R 型因子分析得到 Q 型因子分析的结果。

由 S_R 的特征根和标准化特征向量即可以写出 R 型因子分析的因子载荷矩阵（记为 A_R）和 Q 型因子分析的因子载荷矩阵（记为 A_Q）。

$$A_R = \begin{bmatrix} v_{11}\sqrt{\lambda_1} & v_{12}\sqrt{\lambda_2} & \cdots & v_{1m}\sqrt{\lambda_m} \\ v_{21}\sqrt{\lambda_1} & v_{22}\sqrt{\lambda_2} & \cdots & v_{2m}\sqrt{\lambda_m} \\ \vdots & \vdots & & \vdots \\ v_{p1}\sqrt{\lambda_1} & v_{p2}\sqrt{\lambda_2} & \cdots & v_{pm}\sqrt{\lambda_m} \end{bmatrix} = (\sqrt{\lambda_1}v_1, \sqrt{\lambda_2}v_2, \cdots, \sqrt{\lambda_m}v_m)$$

$$A_Q = \begin{bmatrix} u_{11}\sqrt{\lambda_1} & u_{12}\sqrt{\lambda_2} & \cdots & u_{1m}\sqrt{\lambda_m} \\ u_{21}\sqrt{\lambda_1} & u_{22}\sqrt{\lambda_2} & \cdots & u_{2m}\sqrt{\lambda_m} \\ \vdots & \vdots & & \vdots \\ u_{n1}\sqrt{\lambda_1} & u_{n2}\sqrt{\lambda_2} & \cdots & u_{nm}\sqrt{\lambda_m} \end{bmatrix} = (\sqrt{\lambda_1}u_1, \sqrt{\lambda_2}u_2, \cdots, \sqrt{\lambda_m}u_m)$$

由于 S_R 和 S_Q 具有相同的非零特征根，而这些特征根又正是各个公因子的方差，因此可以用相同的因子轴同时表示变量点和样品点，即把变量点和样品点同时反映在具有相同坐标轴的因子平面上，以便对变量点和样品点进行分类。

8.2 对应分析方法的基本原理

1. 对应分析的数据变换方法

设有 n 个样品，每个样品观测 p 个指标，原始数据阵为

$$X = \begin{bmatrix} x_{11} & x_{12} & \cdots & x_{1p} \\ x_{21} & x_{22} & \cdots & x_{2p} \\ \vdots & \vdots & & \vdots \\ x_{n1} & x_{n2} & \cdots & x_{np} \end{bmatrix}$$

为了消除量纲或数量级的差异，常常对变量进行标准化处理，如标准化变换、极差变换等，这些变换对变量和样品是不对称的。这种不对称性是导致变量和样品之间关系复杂化的主要原因。在对应分析中，采用数据变换的方法即可克服这种不对称性（假设所有的数据 $x_{ij} > 0$，否则对所有的数据同加一个适当的常数）。数据变换方法的具体步骤如下。

1）对数据阵先分别按行和列求和，再求总和

其中，$X_{\cdot j} = \sum\limits_{i=1}^{n} x_{ij}, \; j = 1, 2, \cdots, p, \; X_{i\cdot} = \sum\limits_{j=1}^{p} x_{ij}, \; i = 1, 2, \cdots, n$。

2）化数据阵 X 为规格化的"概率"矩阵 P，令

$$P = \frac{1}{T}X = (p_{ij})_{n \times p}$$

其中，$p_{ij} = \dfrac{1}{T} x_{ij}$, $i = 1, 2, \cdots, n; j = 1, 2, \cdots, p$, 不难看出，$0 \leqslant p_{ij} \leqslant 1$, 且

$$\sum_{i=1}^{n} \sum_{j=1}^{p} p_{ij} = 1$$

因而 p_{ij} 可理解为数据 x_{ij} 出现的"概率"，并称 P 为对应阵 (表 8.1)。

表 8.1 分别对原始数据按行和列求和

x_{11}	x_{12}	$\cdots$	x_{1p}	$\sum\limits_{k=1}^{p} x_{1k} = X_{1\cdot}$
x_{21}	x_{22}	$\cdots$	x_{2p}	$\sum\limits_{k=1}^{p} x_{2k} = X_{2\cdot}$
$\vdots$	$\vdots$		$\vdots$	$\vdots$
x_{n1}	x_{n2}	$\cdots$	x_{np}	$\sum\limits_{k=1}^{p} x_{nk} = X_{n\cdot}$
$X_{\cdot 1}$	$X_{\cdot 2}$	$\cdots$	$X_{\cdot p}$	$\sum\limits_{i=1}^{n} \sum\limits_{k=1}^{p} x_{ik} = T$

类似地可以写出对应阵 P 的行和与列和，并把 P 表示成如下一张列联表（表 8.2）。

表 8.2 列联表

p_{11}	p_{12}	$\cdots$	p_{1p}	$\sum\limits_{k=1}^{p} p_{1k} = P_{1\cdot}$
p_{21}	p_{22}	$\cdots$	p_{2p}	$\sum\limits_{k=1}^{p} p_{2k} = P_{2\cdot}$
$\vdots$	$\vdots$		$\vdots$	$\vdots$
p_{n1}	p_{n2}	$\cdots$	p_{np}	$\sum\limits_{k=1}^{p} p_{nk} = P_{n\cdot}$
$P_{\cdot 1}$	$P_{\cdot 2}$	$\cdots$	$P_{\cdot p}$	$\sum\limits_{i=1}^{n} \sum\limits_{k=1}^{p} p_{ik} = 1$

其中，$P_{\cdot j} = \sum\limits_{i=1}^{n} p_{ij}$, $j = 1, 2, \cdots, p$, 可以理解为第 j 个变量的边缘概率；$P_{i\cdot} = \sum\limits_{j=1}^{p} p_{ij}$, $i = 1, 2, \cdots, n$, 它可以理解为第 i 个样品的边缘概率。

记

$$P_r = \begin{bmatrix} P_{1\cdot} \\ P_{2\cdot} \\ \vdots \\ P_{n\cdot} \end{bmatrix}, \quad P_c = \begin{bmatrix} P_{\cdot 1} \\ P_{\cdot 2} \\ \vdots \\ P_{\cdot p} \end{bmatrix}$$

则

$$P_r = P I_p, \quad P_c = P' I_n$$

其中，$I_p = (1, 1, \cdots, 1)'$ 为元素全为 1 的 p 维常矩阵。

3）从对应阵 P 出发计算变量的协方差阵（考虑 R 型因子分析）

把 p 矩阵中的 n 行作为 p 维空间中 n 个样品点。

（1）消除各样品点出现概率大小的影响，令

$$R_i' = \left(\frac{p_{i1}}{P_{i\cdot}}, \frac{p_{i2}}{P_{i\cdot}}, \cdots, \frac{p_{ip}}{P_{i\cdot}}\right) = \left(\frac{x_{i1}}{X_{i\cdot}}, \frac{x_{i2}}{X_{i\cdot}}, \cdots, \frac{x_{ip}}{X_{i\cdot}}\right), \quad i = 1, 2, \cdots, n$$

称为第 i 行轮廓，其各元素之和等于 1。

$$C_j' = \left(\frac{p_{1j}}{P_{\cdot j}}, \frac{p_{2j}}{P_{\cdot j}}, \cdots, \frac{p_{pj}}{P_{\cdot j}}\right) = \left(\frac{x_{1j}}{X_{\cdot j}}, \frac{x_{2j}}{X_{\cdot j}}, \cdots, \frac{x_{pj}}{X_{\cdot j}}\right), \quad j = 1, 2, \cdots, p$$

称为第 j 列轮廓，其各元素之和等于 1。

研究样品点的相互关系一般用两个样品点的欧氏距离来表示，为消除各变量量纲不同的影响，引入第 k 个和第 l 个样品点间的加权平方距离公式

$$D^2(k, l) = \sum_{j=1}^{p} \left[\left(\frac{p_{kj}}{P_{k\cdot}} - \frac{p_{lj}}{P_{l\cdot}}\right)^2 \bigg/ P_{\cdot j}\right] = \sum_{j=1}^{p} \left(\frac{p_{kj}}{P_{k\cdot}\sqrt{P_{\cdot j}}} - \frac{p_{lj}}{P_{l\cdot}\sqrt{P_{\cdot j}}}\right)^2$$

（2）为消除各变量量纲不同的影响，把第 i 个样品点的坐标化为

$$\left(\frac{p_{i1}}{P_{i\cdot}\sqrt{P_{\cdot 1}}}, \frac{p_{i2}}{P_{i\cdot}\sqrt{P_{\cdot 2}}}, \cdots, \frac{p_{ip}}{P_{i\cdot}\sqrt{P_{\cdot p}}}\right), \quad i = 1, 2, \cdots, n$$

（3）计算第 j 个变量（即第 j 列）的加权平均值。以第 i 个样品点的概率 $P_{i\cdot}$ 作为权重计算第 j 个变量的加权平均值：

$$\sum_{i=1}^{n} \frac{p_{ij}}{P_{i\cdot}\sqrt{P_{\cdot j}}} P_{i\cdot} = P_{\cdot j}, \quad j = 1, 2, \cdots, p$$

（4）用加权方法计算第 i 个变量与第 j 个变量的协方差：

$$a_{ij} = \sum_{k=1}^{n} \left(\frac{p_{ki}}{P_{k\cdot}\sqrt{P_{\cdot i}}} - \sqrt{P_{\cdot i}}\right) \left(\frac{p_{kj}}{P_{k\cdot}\sqrt{P_{\cdot j}}} - \sqrt{P_{\cdot j}}\right) P_{k\cdot}$$

$$= \sum_{k=1}^{n} \frac{p_{ki} - P_{k\cdot}P_{\cdot i}}{\sqrt{P_{k\cdot}P_{\cdot i}}} \frac{p_{kj} - P_{k\cdot}P_{\cdot j}}{\sqrt{P_{k\cdot}P_{\cdot j}}} = \sum_{k=1}^{n} z_{ki} z_{kj}$$

其中：

$$z_{ki} = \frac{p_{ki} - P_{k\cdot}P_{\cdot i}}{\sqrt{P_{k\cdot}P_{\cdot i}}} = \frac{x_{ki} - X_{k\cdot}X_{\cdot i}/T}{\sqrt{X_{k\cdot}X_{\cdot i}}}$$

令 $Z = (z_{ij})_{n \times p}$，则变量间的协方差阵为

$$S_R = Z'Z = (a_{ij})_{p \times p}$$

4）从 P 出发计算样品间的协方差阵（考虑 Q 型因子分析）

用类似方法可以得出 n 个样品间的协方差阵

$$S_Q = ZZ' = (b_{ij})_{n \times n}$$

5）进行数据的对应变换

令

$$Z = (z_{ij})_{n \times p}$$

其中

$$z_{ij} = \frac{p_{ij} - P_{i.}P_{.j}}{\sqrt{P_{i.}P_{.j}}} = \frac{x_{ij} - X_{i.}X_{.j}/T}{\sqrt{X_{i.}X_{.j}}}, \quad i = 1, 2, \cdots, n; j = 1, 2, \cdots, p \quad (8.1)$$

式 (8.1) 即为同时研究 R 型和 Q 型因子分析的数据对应变换公式。

如果把所研究的 p 个变量看成一个属性变量的 p 个类目，把 n 个样品看成另一个属性变量的 n 个类目，这时原始数据阵 X 就可以看成一张由观测得到的频数表或计数表。首先由双向频数表 X 矩阵得到对应阵 P

$$P = (p_{ij})_{n \times p}, \quad p_{ij} = x_{ij}/T, \quad i = 1, 2, \cdots, n; j = 1, 2, \cdots, p$$

设 $n > p$，且 $\mathrm{rank}(P) = p$。下面从代数的角度由对应矩阵 P 来导出数据对应变换的公式。

（1）对 P 进行中心化变换，令

$$\tilde{p}_{ij} = p_{ij} - P_{i.}P_{.j} = p_{ij} - m_{ij}/T$$

其中，$m_{ij} = \dfrac{X_{i.}X_{.j}}{T} = TP_{i.}P_{.j}$，它是假定行与列两个属性变量不相关时，在第 (i,j) 单元上的期望频数值。

记 $\tilde{P} = (\tilde{p}_{ij})_{n \times p}$，则可得

$$\tilde{P} = P - P_r P_c'$$

因 $\tilde{P}I_p = PI_p - P_r P_c' I_p = P_r - P_r = 0$，所以 $\mathrm{rank}(\tilde{P}) \leqslant p - 1$，令

$$D_r = \mathrm{diag}(P_{1.}, P_{2.}, \cdots, P_{n.}), \quad D_c = \mathrm{diag}(P_{.1}, P_{.2}, \cdots, P_{.p})$$

（2）对 P 进行标准化变换得 Z，令

$$Z = D_r^{-1/2} \tilde{P} D_c^{-1/2} = (z_{ij})_{n \times p}$$

其中，$z_{ij} = \dfrac{p_{ij} - P_{i.}P_{.j}}{\sqrt{P_{i.}P_{.j}}} = \dfrac{x_{ij} - X_{i.}X_{.j}/T}{\sqrt{X_{i.}X_{.j}}}$，$i = 1, 2, \cdots, n; j = 1, 2, \cdots, p$。

故经变换后所得到的新数据矩阵 Z，可以看成由对应阵 P 经过中心化和标准化变换后所得到的数据矩阵。

我们关心的是变量和样品是否独立，由此提出检验问题。

H_0：变量和样品相互独立；H_1：变量和样品不独立。

构造检验行和列两个属性变量是否相关的 χ^2 统计量为

$$\chi^2 = \sum_{i=1}^{n} \sum_{j=1}^{p} \frac{(x_{ij} - m_{ij})^2}{m_{ij}} = \sum_{i=1}^{n} \sum_{j=1}^{p} \chi_{ij}^2$$

其中，χ_{ij}^2 表示第 (i,j) 单元在检验行和列两个属性变量是否相关时对总 χ^2 统计量的贡献：

$$\chi_{ij}^2 = \frac{(x_{ij} - m_{ij})^2}{m_{ij}} = T z_{ij}^2$$

故

$$\chi^2 = T \sum_{i=1}^{n} \sum_{j=1}^{p} z_{ij}^2 = T\mathrm{tr}(Z'Z) = T\mathrm{tr}(S_R) = T\mathrm{tr}(S_Q)$$

假设指标与变量相互独立。

当原假设 H_0 为真时，且样本容量 np 充分大，期望频数 $npP_i. P_{.j} \geqslant 5$ $(i=1,2,\cdots,n;$ $j=1,2,\cdots,p)$ 时，χ^2 近似服从自由度为 $(n-1)(p-1)$ 的卡方分布。对于给定的显著性水平 α，确定出临界值 $\chi_\alpha^2((n-1)(p-1))$。

若 $\chi^2 \geqslant \chi_\alpha^2((n-1)(p-1))$ 成立，则拒绝独立性假设，认为指标与变量不独立，可以进一步通过对应分析考察它们之间的相关关系；若 $\chi^2 < \chi_\alpha^2((n-1)(p-1))$ 成立，则接受独立性假设，认为指标与变量相互独立，这时没有必要进行对应分析。

2. 对应分析的原理

将原始数据阵 X 变换为 Z 矩阵后，变量点和样品点的协方差阵分别为 $S_R = Z'Z$ 和 $S_Q = ZZ'$，S_R 和 S_Q 这两个矩阵存在明显的简单对应关系，而且将原始数据 x_{ij} 变换为 z_{ij} 后，z_{ij} 关于 i, j 是对等的，即 z_{ij} 对变量和样品是对等的。

为了进一步研究 R 型和 Q 型因子分析，利用矩阵代数的一些结论。

引理 8.1 设 $S_R = Z'Z$，$S_Q = ZZ'$，则 S_R 和 S_Q 的非零特征值相同。

引理 8.2 若 v 是 $Z'Z$ 相应于特征值 λ 的特征向量，则 $u = Zv$ 是 ZZ' 相应于特征值 λ 的特征向量。

这是显然的，因为若 v 为 $Z'Z$ 相应于特征值 λ 的特征向量，则有

$$Z'Zv = \lambda v$$

两边左乘 Z 得

$$ZZ'(Zv) = \lambda(Zv)$$

即 Zv 是 ZZ' 相应于特征值 λ 的特征向量。

定义 8.1 设 Z 为 $n \times p$ 矩阵，则

$$\mathrm{rank}(Z) = m \leqslant \min(n-1, p-1)$$

$Z'Z$ 的非零特征值为 $\lambda_1 \geqslant \lambda_2 \geqslant \cdots \geqslant \lambda_m > 0$，令 $d_i = \sqrt{\lambda_i}(i = 1, 2, \cdots, m)$，则称 d_i 为 Z 的奇异值，如果存在分解式

$$Z = U\Lambda V'$$

其中，U 为 $n \times n$ 正交矩阵，V 为 $p \times p$ 正交矩阵，Λ 为 $n \times p$ 对角矩阵（前 m 个对角元为 $d_1, d_2, \cdots, d_m$，其余元素均为 0），则称分解式 $Z = U\Lambda V'$ 为矩阵 Z 的奇异值分解。

记 $U = (\ U_1, \cdots, U_2\ )$，$V = (\ V_1, \cdots, V_2\ )$，$\Lambda_m = \mathrm{diag}(d_1, d_2, \cdots, d_m)$，其中 U_1 为 $n \times m$ 的列正交矩阵，V_1 为 $p \times m$ 的列正交矩阵，则奇异值分解式 $Z = U\Lambda V'$ 等价于

$$Z = U_1 \Lambda_m V_1'$$

引理 8.3　任意非零矩阵 Z 的奇异值分解必存在。

列正交矩阵 V_1 的 m 个列向量分别是 $Z'Z$ 的非零特征值 $\lambda_1, \lambda_2, \cdots, \lambda_m$ 对应的特征向量；列正交矩阵 U_1 的 m 个列向量分别是 ZZ' 的非零特征值 $\lambda_1, \lambda_2, \cdots, \lambda_m$ 对应的特征向量，且 $U_1 = ZV_1\Lambda_m^{-1}$。

引理 8.1 和引理 8.2 建立了因子分析中 R 型和 Q 型的关系，因此借助这两个引理可以从 R 型因子分析出发而直接得到 Q 型因子分析的结果。

由于 S_R 和 S_Q 有相同的非零特征值，而这些非零特征值又表示各个公共因子所提供的方差，因此变量空间 R^p 中的第一个公共因子，第二个公共因子，直到第 m 个公共因子，与样品空间 R^n 中对应的各个因子在总方差中所占的百分比全都相同。从几何的意义来看，即 R^p 中各样品点与 R^p 中各因子轴的距离平方和与 R^n 中各变量点与 R^n 中相对应的各因子轴的距离平方和是完全相同的。因此可以把变量点和样品点同时反映在同一因子轴所确定的平面上（即取同一个坐标系），根据接近的程度，将变量点和样品点一起考虑进行分类。

3. 对应分析的计算步骤

对应分析的具体计算步骤如下。

(1) 由原始数据矩阵 X 出发计算对应矩阵 $P = (p_{ij})_{n \times p}$

$$p_{ij} = x_{ij}/T, \quad i = 1, 2, \cdots, n; j = 1, 2, \cdots, p$$

(2) 计算对应变换后的新数据矩阵 $Z = (z_{ij})_{n \times p}$

$$z_{ij} = \frac{p_{ij} - P_{i\cdot}P_{\cdot j}}{\sqrt{P_{i\cdot}P_{\cdot j}}} = \frac{x_{ij} - X_{i\cdot}X_{\cdot j}/T}{\sqrt{X_{i\cdot}X_{\cdot j}}}, \quad i = 1, 2, \cdots, n; j = 1, 2, \cdots, p$$

(3) 计算行轮廓矩阵 R

$$R = \left(\frac{x_{ij}}{X_{i\cdot}}\right)_{n \times p} = \left(\frac{p_{ij}}{P_{i\cdot}}\right)_{n \times p} = D_r^{-1}P = (R_1', R_2', \cdots, R_n')'$$

行轮廓矩阵 R 由原始数据矩阵 X（或对应阵 P）的每一行除以行和得到，其目的就是消除行点（样品点）出现"概率"不同的影响。

计算 n 个行点组成的点集的重心（每个样品点以 $P_{i.}$ 为权重）为

$$\sum_{i=1}^n P_{i.}R_i = \sum_{i=1}^n P_{i.}\left(\frac{p_{i1}}{P_{i.}}, \frac{p_{i2}}{P_{i.}}, \cdots, \frac{p_{ip}}{P_{i.}}\right)' = \begin{bmatrix} \sum_{i=1}^n P_{i1} \\ \sum_{i=1}^n P_{i2} \\ \vdots \\ \sum_{i=1}^n P_{ip} \end{bmatrix} = \begin{bmatrix} P_{.1} \\ P_{.2} \\ \vdots \\ P_{.p} \end{bmatrix} = P_c$$

（4）计算列轮廓矩阵 C

$$C = \left(\frac{x_{ij}}{X_{.j}}\right)_{n\times p} = \left(\frac{p_{ij}}{P_{.j}}\right)_{n\times p} = PD_c^{-1} = (C_1, C_2, \cdots, C_p)$$

列轮廓矩阵 C 由原始数据矩阵 X（或对应阵 P）的每一列除以列和得到，其目的就是消除列点（变量点）出现"概率"不同的影响。

（5）计算总惯量和 χ^2 统计量。由加权平方距离公式可计算出第 k 个和第 l 个样品点间的加权平方距离为

$$D^2(k,l) = \sum_{j=1}^p \left(\left(\frac{p_{kj}}{P_{k.}} - \frac{p_{lj}}{P_{l.}}\right)^2 \Big/ P_{.j}\right) = \sum_{j=1}^p \left(\frac{p_{kj}}{P_{k.}\sqrt{P_{.j}}} - \frac{p_{lj}}{P_{l.}\sqrt{P_{.j}}}\right)^2$$

$$= (R_k - R_l)'D_c^{-1}(R_k - R_l)$$

把 n 个样品点到重心 P_c 的加权平方距离的总和定义为行点集的总惯量 Q

$$Q = \sum_{i=1}^n P_{i.}D^2(i,c) = \sum_{i=1}^n \sum_{j=1}^p z_{ij}^2 = \frac{\chi^2}{T}$$

其中，χ^2 统计量是检验行点和列点是否互不相关的检验统计量，$\chi^2 = \sum_{i=1}^n \sum_{j=1}^p \frac{(x_{ij} - m_{ij})^2}{m_{ij}} = \sum_{i=1}^n \sum_{j=1}^p \chi_{ij}^2$，$\chi_{ij}^2 = \frac{(x_{ij} - m_{ij})^2}{m_{ij}} = Tz_{ij}^2$。

（6）对标准化后的新数据矩阵 Z 作奇异值分解，由 $Z = U_1\Lambda_m V_1'$，$\text{rank}(Z) = m \leqslant \min(n-1, p-1)$。

求 Z 的奇异值分解式其实是通过求 $S_R = Z'Z$ 矩阵的非零特征值和标准单位正交特征向量来得到的。设特征值为 $\lambda_1 \geqslant \lambda_2 \geqslant \cdots \geqslant \lambda_m > 0$，相应的标准单位正交特征向量 $u_1, u_2, \cdots, u_m$。在实际应用中常按其累积百分比 $\sum_{i=1}^l \lambda_i \Big/ \sum_{i=1}^m \lambda_i \geqslant 80\%$ 确定所取公共因子

个数 $l(l \leqslant m)$，Z 的奇异值 $d_i = \sqrt{\lambda_i}(i = 1, 2, \cdots, m)$。下面仍用 m 表示选定的公共因子个数。

（7）计算行轮廓的坐标 G 和列轮廓的坐标 F。令

$$a_i = D_c^{-1/2} v_i, \quad i = 1, 2, \cdots, m$$

则 $a_i' D_c a_i = 1$。

R 型因子分析的因子载荷矩阵为

$$F = (d_1 a_1, d_2 a_2, \cdots, d_m a_m) = D_c^{-1/2} V_1 \Lambda_m = \begin{bmatrix} \dfrac{d_1}{\sqrt{P_{\cdot 1}}} v_{11} & \dfrac{d_2}{\sqrt{P_{\cdot 1}}} v_{12} & \cdots & \dfrac{d_m}{\sqrt{P_{\cdot 1}}} v_{1m} \\ \dfrac{d_1}{\sqrt{P_{\cdot 2}}} v_{21} & \dfrac{d_2}{\sqrt{P_{\cdot 2}}} v_{22} & \cdots & \dfrac{d_m}{\sqrt{P_{\cdot 2}}} v_{2m} \\ \vdots & \vdots & & \vdots \\ \dfrac{d_1}{\sqrt{P_{\cdot p}}} v_{p1} & \dfrac{d_2}{\sqrt{P_{\cdot p}}} v_{p2} & \cdots & \dfrac{d_m}{\sqrt{P_{\cdot p}}} v_{pm} \end{bmatrix}$$

令

$$b_i = D_r^{-1/2} u_i, \quad i = 1, 2, \cdots, m$$

则 $b_i' D_r b_i = 1$。

Q 型因子分析的因子载荷矩阵为

$$G = (d_1 b_1, d_2 b_2, \cdots, d_m b_m) = D_r^{-1/2} U_1 \Lambda_m = \begin{bmatrix} \dfrac{d_1}{\sqrt{P_{1 \cdot}}} u_{11} & \dfrac{d_2}{\sqrt{P_{1 \cdot}}} u_{12} & \cdots & \dfrac{d_m}{\sqrt{P_{1 \cdot}}} u_{1m} \\ \dfrac{d_1}{\sqrt{P_{2 \cdot}}} u_{21} & \dfrac{d_2}{\sqrt{P_{2 \cdot}}} u_{22} & \cdots & \dfrac{d_m}{\sqrt{P_{2 \cdot}}} u_{2m} \\ \vdots & \vdots & & \vdots \\ \dfrac{d_1}{\sqrt{P_{n \cdot}}} u_{n1} & \dfrac{d_2}{\sqrt{P_{n \cdot}}} u_{n2} & \cdots & \dfrac{d_m}{\sqrt{P_{n \cdot}}} u_{nm} \end{bmatrix}$$

通常把 a_i 或 $b_i(i = 1, 2, \cdots, m)$ 称为加权意义下有单位长度的特征向量。

（8）在相同二维平面上用行轮廓的坐标 G 和列轮廓的坐标 F（取 $m = 2$）绘制出点的平面图。也就是把 n 个行点（样品点）和 p 个列点（变量点）表示在同一平面坐标系中，对一组行点或一组列点，二维图中的欧氏距离与原始数据中各行（或列）轮廓之间的加权距离是相对应的。但要注意，对应行轮廓的点与对应列轮廓的点之间没有直接的距离关系。

（9）求总惯量 Q 和 χ^2 统计量的分解式

$$Q = \sum_{i=1}^{n} \sum_{j=1}^{p} z_{ij}^2 = \operatorname{tr}(Z'Z) = \operatorname{tr}(S_R) = \operatorname{tr}(S_Q) = \sum_{j=1}^{m} \lambda_i = \sum_{j=1}^{m} d_{ij}^2$$

其中，λ_i 是 $Z'Z$ 的特征值，$d_i = \sqrt{\lambda_i}$ 是 Z 的奇异值 $(i = 1, 2, \cdots, m)$。

相应地

$$\chi^2 = TQ = T \sum_{j=1}^{m} d_{ij}^2$$

给出了 χ^2 统计量的分解式。

（10）对样品点和变量点进行分类，并结合专业知识进行成因解释。

8.3　实例分析

实例 8.1　试对我国部分（18 个）省（自治区、直辖市）2020 年农村居民家庭平均每人全年消费性支出进行对应分析。其八个指标分别为：X_1：食品；X_2：衣着；X_3：居住；X_4：家庭设备及服务；X_5：交通和通信；X_6：文教、娱乐用品及服务；X_7：医疗保健；X_8：其他商品和服务。具体数据如表 8.3 所示。

表 8.3　我国部分省（自治区、直辖市）农村居民家庭平均每人全年消费性支出（2020 年）（单位：元）

地区	X_1	X_2	X_3	X_4	X_5	X_6	X_7	X_8
北京	5968.1	1035.6	6453.1	1120.6	2924.4	1142.7	1972.8	295.4
天津	5621.7	1002.2	3527.9	1026.1	2504.3	931.6	1858.2	372.1
河北	3686.8	810.6	2711.1	782.9	1892.8	1154.6	1380.1	225.3
山西	3247.6	720.9	2286.6	526.0	1145.0	967.4	1182.8	213.8
上海	8647.8	1077.5	4439.3	1325.2	3495.5	1003.1	1655.3	451.8
江苏	5216.3	823.0	3785.6	957.7	2786.9	1448.4	1712.2	291.6
浙江	6952.1	1043.1	5719.9	1225.5	2937.5	1776.3	1546.2	354.9
安徽	5145.8	867.5	3390.5	855.0	1663.7	1422.0	1457.4	221.7
福建	6273.9	754.5	3943.0	874.0	1688.3	1232.0	1270.9	302.1
江西	4557.1	602.6	3553.8	686.6	1402.6	1477.6	1136.7	162.4
山东	3721.9	689.0	2434.7	817.9	2112.0	1290.8	1413.4	180.7
河南	3396.7	873.1	2770.1	783.2	1501.8	1285.6	1379.1	211.4
湖北	4304.5	780.4	3197.6	790.9	2175.3	1382.3	1558.5	283.0
湖南	4635.9	674.4	3367.0	853.0	1730.5	1783.8	1706.6	222.6
广西	4296.9	354.2	2659.2	667.0	1681.8	1408.2	1227.8	136.1
重庆	5183.1	736.3	2630.9	919.1	1591.5	1290.3	1560.1	228.3
四川	5478.1	753.3	2866.4	905.4	1935.0	1106.5	1650.3	257.6
陕西	3182.6	609.6	2715.4	688.1	1460.9	1057.4	1490.7	170.9

解　计算得列联表，如表 8.4 所示。总览表如表 8.5 所示。

表 8.4　列联表

地区	消费								活跃边际值
	X_1	X_2	X_3	X_4	X_5	X_6	X_7	X_8	
北京	0.285	0.05	0.309	0.054	0.14	0.055	0.094	0.014	1.000
天津	0.334	0.059	0.209	0.061	0.149	0.055	0.11	0.022	1.000
河北	0.292	0.064	0.214	0.062	0.15	0.091	0.109	0.018	1.000
山西	0.316	0.07	0.222	0.051	0.111	0.094	0.115	0.021	1.000
上海	0.391	0.049	0.201	0.06	0.158	0.045	0.075	0.02	1.000
江苏	0.306	0.048	0.222	0.056	0.164	0.085	0.101	0.017	1.000
浙江	0.323	0.048	0.265	0.057	0.136	0.082	0.072	0.016	1.000
安徽	0.343	0.058	0.226	0.057	0.111	0.095	0.097	0.015	1.000

地区	消费								活跃边际值
	X_1	X_2	X_3	X_4	X_5	X_6	X_7	X_8	
福建	0.384	0.046	0.241	0.053	0.103	0.075	0.078	0.018	1.000
江西	0.336	0.044	0.262	0.051	0.103	0.109	0.084	0.012	1.000
山东	0.294	0.054	0.192	0.065	0.167	0.102	0.112	0.014	1.000
河南	0.278	0.072	0.227	0.064	0.123	0.105	0.113	0.017	1.000
湖北	0.297	0.054	0.221	0.055	0.15	0.096	0.108	0.02	1.000
湖南	0.31	0.045	0.225	0.057	0.116	0.119	0.114	0.015	1.000
广西	0.346	0.028	0.214	0.054	0.135	0.113	0.099	0.011	1.000
重庆	0.367	0.052	0.186	0.065	0.113	0.091	0.11	0.016	1.000
四川	0.366	0.05	0.192	0.061	0.129	0.074	0.11	0.017	1.000
陕西	0.28	0.054	0.239	0.06	0.128	0.093	0.131	0.015	1.000
Mass	0.327	0.052	0.228	0.058	0.134	0.085	0.099	0.017	

表 8.5 总览表

维度	奇异值	惯量	卡方值	显著性水平	惯量比例	
					计数	累计百分比
1	0.082	0.007			0.337	0.337
2	0.070	0.005			0.249	0.586
3	0.069	0.005			0.237	0.822
4	0.049	0.002			0.119	0.942
5	0.029	0.001			0.043	0.984
6	0.016	0.000			0.012	0.996
7	0.008	0.000			0.004	1.000
合计		0.020	0.359	1.000[a]	1.000	1.000

a 119 自由度

总惯量为 0.020，同时 χ^2 统计量的自由度为 119，显著性水平 α 为 1.000，说明变量与样品之间存在显著的相关性，因此进行对应分析是有意义的。

由于第一个维度惯量 0.007，占总惯量的 33.7%，第二个维度惯量 0.005，占总惯量的 24.9%，前两个维度的总惯量和为 58.6%，说明变量与样品之间的关系用二维表示就可以了。

在因子轴平面上做变量点和样品点图，见图 8.1。

根据图 8.1，可将变量点和样品点分为两类。

第一类：变量为：X_2，X_4，X_5，X_6，X_7，X_8。样品为：北京，上海，天津，浙江，江苏，山东，山西，陕西。

第二类：变量为：X_1，X_3。样品为：河南，河北，安徽，湖北，湖南，广西，江西，福建，四川，重庆。

在第一类中，变量为 X_2，X_4，X_5，X_6，X_7，X_8 的支出占主要部分，这些省份主要是东部沿海地区，说明这些省份的消费支出结构类似。

在第二类中，变量为 X_1 和 X_3 是支出的主要部分，这些省份主要是中西部地区，说明这 10 个省份的消费支出结构类似。

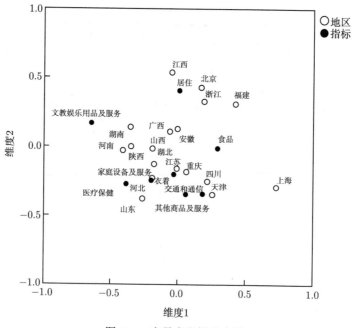

图 8.1   变量点和样品点图

习   题

1. 什么是对应分析？它与因子分析有何关系？

2. 试述对应分析的基本思想。

3. 试述对应分析的基本步骤。

4. 费希尔研究头发颜色与眼睛颜色的关系，抽查了 5387 人的资料如表 8.6 所示，试对其进行对应分析。

表 8.6   头发颜色与眼睛颜色的数据

眼睛颜色	头发颜色					
	金黄色	红色	褐色	深红色	黑色	合计
蓝色	326	38	241	110	3	718
淡蓝	688	116	584	188	4	1580
浅蓝	343	84	909	412	26	1774
深蓝	98	48	403	681	85	1315
合计	1455	286	2137	1391	118	5387

第 9 章 典型相关分析

9.1 典型相关分析的基本概念及基本思想

典型相关分析就是研究两组变量之间相关关系的一种多元统计分析方法。它能够有效地揭示两组变量之间的内在联系。

在一元统计分析中，用相关系数来衡量两个随机变量之间的线性关系；用复相关系数研究一个随机变量和多个随机变量的线性相关关系。对于两组随机变量之间的相关关系如何分析呢？上述方法就无能为力了。例如，在工厂里常常要研究产品的 p 个质量指标 $(x_1, x_2, \cdots, x_p)$，q 个原材料的性能指标 $(y_1, y_2, \cdots, y_q)$ 之间的相关关系；在经济学里，研究几种主要产品（如猪肉、牛肉、鸡蛋等）的价格与相应的销售量之间的相关关系；投资性变量（如劳动者人数、资金、电力、设备等）与国民收入变量（如工业国民收入、农业国民收入、建筑业国民收入等）之间的相关关系；患每种疾病的患者的各种症状程度与用物理化学方法化验的化验结果之间的相关关系等。

通常情况下，为了研究两组变量 $(x_1, x_2, \cdots, x_p)$，$(y_1, y_2, \cdots, y_q)$ 的相关关系，可以用最原始的方法，分别计算两组变量之间的全部相关系数，一共有 pq 个简单相关系数，这样既烦琐又不能抓住问题的本质。如果能够采用类似主成分的思想，分别找出两组变量各自的某个线性组合，讨论线性组合之间的相关关系，这样既可以使变量个数简化，又可以达到分析相关性的目的。典型相关分析的目的就是识别并量化两组变量之间的联系，将两组变量相关关系的分析转化为一组变量的线性组合与另一组变量的线性组合之间的相关关系分析。

例如，为了了解家庭的特征与其消费模式之间的关系，调查下面两组变量：① 家庭消费模式变量，取每年去餐馆就餐的频率 x_1，每年外出看电影的频率 x_2 两个指标；② 家庭的特征变量，取户主的年龄 y_1，家庭年收入 y_2，户主受教育程度 y_3 三个指标。分析这两组变量之间的关系。如果直接计算它们之间的相关系数，需要计算 25 个，这样既麻烦又抓不着事物的本质。因此在研究家庭的特征与其消费模式之间的关系时，可以构造一个以 x_1、x_2 为变量的线性函数 $u_1 = a_{11}x_1 + a_{21}x_2$，称为消费模式变量；构造一个以 y_1、y_2、y_3 为变量的线性函数 $v_1 = b_{11}y_1 + b_{21}y_2 + b_{31}y_3$，称为家庭的特征变量，并要求它们之间具有最大的相关性，即使 $\rho(u_1, v_1)$ 达到最大。这就是典型相关分析问题。

典型相关分析的基本思想是，首先分别在每组变量中找出第一对变量的线性组合，使得两组的线性组合之间具有最大的相关系数。然后在每组变量中找出第二对线性组合，使其分别与本组内的第一线性组合不相关，第二对本身具有次大的相关性。以此类推，直至两组变量的相关性被提取完。这时讨论两组变量之间的相关性问题就转化为只研究这些线性组合的最大相关性问题，从而减少了所研究变量的个数。

被选出的线性组合配对称为典型变量，它们的相关系数称为典型相关系数。典型相关系数度量了两组变量之间联系的强度。

9.2 总体典型相关分析

1. 典型相关变量

考虑两组相互关联的随机向量 $X = (x_1, x_2, \cdots, x_p)'$，$Y = (y_1, y_2, \cdots, y_q)'$，其协方差阵为

$$\Sigma = \left[\begin{array}{cc} \Sigma_{11} & \Sigma_{12} \\ \Sigma_{21} & \Sigma_{22} \end{array} \right] \begin{array}{c} p \\ q \end{array}$$
$$\qquad\quad p \qquad q$$

其中，Σ_{11} 是第一组变量的协方差矩阵；Σ_{22} 是第二组变量的协方差矩阵；Σ_{12} 和 Σ_{21} 分别是 X 和 Y 的协方差矩阵。

如果记两组变量的第一对线性组合为

$$\begin{cases} u_1 = a_{11}x_1 + a_{21}x_2 + \cdots + a_{p1}x_p = \alpha_1'X \\ v_1 = b_{11}y_1 + b_{21}y_2 + \cdots + b_{q1}y_q = \beta_1'Y \end{cases}$$

其中，$\alpha_1 = (a_{11}, a_{21}, \cdots, a_{p1})'$，$\beta_1 = (b_{11}, b_{21}, \cdots, b_{q1})'$ 为任意非零向量，易见

$$\mathrm{Var}(u_1) = \alpha_1'\mathrm{Var}(X)\alpha_1 = \alpha_1'\Sigma_{11}\alpha_1, \quad \mathrm{Var}(v_1) = \beta_1'\mathrm{Var}(Y)\beta_1 = \beta_1'\Sigma_{22}\beta_1$$

$$\mathrm{Cov}(u_1, v_1) = \alpha_1'\mathrm{Cov}(X, Y)\beta_1 = \alpha_1'\Sigma_{12}\beta_1$$

$$\rho_{u_1,v_1} = \frac{\mathrm{Cov}(u_1, v_1)}{\sqrt{\mathrm{Var}(u_1)} \cdot \sqrt{\mathrm{Var}(v_1)}} = \frac{\alpha_1'\Sigma_{12}\beta_1}{\sqrt{\alpha_1'\Sigma_{11}\alpha_1} \cdot \sqrt{\beta_1'\Sigma_{22}\beta_1}}$$

希望寻求 α_1 和 β_1 使 u_1, v_1 的相关系数 ρ_{u_1,v_1} 达到最大。但由于随机变量乘以常数时不改变它们的相关系数，为了防止不必要的结果重复出现，通常限制 $\alpha_1'\Sigma_{11}\alpha_1 = 1$，$\beta_1'\Sigma_{22}\beta_1 = 1$，于是有以下定义。

定义 9.1 设随机向量 $X = (x_1, x_2, \cdots, x_p)'$，$Y = (y_1, y_2, \cdots, y_q)'$，$p + q$ 维随机向量 $\left[\begin{array}{c} X \\ Y \end{array} \right]$ 的协方差阵 $\Sigma > 0$，（不妨设 $p \leqslant q$）。如果存在 $\alpha_1 = (a_{11}, a_{21}, \cdots, a_{p1})'$ 和 $\beta_1 = (b_{11}, b_{21}, \cdots, b_{q1})'$，令 $u_1 = \alpha_1'X, v_1 = \beta_1'Y$，在 $\mathrm{Var}(u_1) = \alpha_1'\Sigma_{11}\alpha_1 = 1$，$\mathrm{Var}(v_1) = \beta_1'\Sigma_{22}\beta_1 = 1$ 限制的条件下，使得

$$\rho_{u_1,v_1} = \mathrm{Cov}(u_1, v_1) = \alpha_1'\mathrm{Cov}(X, Y)\beta_1 = \alpha_1'\Sigma_{12}\beta_1$$

达到最大。则称 $u_1 = \alpha_1'X, v_1 = \beta_1'Y$ 是 X, Y 的第一对（组）典型相关变量，它们之间的相关系数称为第一个典型相关系数；如果存在 $\alpha_k = (a_{1k}, a_{2k}, \cdots, a_{pk})'$ 和 $\beta_k = (b_{1k}, b_{2k}, \cdots, b_{qk})'$ 使得

（1）$u_k = \alpha_k' X$，$v_k = \beta_k' Y$ 和前面 $k-1$ 对典型相关变量都不相关；

（2）$\mathrm{Var}(u_k) = \alpha_k' \Sigma_{11} \alpha_k = 1$，$\mathrm{Var}(v_k) = \beta_k' \Sigma_{22} \beta_k = 1$；

（3）使 $u_k = \alpha_k' X$，$v_k = \beta_k' Y$ 的相关系数最大；

则称 $u_k = \alpha_k' X, v_k = \beta_k' Y$ 是 X, Y 的第 k 对（组）典型相关变量，它们之间的相关系数称为第 k 个典型相关系数 $(k = 1, 2, \cdots, p)$。

2. 典型相关变量的求法

由上面的定义知，求典型相关变量，就是在约束条件 $\mathrm{Var}(u_1) = \alpha_1' \Sigma_{11} \alpha_1 = 1, \mathrm{Var}(v_1) = \beta_1' \Sigma_{22} \beta_1 = 1$ 下，求 α_1 和 β_1 使 $u_1 = \alpha_1' X$，$v_1 = \beta_1' Y$ 的相关系数 $\rho_{u_1, v_1} = \alpha_1' \Sigma_{12} \beta_1$ 达到最大。

根据微积分中条件极值的求法，引入拉格朗日乘数，所求极值问题可以转化为求

$$\phi(\alpha_1, \beta_1) = \alpha_1' \Sigma_{12} \beta_1 - \frac{\lambda}{2}(\alpha_1' \Sigma_{11} \alpha_1 - 1) - \frac{\mu}{2}(\beta_1' \Sigma_{22} \beta_1 - 1) \tag{9.1}$$

的极大值，其中 λ 和 μ 是拉格朗日乘数。由极值的必要条件得

$$\begin{cases} \dfrac{\partial \phi}{\partial \alpha_1} = \Sigma_{12} \beta_1 - \lambda \Sigma_{11} \alpha_1 = 0 \\ \dfrac{\partial \phi}{\partial \beta_1} = \Sigma_{21} \alpha_1 - \mu \Sigma_{22} \beta_1 = 0 \end{cases} \tag{9.2}$$

将式 (9.2) 第一式和第二式分别左乘 α_1' 和 β_1'，得

$$\begin{cases} \alpha_1' \Sigma_{12} \beta_1 - \alpha_1' \lambda \Sigma_{11} \alpha_1 = 0 \\ \beta_1' \Sigma_{21} \alpha_1 - \beta_1' \mu \Sigma_{22} \beta_1 = 0 \end{cases}$$

整理得

$$\begin{cases} \alpha_1' \Sigma_{12} \beta_1 = \alpha_1' \lambda \Sigma_{11} \alpha_1 = \lambda \\ \beta_1' \Sigma_{21} \alpha_1 = \beta_1' \mu \Sigma_{22} \beta_1 = \mu \end{cases}$$

由于 $\alpha_1' \Sigma_{12} \beta_1 = \beta_1' \Sigma_{21} \alpha_1$，则 $\lambda = \mu = \alpha_1' \Sigma_{12} \beta_1$，并且是 u_1 和 v_1 之间的相关系数。将 $\Sigma_{12} \Sigma_{22}^{-1}$ 左乘式 (9.2) 的第二式，得

$$\Sigma_{12} \Sigma_{22}^{-1} \Sigma_{21} \alpha_1 - \mu \Sigma_{12} \Sigma_{22}^{-1} \Sigma_{22} \beta_1 = 0$$

$$\Sigma_{12} \Sigma_{22}^{-1} \Sigma_{21} \alpha_1 - \mu \Sigma_{12} \beta_1 = 0 \tag{9.3}$$

并将式 (9.2) 的第一式代入式 (9.3)，得

$$\Sigma_{12} \Sigma_{22}^{-1} \Sigma_{21} \alpha_1 - \lambda^2 \Sigma_{11} \alpha_1 = 0$$

$$\Sigma_{11}^{-1} \Sigma_{12} \Sigma_{22}^{-1} \Sigma_{21} \alpha_1 - \lambda^2 \alpha_1 = 0$$

则得 $\Sigma_{11}^{-1} \Sigma_{12} \Sigma_{22}^{-1} \Sigma_{21}$ 的特征根是 λ^2，其相应的特征向量为 α_1。

将 $\Sigma_{21}\Sigma_{11}^{-1}$ 左乘式 (9.2) 的第一式, 得

$$\Sigma_{12}\Sigma_{11}^{-1}\Sigma_{12}\beta_1 - \lambda\Sigma_{21}\alpha_1 = 0 \tag{9.4}$$

并将式 (9.2) 的第二式代入式 (9.4) 得

$$\Sigma_{22}^{-1}\Sigma_{21}\Sigma_{11}^{-1}\Sigma_{12}\beta_1 - \lambda^2\beta_1 = 0$$

则得 $\Sigma_{22}^{-1}\Sigma_{12}\Sigma_{11}^{-1}\Sigma_{21}$ 的特征根为 λ^2, 其相应的特征向量为 β_1。

记

$$M_1 = \Sigma_{11}^{-1}\Sigma_{12}\Sigma_{22}^{-1}\Sigma_{21}, \quad M_2 = \Sigma_{22}^{-1}\Sigma_{21}\Sigma_{11}^{-1}\Sigma_{12}$$

则得

$$M_1\alpha_1 = \lambda^2\alpha_1, \quad M_2\beta_1 = \lambda^2\beta_1$$

其中, M_1 是 p 阶矩阵, M_2 是 q 阶矩阵。由上式可以看出 λ^2 既是 M_1 又是 M_2 的特征根, 而 α_1、β_1 就是其相应于 M_1 和 M_2 的特征向量。

因为 $\lambda = \alpha_1'\Sigma_{12}\beta_1$, $\rho_{u_1,v_1} = \mathrm{Cov}(u_1,v_1) = \alpha_1'\mathrm{Cov}(X,Y)\beta_1 = \alpha_1'\Sigma_{12}\beta_1 = \lambda$, 求 ρ_{u_1,v_1} 的最大值, 也就是求 λ 的最大值, 而又转化为求 M_1 和 M_2 的最大特征值。

可以证明 M_1 和 M_2 的特征根与特征向量有如下性质。

(1) M_1 和 M_2 具有相同的非零特征根, 且所有特征根非负。

(2) M_1 和 M_2 的特征根均在 $0 \sim 1$ 之间。

通常用 $\lambda_1^2 \geqslant \lambda_2^2 \geqslant \cdots \geqslant \lambda_p^2 > 0$ 表示相应的相关系数, $\alpha^{(1)}, \alpha^{(2)}, \cdots, \alpha^{(p)}$ 为 M_1 对应于 $\lambda_1^2 \geqslant \lambda_2^2 \geqslant \cdots \geqslant \lambda_p^2$ 的单位特征向量, $\beta^{(1)}, \beta^{(2)}, \cdots, \beta^{(q)}$ 为 M_2 对应于 $\lambda_1^2 \geqslant \lambda_2^2 \geqslant \cdots \geqslant \lambda_q^2$ 的单位特征向量。

由于所求的是最大特征根及其对应的单位特征向量, 因此最大特征根 λ_1^2 对应的单位特征向量 $\alpha^{(1)} = (a_1^{(1)}, a_2^{(1)}, \cdots, a_p^{(1)})'$ 和 $\beta^{(1)} = (b_1^{(1)}, b_2^{(1)}, \cdots, b_q^{(1)})'$ 就是所求典型变量的系数向量, 即可得

$$u_1 = (\alpha^{(1)})'X = a_1^{(1)}X_1 + a_2^{(1)}X_2 + \cdots + a_p^{(1)}X_p$$

$$v_1 = (\beta^{(1)})'Y = b_1^{(1)}Y_1 + b_2^{(1)}Y_2 + \cdots + b_q^{(1)}Y_q$$

称其为第一对典型变量, 最大特征根的平方根 λ_1 即为两典型变量的相关系数, 称其为第一典型相关系数。

第一对典型变量提取了原始变量 X 与 Y 之间相关的主要部分, 如果这部分还不足以解释原始变量, 则需要再求出第二对典型变量和他们的典型相关系数。

设第二对典型变量为

$$u_2 = \alpha_2'x, \quad v_2 = \beta_2'y$$

第二对典型变量也要满足约束条件:

$$\mathrm{Var}(u_2) = \alpha_2'\Sigma_{11}\alpha_2 = 1$$

$$\mathrm{Var}(v_2) = \beta_2'\Sigma_{22}\beta_2 = 1$$

除此之外，还必须满足第二对典型变量应不包含第一对典型变量已包含的信息，因此需增加约束条件：

$$\mathrm{Cov}(u_1, u_2) = \mathrm{Cov}(\alpha_1' x, \alpha_2' x) = \alpha_1' \Sigma_{11} \alpha_2 = 0$$

$$\mathrm{Cov}(v_1, v_2) = \mathrm{Cov}(\beta_1' y, \beta_2' y) = \beta_1' \Sigma_{11} \beta_2 = 0$$

求使 $\mathrm{Cov}(u_2, v_2) = \alpha_2' \Sigma_{12} \beta_2$ 达到最大的 α_2 和 β_2。

在以上约束条件下，可求得使其相关系数 $\mathrm{Cov}(u_2, v_2) = \alpha_2' \Sigma_{12} \beta_2$ 达到最大值，其最大值为矩阵 M_1 和 M_2 的第二大特征根 λ_2^2 的平方根 λ_2，其对应的单位特征向量 $\alpha^{(2)} = (a_1^{(2)}, a_2^{(2)}, \cdots, a_p^{(2)})'$ 和 $\beta^{(2)} = (b_1^{(2)}, b_2^{(2)}, \cdots, b_q^{(2)})'$ 就是第二对典型变量的系数向量，称

$$u_2 = (\alpha^{(2)})' X = a_1^{(2)} X_1 + a_2^{(2)} X_2 + \cdots + a_p^{(2)} X_p$$

$$v_2 = (\beta^{(2)})' Y = b_1^{(2)} Y_1 + b_2^{(2)} Y_2 + \cdots + b_q^{(2)} Y_q$$

为第二对典型变量，最大特征根的平方根 λ_2 称为第二对典型变量的相关系数。

类似地，可以依次求出第 r 对典型变量 $u_r = (\alpha^{(r)})' X$ 和 $v_r = (\beta^{(r)})' Y$，其系数向量 $\alpha^{(r)}$ 和 $\beta^{(r)}$ 分别为矩阵 M_1 和 M_2 的第 r 大特征根 λ_r^2 对应的单位特征向量，λ_r 就是第 r 对典型变量的典型相关系数。

例 9.1　为了了解家庭的特征与其消费模式之间的关系。家庭消费模式变量取每年去餐馆就餐的频率 x_1，每年外出看电影的频率 x_2 两个指标；家庭的特征变量取户主的年龄 y_1，家庭年收入 y_2，户主受教育程度 y_3 三个指标。这两组变量的相关系数如表 9.1 所示。试求典型变量及典型变量间的相关系数。

表 9.1　例 9.1 变量间的相关系数

	x_1	x_2	y_1	y_2	y_3
x_1	1.00	0.80	0.26	0.67	0.34
x_2	0.80	1.00	0.33	0.59	0.34
y_1	0.26	0.33	1.00	0.37	0.21
y_2	0.67	0.59	0.37	1.00	0.35
y_3	0.34	0.34	0.21	0.35	1.00

解　变量标准化后的相关系数矩阵与协方差阵是相等的，因此由相关系数阵可以计算出 M_1 和 M_2 的特征根及相应的单位特征向量，具体计算结果见表 9.2～表 9.4。

表 9.2　例 9.1 的典型相关分析

	典型相关系数	典型相关系数的平方
1	0.6879	0.4732
2	0.1869	0.0349

表 9.3　例 9.1 的 X 组典型变量的系数

	u_1	u_2
x_1	0.7689	-1.4787
x_2	0.2721	1.6443

表 9.4   例 9.1 的 Y 组典型变量的系数

	v_1	v_2
y_1	0.0491	1.0003
y_2	0.8975	-0.5837
y_3	0.1900	0.2956

由表 9.3 与表 9.4 可以得出第一对典型变量为

$$u_1 = 0.7689x_1 + 0.2721x_2$$

$$v_1 = 0.0491y_1 + 0.8975y_2 + 0.1900y_3$$

它们的相关系数为 0.6879。同理可以写出第二对典型变量为

$$u_2 = -1.4787x_1 + 1.6443x_2$$

$$v_2 = 1.0003y_1 - 0.5837y_2 + 0.2956y_3$$

它们的相关系数为 0.1869。

3. 典型变量的性质

（1）同一组的典型变量之间互不相关，并且其方差为 1。设 X, Y 的第 k 对典型变量为

$$u_k = \alpha'_k X, \quad v_k = \beta'_k Y, \quad k = 1, 2, \cdots, m; \quad m = \min(p, q)$$

则有

$$\mathrm{Cov}\,(u_k, u_i) = \delta_{ij} = \begin{cases} 1, & k = i \\ 0, & k \neq i \end{cases}$$

$$\mathrm{Cov}\,(v_k, v_i) = \delta_{ij} = \begin{cases} 1, & k = i \\ 0, & k \neq i \end{cases}$$

（2）不同组的典型变量之间相关性

$$\rho_{u_i, v_j} = \mathrm{Cov}(u_i, v_j) = \mathrm{Cov}(\alpha'_i x, \beta'_j y) = \alpha'_i \mathrm{Cov}(x, y)\beta'_j = \alpha'_i \Sigma_{12}\beta'_j = \lambda_j \alpha'_i \Sigma_{11}\alpha_j = \begin{cases} \lambda_i, i = j \\ 0, i \neq j \end{cases},$$

$$i, j = 1, 2, \cdots, m$$

即同对典型变量的相关系数为 λ_i，不同对典型变量的相关系数为零。

（3）原始变量与典型变量之间的相关系数。设原始变量的相关系数矩阵为

$$R = \begin{bmatrix} R_{11} & R_{12} \\ R_{21} & R_{22} \end{bmatrix}$$

设典型变量系数矩阵为

$$A = \begin{bmatrix} a_1 & a_2 & \cdots & a_r \end{bmatrix}_{p \times r} = \begin{bmatrix} a_{11} & a_{12} & \cdots & a_{1r} \\ a_{21} & a_{22} & \cdots & a_{2r} \\ \vdots & \vdots & & \vdots \\ a_{p1} & a_{p2} & \cdots & a_{pr} \end{bmatrix}$$

$$B = \begin{bmatrix} b_1 & b_2 & \cdots & b_r \end{bmatrix}_{q \times r} = \begin{bmatrix} b_{11} & b_{12} & \cdots & b_{1r} \\ b_{21} & b_{22} & \cdots & b_{2r} \\ \vdots & \vdots & & \vdots \\ b_{q1} & b_{q2} & \cdots & b_{qr} \end{bmatrix}$$

则有

$$\rho_{x_i,u_j} = \mathrm{Cov}(x_i, u_j) = \mathrm{Cov}(x_i, a_{1j}x_1 + a_{2j}x_2 + \cdots + a_{pj}x_p)$$

$$= \mathrm{Cov}(x_i, a_{1j}x_1) + \mathrm{Cov}(x_i, a_{2j}x_2) + \cdots + \mathrm{Cov}(x_i, a_{pj}x_p) = \sum_{k=1}^{p} a_{kj}\sigma_{x_i,x_k}$$

$$\rho_{x_i,u_j} = \sum_{k=1}^{p} a_{kj}\sigma_{x_i,x_k}/\sigma_{x_i}, \quad i,j = 1,2,\cdots,m$$

$$\rho_{x_i,v_j} = \mathrm{Cov}(x_i, v_j) = \mathrm{Cov}(x_i, b_{1j}y_1 + b_{2j}y_2 + \cdots + b_{qj}y_q)$$

$$= \mathrm{Cov}(x_i, b_{1j}y_1) + \mathrm{Cov}(x_i, b_{2j}y_2) + \cdots + \mathrm{Cov}(x_i, b_{qj}y_q) = \sum_{k=1}^{q} b_{kj}\sigma_{x_i,y_k}$$

$$\rho_{x_i,v_j} = \sum_{k=1}^{q} b_{kj}\sigma_{x_i,y_k}/\sigma_{x_i}, \quad i,j = 1,2,\cdots,m$$

同理可以得

$$\rho_{y_i,u_j} = \sum_{k=1}^{p} a_{kj}\sigma_{y_i,x_k}/\sigma_{y_i}, \quad i = 1,2,\cdots,p; j = 1,2,\cdots,m$$

$$\rho_{y_i,v_j} = \sum_{k=1}^{q} b_{kj}\sigma_{y_i,y_k}/\sigma_{y_i}, \quad i = 1,2,\cdots,q; j = 1,2,\cdots,m$$

例 9.2 已知例 9.1 的典型变量，试计算原始变量与典型变量之间的相关系数。

解 计算原始变量与典型变量之间的相关系数结果如表 9.5~ 表 9.8 所示。

表 9.5 原始变量 X 与本组典型变量的相关系数

	u_1	u_2
x_1	0.9866	−0.1632
x_2	0.8872	0.4614

表 9.6   原始变量 Y 与本组典型变量的相关系数

	v_1	v_2
y_1	0.4211	0.8464
y_2	0.9822	-0.1101
y_3	0.5145	0.3013

表 9.7   原始变量 X 与对应组典型变量之间的相关系数

	v_1	v_2
x_1	0.6787	-0.0305
x_2	0.6104	0.0862

表 9.8   原始变量 Y 与对应组典型变量之间的相关系数

	u_1	u_2
y_1	0.2897	0.1582
y_2	0.6757	-0.0206
y_3	0.3539	0.0563

两个反映消费的指标与第一对典型变量中 u_1 的相关系数分别为 0.9866 和 0.8872, 可以看出 u_1 可以作为消费特性的指标, 第一对典型变量中 v_1 与 y_2 之间的相关系数为 0.9822, 可见典型变量 v_1 主要代表家庭收入, u_1 和 v_1 的相关系数为 0.6879, 这就说明家庭的消费与一个家庭的收入之间其关系是很密切的; 第二对典型变量中 u_2 与 x_2 的相关系数为 0.4614, 可以看出 u_2 可以作为文化消费特性的指标, 第二对典型变量中 v_2 与 y_1 和 y_3 之间的分别相关系数为 0.8464 和 0.3013, 可见典型变量 v_2 主要代表了家庭成员的年龄特征和教育程度, u_2 和 v_2 的相关系数为 0.1869, 说明文化消费与年龄和受教育程度有关。

4. 各组原始变量被典型变量所解释的方差

X 组原始变量被典型变量 u_i、v_i 解释的方差比例分别为

$$n_{u_i} = (\rho_{u_i,x_1}^2 + \rho_{u_i,x_2}^2 + \cdots + \rho_{u_i,x_p}^2)/p, \quad i = 1, 2, \cdots, m$$

$$m_{v_i} = (\rho_{v_i,x_1}^2 + \rho_{v_i,x_2}^2 + \cdots + \rho_{v_i,x_p}^2)/p, \quad i = 1, 2, \cdots, m$$

Y 组原始变量被典型变量 u_i、v_i 解释的方差比例为

$$\tilde{n}_{u_i} = (\rho_{u_i,y_1}^2 + \rho_{u_i,y_2}^2 + \cdots + \rho_{u_i,y_q}^2)/q, \quad i = 1, 2, \cdots, m$$

$$\tilde{m}_{v_i} = (\rho_{v_i,y_1}^2 + \rho_{v_i,y_2}^2 + \cdots + \rho_{v_i,y_q}^2)/q, \quad i = 1, 2, \cdots, m$$

例 9.3   在例 9.2 计算原始变量与典型变量之间的相关系数结果的基础上, 试计算各组原始变量被典型变量所解释的方差。

解   计算各组原始变量被典型变量所解释的方差如表 9.9 和表 9.10 所示。

表 9.9   被典型变量解释的 X 组原始变量的方差

	被本组的典型变量解释		被对方 Y 组典型变量解释		
	比例	累计比例	典型相关系数平方	比例	累计比例
1	0.8803	0.8803	0.4733	0.4166	0.4166
2	0.1197	1.0000	0.0349	0.0042	0.4208

表 9.10　被典型变量解释的 Y 组原始变量的方差

	被本组的典型变量解释		被对方 X 组典型变量解释		
	比例	累计比例	典型相关系数平方	比例	累计比例
1	0.4689	0.4689	0.4733	0.2219	0.2219
2	0.2731	0.7420	0.0349	0.0095	0.2315

9.3　样本典型相关分析

在实际应用中，总体的协方差矩阵 Σ 常常是未知的，类似于其他的统计分析方法，需要从总体中抽出一个样本，根据样本对总体的协方差 Σ 或相关系数矩阵 R 进行估计，然后利用估计得到的协方差或相关系数矩阵进行分析。由于估计中抽样误差的存在，所以估计以后还需要进行有关的假设检验。

1. 样本典型相关变量及典型相关系数

假设有 $X = (x_1, x_2, \cdots, x_p)'$ 组和 $Y = (y_1, y_2, \cdots, y_q)'$ 组变量组成总体 $Z = (x_1, x_2, \cdots, x_p, y_1, y_2, \cdots, y_q)'$，从总体 Z 中抽取样本容量为 n 的样本，记为 (X_1, Y_1), $(X_2, Y_2), \cdots, (X_n, Y_n)$，观测值矩阵为

$$Z = \begin{bmatrix} x_{11} & \cdots & x_{1p} & y_{11} & \cdots & y_{1q} \\ x_{21} & \cdots & x_{2p} & y_{21} & \cdots & y_{2q} \\ x_{31} & \cdots & x_{3p} & y_{31} & \cdots & y_{3q} \\ \vdots & & \vdots & \vdots & & \vdots \\ x_{n1} & \cdots & x_{np} & y_{n1} & \cdots & y_{nq} \end{bmatrix} = \begin{bmatrix} X & Y \end{bmatrix}$$

计算样本协方差阵：

$$\hat{\Sigma} = \frac{1}{n-1} \sum_{j=1}^{n} (Z_j - \bar{Z}_j)'(Z_j - \bar{Z}_j) = \frac{1}{n-1} \begin{pmatrix} \hat{\Sigma}_{11} & \hat{\Sigma}_{12} \\ \hat{\Sigma}_{21} & \hat{\Sigma}_{22} \end{pmatrix}$$

令

$$\hat{M}_1 = \hat{\Sigma}_{11}^{-1} \hat{\Sigma}_{12} \hat{\Sigma}_{22}^{-1} \hat{\Sigma}_{21}$$

$$\hat{M}_2 = \hat{\Sigma}_{22}^{-1} \hat{\Sigma}_{21} \hat{\Sigma}_{11}^{-1} \hat{\Sigma}_{12}$$

如前所述，求解 $\hat{M}_1$ 和 $\hat{M}_2$ 的特征根 $\lambda_1^2 \geqslant \lambda_2^2 \geqslant \cdots \geqslant \lambda_r^2$ 及其相应的特征向量 α_i 和 $\beta_i (i = 1, 2, \cdots, m)$。则特征向量构成典型变量的系数，特征根为典型变量相关系数的平方。

这里需要指出的，若样本数据矩阵已经标准化处理，则样本协方差矩阵就是样本相关系数矩阵，此时可以直接利用相关系数矩阵来计算特征值及相应的单位特征向量。

2. 典型相关系数的检验

典型相关分析是否恰当，应该取决于两组原变量之间是否相关，如果两组变量之间毫无相关性而言，那么讨论两组变量的典型相关分析就毫无意义。因此用样本数据进行典型

相关分析时，应首先对两组变量的协方差阵是否为零进行检验。典型相关系数检验分为全部总体典型相关系数为零的检验和部分总体典型相关系数为零的检验。

1）全部总体典型相关系数为零的检验

考虑假设检验问题：

$H_0 : \rho_1 = \cdots = \rho_m = 0$，即典型相关系数均为零；$H_1 : \rho_i (i = 1, 2, \cdots, m)$ 中至少有一个不为零。

其中，$m = \min(p, q)$。若检验接受 H_0，则认为讨论两组变量之间没有相关性，即 $\mathrm{Cov}(X, Y) = \Sigma_{12} = 0$，这时进行典型相关分析就没有意义；若检验拒绝接受 H_0，则认为第一对典型变量是显著的。上述假设检验问题实际上等价于假设检验问题：

$H_0 : \Sigma_{12} = 0$，$H_1 : \Sigma_{12} \neq 0$。

H_0 成立表明变量 X 与 Y 互不相关。

根据随机向量的检验理论，构造似然比检验统计量为

$$\Lambda_0 = \frac{\left| \hat{\Sigma} \right|}{\left| \hat{\Sigma}_{11} \right| \left| \hat{\Sigma}_{22} \right|} = \prod_{i=1}^{m} (1 - \hat{\lambda}_i^2)$$

其中，$\hat{\lambda}_i^2$ 是矩阵 M_1 的第 i 个特征根的估计值。

当 H_0 成立时，$Q_0 = -\left(n - \frac{1}{2}(p + q + 3) \right) \ln \Lambda_0$ 近似服从 $\chi^2(f)$ 分布，其中，自由度 $f = pq$。在给定显著水平 α 下，当样本统计量值 Q_0 大于 $\chi_\alpha^2(pq)$ 临界值时，拒绝原假设 H_0，认为第一对典型变量之间的相关性是显著的；否则，认为第一对典型变量之间的相关性是不显著的。

2）部分总体典型相关系数为零的检验

如果 $Q_0 \geqslant \chi_\alpha^2(pq)$，则拒绝原假设，认为至少第一对典型变量之间的相关性显著。再检验下一对典型变量之间的相关性，直至相关性不显著。对两组变量 X 和 Y 进行典型相关分析，采用的也是一种降维技术。使用尽可能少的典型变量对数，为此需要对一些较小的典型相关系数是否为零进行假设检验。H_0 经检验被拒绝，则应进一步检验假设。

$H_0 : \rho_2 = \cdots = \rho_m = 0$；$H_1 : \rho_i (i = 2, 3, \cdots, m)$ 中至少有一个不为零。

若原假设 H_0 被接受，则认为只有第一对典型变量是显著的；若原假设 H_0 被拒绝，则认为第二对典型变量也是可以选择的，并进一步检验假设：

$H_0 : \rho_3 = \cdots = \rho_m = 0$；$H_1 : \rho_i (i = 3, \cdots, m)$ 中至少有一个不为零。

如此进行，直至对某个 k，$H_0 : \rho_{k+1} = \cdots = \rho_m = 0$，被接受，这时可认为只有前 k 对典型变量是显著的。对于假设检验问题

$H_0 : \rho_{k+1} = \cdots = \rho_m = 0$；$H_1 : \rho_i (i = k + 1, \cdots, m)$ 中至少有一个不为零。
其检验的统计量

$$\Lambda_k = k \prod_{i=k+1}^{m} (1 - \hat{\lambda}_i^2)$$

当 H_0 成立时，$Q_k = -\left(n - k - \dfrac{1}{2}(p + q + 3)\right) \ln \Lambda_k$ 近似服从 $\chi^2(f)$ 分布，其中，自由度 $f = (p - k)(q - k)$。在给定显著水平 α 下，当样本统计量值 $Q_k \geqslant \chi_\alpha^2((p - k)(q - k))$ 临界值时，拒绝原假设 H_0，认为第 $k + 1$ 对典型变量之间的相关性是显著的。

9.4　实例分析

实例 9.1　职业满意度典型相关分析。

某调查公司对某一个大型零售公司随机调查了 784 人，测量了五个职业特性指标和七个职业满意变量。

X 组：X_1 为用户反馈，X_2 为任务重要性，X_3 为任务多样性，X_4 为任务特殊性，X_5 为自主权；

Y 组：Y_1 为主管满意度，Y_2 为事业前景满意度，Y_3 为财政满意度，Y_4 为工作强度满意度，Y_5 为公司地位满意度，Y_6 为工作满意度，Y_7 为总体满意度。

它们之间的相关系数矩阵如表 9.11 所示。试对这两组指标进行典型相关分析。

表 9.11　实例 9.1 变量间的相关系数矩阵

	X_1	X_2	X_3	X_4	X_5	Y_1	Y_2	Y_3	Y_4	Y_5	Y_6	Y_7
X_1	1.00	0.49	0.53	0.49	0.51	0.33	0.32	0.20	0.19	0.30	0.37	0.21
X_2	0.49	1.00	0.57	0.46	0.53	0.30	0.21	0.16	0.08	0.27	0.35	0.20
X_3	0.53	0.57	1.00	0.48	0.57	0.31	0.23	0.14	0.07	0.24	0.37	0.18
X_4	0.49	0.46	0.48	1.00	0.57	0.24	0.22	0.12	0.19	0.21	0.29	0.16
X_5	0.51	0.53	0.57	0.57	1.00	0.38	0.32	0.17	0.23	0.32	0.36	0.27
Y_1	0.33	0.30	0.31	0.24	0.38	1.00	0.43	0.27	0.24	0.34	0.37	0.40
Y_2	0.32	0.21	0.23	0.22	0.32	0.43	1.00	0.33	0.26	0.54	0.32	0.58
Y_3	0.20	0.16	0.14	0.12	0.17	0.27	0.33	1.00	0.25	0.46	0.29	0.45
Y_4	0.19	0.08	0.07	0.19	0.23	0.24	0.26	0.25	1.00	0.28	0.30	0.27
Y_5	0.30	0.27	0.24	0.21	0.32	0.34	0.54	0.46	0.28	1.00	0.35	0.59
Y_6	0.37	0.35	0.37	0.29	0.36	0.37	0.32	0.29	0.30	0.35	1.00	0.31
Y_7	0.21	0.20	0.18	0.16	0.27	0.40	0.58	0.45	0.27	0.59	0.31	1.00

解　计算变量间的相关系数矩阵 $R = (r_{ij})$，具体计算见表 9.12。

表 9.12　实例 9.1 的典型相关系数分析

	典型相关系数	典型相关系数平方
1	0.5537	0.3066
2	0.2364	0.0559
3	0.1192	0.0142
4	0.0722	0.0052
5	0.0573	0.0033

典型相关系数的显著性检验结果见表 9.13。

表 9.13　实例 9.1 典型相关系数的显著性检验

	似然比值	χ^2 值	自由度	$\chi^2_{0.01}$ 临界值	$\chi^2_{0.05}$ 临界值
1	0.63988	346.682	35	57.342	49.802
2	0.92281	62.298	24	42.980	36.415
3	0.97744	17.676	15	30.578	23.685
4	0.99152	6.587	8		
5	0.99672	2.538	3		

从表 9.13 可以看出，在 0.01 的显著性水平下，对应前两对典型变量相关系数计算的 χ^2 统计量的值 $Q_i > \chi^2_{0.01}$，所以前两个典型相关系数是显著的，即前两对典型变量都是有意义的。而第三个典型相关系数计算出的统计量的值 $Q_i < \chi^2_{0.01}$，所以第三个典型相关系数不显著。

表 9.14　实例 9.1 X 组典型变量的系数

	U_1	U_2	U_3	U_4	U_5
X_1	0.4217	0.3429	−0.8577	−0.7884	0.0308
X_2	0.1951	−0.6683	0.4434	−0.2691	0.9832
X_3	0.1676	−0.8532	−0.2592	0.4688	−0.9141
X_4	−0.0229	0.3561	−0.4231	1.0423	0.5244
X_5	0.4597	0.7287	0.9799	−0.1682	−0.4392

表 9.15　实例 9.1 Y 组典型变量的系数

	V_1	V_2	V_3	V_4	V_5
Y_1	0.4252	−0.0880	0.4918	−0.1284	−0.4823
Y_2	0.2089	0.4363	−0.7832	−0.3405	−0.7499
Y_3	−0.0359	−0.0929	−0.4778	−0.6059	0.3457
Y_4	0.0235	0.9260	−0.0065	0.4044	0.3116
Y_5	0.2902	−0.1011	0.2831	−0.4469	0.7030
Y_6	0.5157	−0.5543	−0.4125	0.6876	0.1796
Y_7	−0.1101	−0.0317	0.9285	0.2739	−0.0141

由表 9.14 与表 9.15 可以得出第一对典型变量为

$$U_1 = 0.4217X_1 + 0.1951X_2 + 0.1676X_3 - 0.0229X_4 + 0.4597X_5$$

$$V_1 = 0.4252Y_1 + 0.2089Y_2 - 0.0359Y_3 + 0.0235Y_4 + 0.2902Y_5 + 0.5157Y_6 - 0.1101Y_7$$

它们的相关系数为 0.5537。

同理可以写出第二对典型变量为

$$U_2 = 0.3429X_1 - 0.6683X_2 - 0.8532X_3 + 0.3561X_4 + 0.7287X_5$$

$$V_2 = -0.088Y_1 + 0.4363Y_2 - 0.0929Y_3 + 0.926Y_4 - 0.1011Y_5 - 0.5543Y_6 - 0.0317Y_7$$

它们的相关系数为 0.2364。

在第一对典型变量中，U_1 主要受用户反馈和自主权的影响，V_1 主要受工作满意度、事业前景满意度和主管满意度的影响；U_2 主要受自主权、任务重要性和任务多样性的影响，V_2 主要受工作强度满意度、工作满意度和事业前景满意度的影响。

计算原始变量与典型变量之间的相关系数结果如表 9.16～ 表 9.19 所示。

表 9.16　实例 9.1 原始变量 X 与本组典型变量之间的相关系数

	U_1	U_2	U_3	U_4	U_5
X_1	0.8293	0.1093	-0.4853	-0.2469	0.0611
X_2	0.7304	-0.4366	0.2001	0.0021	0.4857
X_3	0.7533	-0.4661	-0.1056	0.3020	-0.3360
X_4	0.6160	0.2225	-0.2053	0.6614	0.3026
X_5	0.8606	0.2660	0.3886	0.1484	-0.1246

表 9.17　实例 9.1 原始变量 Y 与本组典型变量之间的相关系数

	V_1	V_2	V_3	V_4	V_5
Y_1	0.7564	0.0446	0.3395	-0.1294	-0.3370
Y_2	0.6439	0.3582	-0.1717	-0.3530	-0.3335
Y_3	0.3872	0.0373	-0.1767	-0.5348	0.4148
Y_4	0.3772	0.7919	-0.0054	0.2886	0.3341
Y_5	0.6532	0.1084	0.2092	-0.4376	0.4346
Y_6	0.8040	-0.2416	-0.2348	0.4052	0.1964
Y_7	0.5024	0.1628	0.4933	-0.1890	0.0678

表 9.18　实例 9.1 原始变量 X 与对应组典型变量之间的相关系数

	V_1	V_2	V_3	V_4	V_5
X_1	0.4592	0.0258	0.0578	-0.0178	0.0035
X_2	0.4044	-0.1032	0.0239	0.0002	0.0278
X_3	0.4171	0.1102	-0.0126	0.0218	0.0192
X_4	0.3411	0.0526	0.0245	0.0478	0.0173
X_5	0.4765	0.0629	0.0463	0.0107	-0.0071

表 9.19　实例 9.1 原始变量 Y 与对应组典型变量之间的相关系数

	U_1	U_2	U_3	U_4	U_5
Y_1	0.4188	0.0105	0.0405	-0.0093	0.0193
Y_2	0.3565	0.0847	-0.0205	-0.0255	0.0191
Y_3	0.2144	0.0088	-0.0211	-0.0386	0.0238
Y_4	0.2088	0.1872	-0.0006	0.0208	0.0191
Y_5	0.3617	0.0256	0.0249	0.0316	0.0249
Y_6	0.4452	-0.0571	-0.0280	0.0293	0.0112
Y_7	0.2782	0.0385	0.0588	0.0136	0.0039

可以看出，所有五个表示职业特性的变量与 U_1 有大致相同的相关系数，U_1 视为形容职业特性的指标。第一对典型变量的第二个成员 V_1 与 Y_1，Y_2，Y_5，Y_6 有较大的相关系数，说明 V_1 主要代表主管满意度、事业前景满意度、公司地位满意度和工作满意度。而 U_1 和 V_1 之间的相关系数为 0.5537。

下面分析原始变量被典型变量解释的方差，如表 9.20 和表 9.21 所示。

表 9.20   实例 9.1 被典型变量解释的 X 组原始变量的方差

	被本组的典型变量解释		被对方 Y 组典型变量解释		
	比例	累计比例	典型相关系数平方	比例	累计比例
1	0.5818	0.5818	0.09340	0.1784	0.1784
2	0.1080	0.6898	0.00312	0.0060	0.1844
3	0.0960	0.7858	0.00020	0.0014	0.1858
4	0.1223	0.9081	0.00003	0.0006	0.1864
5	0.0919	1.0000	0.00001	0.0003	0.1867

表 9.21   实例 9.1 被典型变量解释的 Y 组原始变量的方差

	被本组的典型变量解释		被对方 X 组典型变量解释		
	比例	累计比例	典型相关系数平方	比例	累计比例
1	0.3721	0.3721	0.09340	0.1141	0.1141
2	0.1222	0.4943	0.00312	0.0068	0.1209
3	0.0740	0.5683	0.00020	0.0011	0.1220
4	0.1289	0.6972	0.00003	0.0007	0.1226
5	0.1058	0.8030	0.00001	0.0003	0.1230

U_1 和 V_1 解释的本组原始变量的比率：X 组的原始变量被 U_1 到 U_5 解释了 100%；Y 组的原始变量被 V_1 到 V_5 解释了 80.3%；X 组的原始变量被 U_1 到 U_2 解释了 68.98%；Y 组的原始变量被 V_1 到 V_2 解释了 49.43%。

习　题

1. 什么是典型相关分析? 简述其基本思想。

2. 什么是典型变量? 它有哪些性质?

3. 设标准化变量 $X = (X_1, X_2)'$，$Y = (Y_1, Y_2)'$，已知其相关阵为

$$R = \begin{bmatrix} 1 & 0.5 & 0.7 & 0.7 \\ 0.5 & 1 & 0.7 & 0.7 \\ 0.7 & 0.7 & 1 & 0.6 \\ 0.7 & 0.7 & 0.6 & 1 \end{bmatrix}$$

试求 X, Y 的典型相关变量和典型相关系数。

4. 对 140 名学生进行了阅读速度 X_1、阅读技巧 X_2、运算速度 Y_1 和运算技巧 Y_2 四个方面的测验，所得成绩的相关系数矩阵为

$$R = \begin{bmatrix} 1 & 0.03 & 0.24 & 0.59 \\ 0.03 & 1 & 0.06 & 0.17 \\ 0.24 & 0.06 & 1 & 0.24 \\ 0.59 & 0.17 & 0.24 & 1 \end{bmatrix}$$

试分析学生的阅读能力与运算能力之间的相关程度。

第 10 章　SPSS 在多元统计分析中的应用

在多元统计分析中，往往需要对大量的数据进行计算与分析。为了使统计分析人员摆脱繁重计算等机械重复的工作，专注于模型的建立、检验和分析，一些商业组织、研究机构和学者开发了专门的软件，如 SPSS、SAS 等。鉴于 SPSS 软件在统计中的广泛应用，下面以 SPSS for Windows 26.0 中文版本为工具，介绍如何在多元统计分析中使用 SPSS 软件。

10.1　SPSS 概述

10.1.1　SPSS 简介

1968 年，美国斯坦福大学三位大学生开发了最早的 SPSS（Statistical Package for the Social Sciences，社会科学统计软件包）统计软件，并于 1975 年在芝加哥成立了 SPSS 公司。经过 40 余年的发展，目前全球约有 25 万家产品用户，广泛分布于通信、医疗、银行、证券、保险、制造、商业、市场研究、科研、教育等多个领域和行业。随着 SPSS 产品服务领域的扩大和服务深度的增加，SPSS 公司于 2000 年正式将英文全称更改为"统计产品与服务解决方案"（Statistical Product and Service Solutions）。2009 年 7 月 28 日，IBM（International Business Machines Corporation，国际商业机器公司）宣布将用 12 亿美元现金收购统计分析软件提供商 SPSS 公司。如今 SPSS 的最新版本为 26.0，而且更名为 IBM SPSS Statistics。

SPSS 操作简便，好学易懂，简单实用，并且具有强大的图形功能，可以得到直观、清晰、漂亮的统计图，因而很受非专业人士的青睐。相比于 SAS 软件，SPSS 主要针对社会科学研究领域开发，因而更适合应用于教学科研活动，是国外教学科研人员必备的科研工具。1988 年，中国高教学会首次推广 SPSS 软件，从此该软件成为国内教学科研人员最常用的工具。

在 SPSS 26.0 版本的主窗口中（图 10.1），从上到下依次为如下内容。

（1）11 个主要的菜单：① 文件；② 编辑；③ 查看；④ 数据；⑤ 转换；⑥ 分析；⑦ 图形；⑧ 实用程序；⑨ 扩展；⑩ 窗口；⑪帮助。

（2）快捷工具栏：小图标表示常用操作，如打开、保存等。

（3）数据输入栏：二维数据表（每列为一个变量；每行为一个案例）。

（4）"数据视图"与"变量视图"转换按钮。

SPSS for Windows 是 Windows 系统下的版本，主要有如下特点。

（1）操作简便，易于使用。除了数据输入工作需要键盘完成，大多数操作可以通过"菜单""图形按钮""对话框"来完成，易于初学者的学习。熟悉微软公司 Excel 软件的用户很容易上手使用 SPSS。SPSS for Windows 界面完全是菜单式，稍有统计基础的人经过两三天培训即可用 SPSS 做简单的数据分析，包括绘制图表、简单回归、相关分析等。对于熟悉老版本编程运行方式的用户，SPSS 还特别设计了语法生成窗口，用户只需在菜单中选好各个选项，然后单击"粘贴"按钮就可以自动生成标准的 SPSS 程序。极大地方便了中、高级用户。

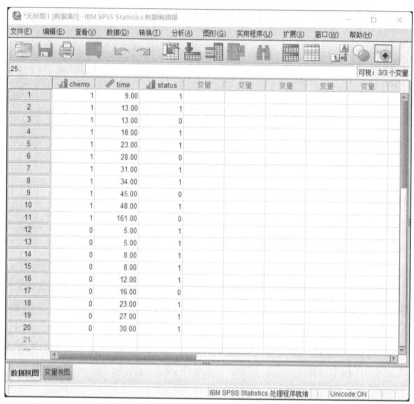

扫一扫
看彩图

图 10.1   SPSS 主窗口

（2）集数据录入和编辑、统计分析、报表制作、图形绘制为一体。从理论上说，只要计算机硬盘和内存足够大，SPSS 可以处理任意大小的数据文件，无论文件中包含多少个变量，也不论数据中包含多少个案例。并且软件包含数据的录入、编辑，各种统计模型计算与分析、计算结果和报表输出等整个处理过程。

（3）统计功能齐全。在 SPSS 软件中，包括常用的统计分析功能，如相关分析、回归分析、方差分析、卡方检验、t 检验和非参数检验；也包括近期发展的多元统计技术，如多元回归分析、聚类分析、判别分析、主成分分析和因素分析等，并能在屏幕（或打印机）上显示（打印）如正态分布图、直方图、散点图等各种统计图表。从某种意义上讲，SPSS 软件还可以帮助数学功底不够的使用者学习运用现代统计技术。使用者仅需要关心某个问题应该采用何种统计方法，掌握对计算结果的解释，而不需要了解其具体运算过程。

（4）数据格式丰富。在 SPSS 中，数据适用性强，可处理不同格式的数据，如关系数据库生成的 DBF 文件、用文本编辑软件生产的 ASCII 码数据文件或 Excel 数据文件等，均可方便地转换成可供分析的 SPSS 数据文件。输出结果十分美观，存储时则是专用的 SPO 格式，并可以转存为 HTML 格式和文本格式。

10.1.2　SPSS 数据及输入

使用 SPSS 进行统计分析离不开数据，数据管理是 SPSS 的重要组成部分。详细了解 SPSS 的数据管理方法，将有助于用户提高工作效率。在 SPSS 中，为了便于应用，将一些数据按照一定的规则和格式排列起来，就形成了数据文件。

数据 (Data) 是 SPSS 处理分析的主要对象，即数字、字母或符号，可以是某次实验或调查结果的记录等。

1. 案例（Case）

在一组数据中对某一个体记录的一组数据，如编号为"1"的教师。

2. 常量

一个 SPSS 常量就是一个数值、一个括在单（双）引号中的字符串或是按日期格式表示的日期、时间和日期时间。常用的 SPSS 常量有数值型、字符型和日期型。

3. 变量（Variable）

SPSS 中的变量与在数学中的变量的定义是一致的，即在处理过程中其值可以改变的量，如性别、年龄等。通常是指案例所拥有的属性。

SPSS 中的变量属性可以在数据窗口中的"变量视图"中进行定义，其中变量名和变量类型是必不可少的，必须进行定义。每一变量必须有"变量名"，用英文或拼音，如 NAME、AGE 等。变量名最多由 8 个字符构成，第一个字符必须是字母或 @、下划线或 $。如 X1 等。变量有数值型和字符型。

4. 值（Value）

即常量数据，如变量 AGE 的值是 12、20 等。

5. 表达式

表达式是用运算符连接运算对象所组成的有一定意义的运算式，是数据的表现形式之一。表达式可分为算术表达式和逻辑表达式。其中，算术表达式是具有赋值功能命令中的赋值表达式，逻辑表达式构成许多命令中的逻辑条件。

算术表达式是由算术运算符连接数值常量、变量、数值表达式或函数构成的，其值仍然是数值型。算术运算符有加（＋）、减（－）、乘（×）、除（/）、乘方（**），可以使用数字类函数如 ABS、LN 等。

逻辑表达式是由关系运算符连接常量、变量或表达式构成的简单逻辑表达式，或者是包含了逻辑运算符构成的复合逻辑表达式。逻辑表达式的值为逻辑值，其值为"真"或"假"，或为缺失值。

6. 函数

函数是数据的重要表现形式，用于 COMPUTE、IF 和 SELECT IF 命令中的表达式。所有函数都不能用长字符串型变量做自变量。自变量是被函数变换的表达式，它一般在括号内，包括算术和指数运算符及数字常数。在引用函数时必须提供对应的参数。

SPSS 中的函数按其作用可分为五类：数学函数、缺失值函数、LAG 函数、随机数函数和日期函数。其中数学函数有 ABS( )、RND( )、SQRT( ) 等，它以数值量为引用参数。数学函数总是返回数字值。当结果不定时，返回默认值。缺失值函数是以变量名为引用参数的函数，返回值随函数而异。SPSS 中提供的缺失值函数有 VALUE( )、MISSING( )、SYSMIS( )。随机数函数是产生随机数的函数，SPSS 中提供两种：UNIFORM( )，用于产生均匀的伪随机数；NORMAL( )，用于产生正态伪随机数。日期函数是 YRMODA( )，其返回值是自 1582 年 10 月 15 日（公历第一天）以来的天数。

在 SPSS 中建立数据文件的步骤如下。

（1）选择"文件/新建/数据"，以建立一个新的数据文件。

（2）单击"数据视图"与"变量视图"转换按钮中的"变量视图"，进入变量视图，如图 10.2 所示。

① 在"名称"列输入变量的名字，如 package、brand 等。

② 在"类型"列中选择数据的类型，如数值（Numeric）、日期（Date）、字符串（String）等。默认情况下为数值类型，如果需要修改类型，单击"类型"列的…，在弹出的窗口中进行选择。

③ 宽度：数据的长度，这里为可显示的长度。

④ 小数位数：数据的小数点后的显示位数。

⑤ 标签：在统计分析中，变量的显示名称，可以是中文，如性别、年龄等。

⑥ 值：单击…，弹出窗口，输入数值。

⑦ 缺失：如果变量存在遗漏值，单击…，在弹出窗口输入遗漏值。

⑧ 列：设置该栏的宽度。

⑨ 对齐：设置数据在栏中的对齐方式。

⑩ 测量：单击…，刻度（定距）、序数（定序）、名义（定类）。

扫一扫
看彩图

图 10.2 SPSS 变量视图界面

（3）单击"数据视图"与"变量视图"转换按钮中的"数据视图"，进入数据视图窗口（图 10.1），录入数据。

在输入完毕数据后，就可以进行统计分析。本书主要对多元统计分析相关的功能进行介绍，其他统计功能，请参考 SPSS 相关资料。

统计分析的结果，在 SPSS 中，以输出文件的格式进行显示，如图 10.3 所示。用户可以将输出结果保存为.spv 格式文件，也可以导出为 html 网页文件等，或者将计算结果复制到 Word 等文档文件。

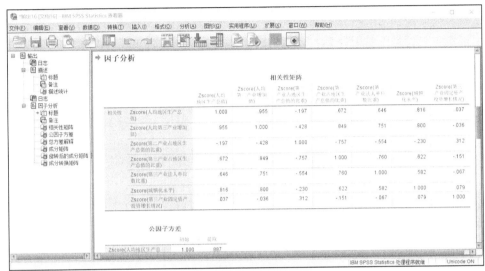

扫一扫
看彩图

图 10.3　SPSS 计算结果输出界面

10.2　多因素方差分析

10.2.1　概述

方差分析是检验两个总体或多个总体的均值间差异是否具有统计意义的一种方法。由 SPSS 26.0 提供的方差分析过程如下。

1. 单因素方差分析（one-way ANOVA）

单因素方差分析过程是单因素简单方差分析过程。

2. 一般线性模型

一般线性模型（general linear model，GLM）过程可以完成简单的多因素方差分析和协方差分析。不但可以分析各因素的主效应，还可以分析各因素间的交互效应。该过程允许指定最高阶次的交互效应，建立包括所有效应的模型。一般线性模型过程的主要功能如下。

（1）单变量（univariate）。单变量命令完成一般的单因变量多因素方差分析，可以指定协变量，即进行协方差分析。在指定模型方面有较大的灵活性并可以提供大量的统计输出。

（2）多变量（multivariate）。多变量命令进行多因变量的多因素方差分析。当研究的问题具有两个或两个以上相关的因变量时，要研究一个或几个因素变量与因变量集之间的关系时，可以使用多变量菜单项。

（3）重复变量（repeated measures）。重复变量命令进行重复测量方差分析。当一个因变量在同一课题中在不止一种条件下进行测度时，要检验有关因变量均值的假设。

（4）方差成分（variance components）。方差成分进行方差估计分析。通过计算方差估计值可以分析如何减小方差。

这里主要对如何使用 SPSS 进行多因素方差分析进行说明。多因素方差分析不仅能够分析多个因素对观测变量的独立影响，还能够分析多个控制因素的交互作用能否对观测变量的分布产生显著影响，进而最终找到利于观测变量的最优组合。

10.2.2　多因素方差分析示例

下面以单变量多因素的方差分析为例，说明如何在 SPSS 中进行多因素方差分析。

例 10.1　从由五名操作者操作的三台机器中分别各抽取 1 个不同时段的产量，观测到的产量如表 10.1 所示。试进行产量是否依赖于机器类型和操作者的方差分析。

表 10.1　三台机器五名操作者的产量数据

	机器 1	机器 2	机器 3	操作者均值
操作者 1	53	61	51	55
操作者 2	47	55	51	51
操作者 3	46	52	49	49
操作者 4	50	58	54	54
操作者 5	49	54	50	51
机器均值	49	56	51	52

解　SPSS 中进行多元分析的步骤如下。

（1）在 SPSS 中，分别设置机器、操作者、产量三个变量，形成数据表如表 10.2 所示。

表 10.2　分析用数据表

机器	操作者	产量
1	1	53
1	2	47
1	3	46
1	4	50
1	5	49
2	1	61
2	2	55
2	3	52
2	4	58
2	5	54
3	1	51
3	2	51
3	3	49
3	4	54
3	5	50

（2）选择"分析 → 一般线性模型 → 单变量"菜单项，打开参数设置对话框，如图 10.4 所示。选择"产量"置入"因变量"，选择"机器"和"操作者"置入"固定因子"中，然后单击"确定"按钮，即可得到方差分析表（图 10.5）。

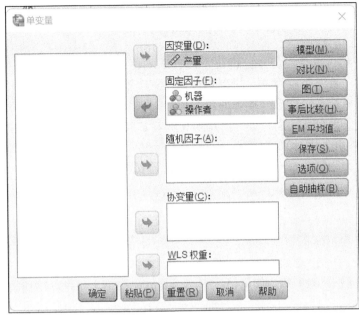

扫一扫
看彩图

图 10.4　参数设置对话框

主体间效应检验					
因变量: 产量					
源	III 类平方和	自由度	均方	F	显著性
修正模型	224.000ª	14	16.000	·	·
截距	40560.000	1	40560.000	·	·
机器	130.000	2	65.000	·	·
操作者	72.000	4	18.000	·	·
机器 * 操作者	22.000	8	2.750	·	·
误差	0.000	0	·		
总计	40784.000	15			
修正后总计	224.000	14			

a. $R^2=1.000$ (调整后 $R^2=.$)

图 10.5　方差分析表

扫一扫
看彩图

　　对于其他情况的多因素方差分析，根据前述的具体菜单项适用情况，选择相应菜单项即可。

10.3　判别分析的分类

判别分析是在研究对象分类已知的情况下，判断观察到的新样品应该归属于哪一类。要判定新样品的归属，首先需要建立一个判别准则，这个准则可以将不同类型的样品区分开来，而且使得判错率最小，称这一准则为判别函数。

按照判别准则可分为距离判别、贝叶斯判别和费希尔判别。在 SPSS 中选择"分析 →分类 → 判别"菜单项用于进行判别分析。

以第 5 章实例 5.2 为例，说明如何在 SPSS 中进行判别分析。

1. 距离判别、贝叶斯判别和费希尔判别

定义变量 x_1 为经济增长率（%）；x_2 为非国有化水平（%）；x_3 为开放度（%）；x_4 为市场化程度（%），将 27 个样本的资料合并，输入 SPSS 中。再定义一变量名为原分类，用于区分两类地区的资料，即第一类地区资料的原分类值均为 1，第二类地区资料的原分类值均为 2，待判地区的原分类值不填。如果已经有电子格式的数据，还可以用"文件 → 打开数据"的方法直接导入。

选择"分析 → 分类 → 判别"选项，将"类别"变量置入"分组变量"区域，单击"定义范围"对所分类别数进行设置，如图 10.6 所示。

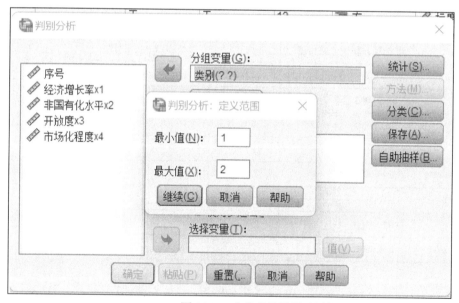

扫一扫
看彩图

图 10.6　分类变量设置对话框

单击"继续"按钮，回到判别分析主对话框，将剩余变量置入"自变量"，并选定"一起输入自变量"，如图 10.7 所示设置。

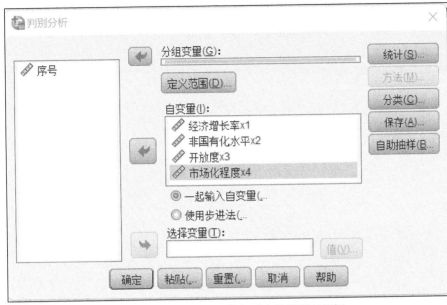

图 10.7　指标及方法设置对话框

单击"统计"按钮，进行统计量的设置。描述中选择要输出的原始数据的描述统计量。函数系数中，选择判别函数系数的输出形式。这里需要注意的是：在 SPSS 中同理论上有所不同，进行费希尔判别法时选择未标准化，进行贝叶斯判别法时选择费希尔。矩阵中选择要求输出的自变量系数矩阵，四项依次为：组内相关性、组内协方差、分组协方差、总协方差，如图 10.8 所示。

图 10.8　统计量设置对话框

单击"继续"，回到判别分析主对话框，单击"分类"，"先验概率"中选择先验概率，依次为：所有组相等、根据组大小计算，贝叶斯判别法时选择第二种。"显示"中，选择生成到输出窗口的分类结果。"图"中选择要求输出的统计图，如图 10.9 所示。

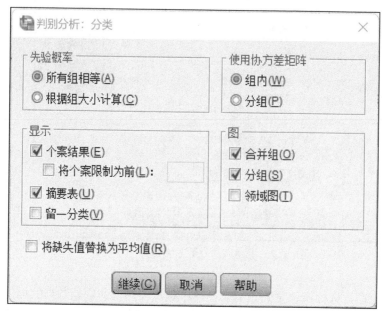

扫一扫
看彩图

图 10.9   分类设置对话框

单击"继续"按钮，回到判别分析主对话框，单击"保存"按钮，指定生成并保存到数据文件中的新变量，如图 10.10 所示。

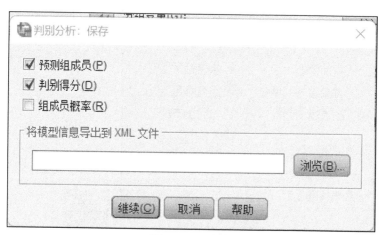

扫一扫
看彩图

图 10.10   保存设置对话框

单击"继续"，回到判别分析主对话框，单击"确认"按钮，在输出窗口中，查看计算结果。具体结果分析，见第 5 章实例 5.2。

2. 逐步判别法

在 SPSS 中进行逐步判别分析，在图 10.6 所示的窗口中，需要选择"使用步进法"，如图 10.11 所示。

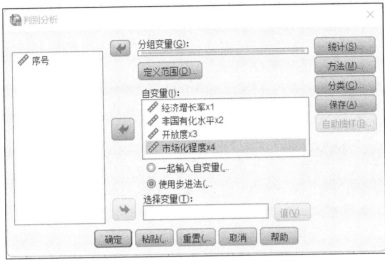

图 10.11　指标及方法设置

在图 10.11 所示对话框中，单击"统计"按钮进行如图 10.8 设置；单击"方法"按钮，选择判别分析方法，五项选择依次为：每次都使威尔克 Lambda 统计量最小的进入判别函数、每次都使各类不可解释的方差和最小变量进入判别函数、每次都使靠得最近的两类间的距离最大的变量进入判别函数、每次都使任何两类间最小的 F 值最大的变量进入判别函数、每次都使拉奥 V 统计量产生最大增值的变量进入判别函数。"条件"中选择逐步判别停止的依据。"显示"中选择显示的内容，如图 10.12 所示。

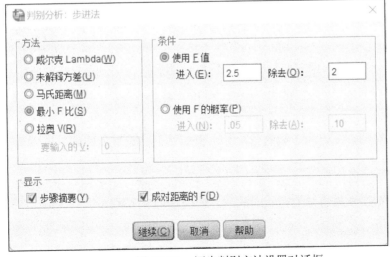

图 10.12　逐步判别方法设置对话框

单击"继续"回到判别分析主对话框，单击"分类"，进行如图 10.9 设置。单击"继续"，回到主对话框，单击"确定"按钮，在输出窗口中，查看计算结果。具体结果的分析见第 5 章实例 5.2。

10.4 聚 类 分 析

聚类分析是根据事物本身的特性研究个体分类的方法。聚类分析根据分类对象不同分为样品聚类（Q 型聚类）和变量聚类（R 型聚类）。

样品聚类是根据被观测的对象的各种特征，即反映被观测对象的特征的各变量值进行分类的方法。变量聚类反映事物特点的变量有很多，往往根据所研究的问题选择部分变量对事物的某一方面进行研究。

以第 4 章实例 4.1 为例进行说明。

选择"分析 → 分类 → 系统聚类"菜单项，弹出系统聚类分析对话框，如图 10.13 所示，进行聚类分析的参数设置。在"聚类"处选择聚类类型，其中个案表示观察对象聚类，变量表示变量聚类，本例选择变量。

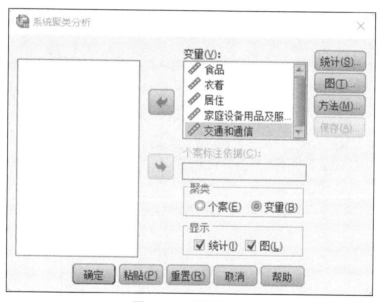

扫一扫
看彩图

图 10.13　系统聚类分析主对话框

单击"统计"按钮，上方两个设置依次为：集中计划、近似值矩阵。下方为"聚类成员"，如图 10.14 所示。

单击"继续"按钮返回主对话框。单击"图"按钮，选择"谱系图"项，这样可以以树状关系图的形式，输出聚类结果的树状关系图，如图 10.15 所示。

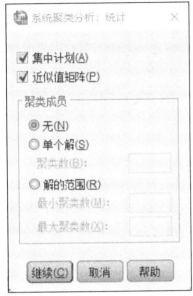

图 10.14　聚类分析统计对话框

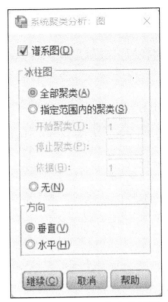

图 10.15　聚类分析图对话框

　　单击"继续"按钮返回主对话框。单击"方法"按钮，方法对话框系统提供了七种聚类方法供用户选择，对选择距离测量技术时，系统提供了八种形式供用户选择，如图 10.16 所示。单击"继续"按钮回到主对话框，再单击"确定"按钮，即可在输出窗口得到输出结果。具体分析见第 4 章实例 4.1。

图 10.16　聚类分析方法对话框

10.5　因子分析与主成分分析

主成分分析将原来变量重新组合成一组新的、互相无关的综合变量，同时根据实际需要从中取出几个较少的综合变量尽可能多地反映原来变量的信息的统计方法。

因子分析的目的是用少数几个因子去描述许多指标或因素之间的联系，以较少的几个因子反映原资料的大部分信息。

以第 6 章实例 6.3，说明 SPSS 中进行主成分分析和因子分析的用法。

1. 主成分分析

在进行计算分析时，会自动进行数据的标准化。如需要得到数据标准化的结果，可以选择"分析 → 描述统计 → 描述"选项，在图 10.17 所示的窗口中，选择变量，并选择"将标准化值另存为变量"选项，单击"确定"按钮，即可在数据窗口中得到标准化后的数据。

选择"分析 → 降维 → 因子"菜单项，显示如图 10.18 所示，可进行因子分析的参数设置。

在图 10.18 所示对话框中，单击"描述"按钮，进行如图 10.19 所示设置。如果需要得到相关系数矩阵，则选择"相关性矩阵"区域的"系数"。

在图 10.18 所示对话框中，单击"提取"按钮，进行如图 10.20 所示设置。可进行方法的选择。默认情况下为"主成分"。如果在主成分分析中需要设定得到因素的个数，则在"提取"中选择"因子的固定数目"，并在"要提取的因子数"中输入具体的因素个数。

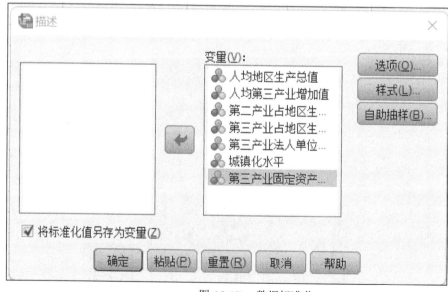

扫一扫
看彩图

图 10.17　数据标准化

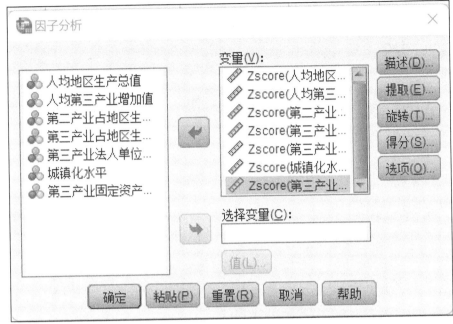

扫一扫
看彩图

图 10.18　因子分析主对话框

　　单击"继续"返回图 10.18 所示对话框，单击"确认"按钮，即可在输出窗口得到输出结果。

　　将两列主成分载荷分别除以对应特征值的算术平方根得到特征向量，将标准化后的数据矩阵与特征向量矩阵相乘，就可以得到各个主成分得分 Z_1、Z_2。以主成分的方差贡献率为系数，将两个主成分得分进行线性组合，得到综合得分。见第 6 章实例 6.3。

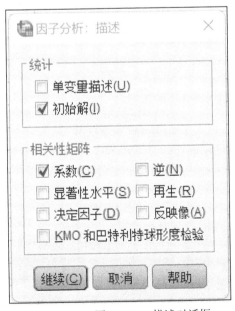

扫一扫
看彩图

图 10.19　描述对话框

图 10.20   提取对话框

2. 因子分析

在 SPSS 中，主成分分析和因子分析在同一菜单项下，主要是在统计分析过程中的参数选择不同。

在图 10.18 所示对话框中，单击"旋转"按钮，在如图 10.21 所示对话框中，进行因子旋转的参数设置。主要是在"方法"中选择"最大方差法"。在"显示"中选择"旋转后的解"。

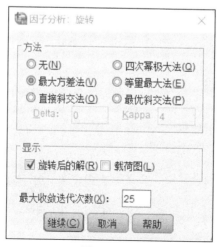

图 10.21   旋转对话框

单击"继续"返回图 10.18 所示对话框，单击"得分"按钮，在如图 10.22 所示对话框中，选择"保存为变量"，并选择"回归"方法，如果需要因子得分系数矩阵，可以选择"显示因子得分系统矩阵"。

单击"继续"返回图 10.18 所示对话框，单击"确定"按钮，即可在输出窗口得到输出结果。

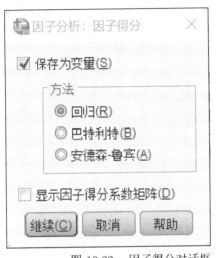

图 10.22　因子得分对话框

10.6　对　应　分　析

对应分析是一种多元相依变量统计分析技术，通过分析由定性变量构成的交互汇总表来揭示变量间的联系。对应分析可以揭示同一变量的各个类别之间的差异，以及不同变量各个类别之间的对应关系。

以第 8 章实例 8.1 为例。设置三个变量，分别为：Province(省份，用数值 1～18 代表 18 个省份：1-北京，2-天津，3-河北，…，18-陕西)、Consumption(用数值 1～8 代表八种消费类型：1-食品，2-衣着，3-居住，…，8-其他商品和服务)、Proportion 是消费比例，属尺度变量，将数据转换为 SPSS 中的统计分析用数据。

选择"数据 → 个案加权（Weight cases）"菜单项，定义"Proportion"为权重变量。

执行"分析 → 降维 → 对应分析"菜单项，进入对应分析的主对话框，进行如图 10.23 设置，其中"行"的范围定义为 1～18，"列"的范围定义为 1～8。

单击"模型"按钮，进入模型对话框。"解中的维数"中指定对应分析解的维度数，默认值为 2，用户可以根据需要自己设定。"距离测量"中选择对应表的行间距离和列间的距离测度，两个选项依次为卡方和欧氏距离。"标准化方法"选项有：除去行列平均值、除去行平均值、除去列平均值、使行总计相等，并除去平均值、使列总计相等，并除去平均值。"正态化方法"选项有：对称、主成分、行主成分、列主成分、定制。如图 10.24 所示。

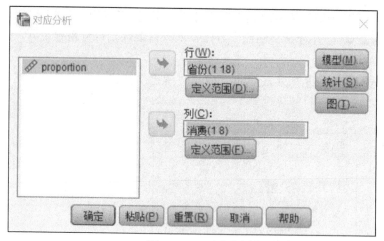

扫一扫
看彩图

图 10.23　对应分析主对话框

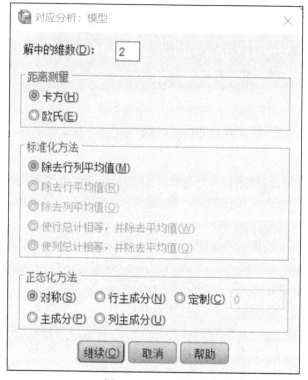

扫一扫
看彩图

图 10.24　对应分析模型对话框

　　单击"继续"，回到对应分析的主对话框，单击"统计"按钮，选择需要输出的结果表，如图 10.25 所示。

　　单击"继续"按钮，回到对应分析的主对话框，单击"图"按钮，进入统计图选项，如图 10.26 所示。

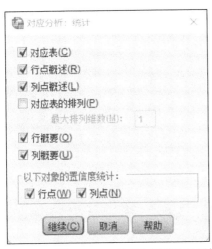

扫一扫
看彩图

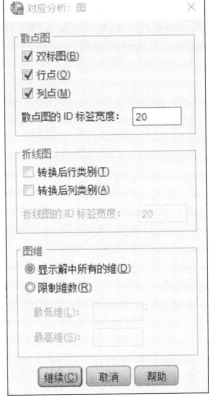

扫一扫
看彩图

图 10.25　对应分析统计对话框　　　　　　图 10.26　对应分析图对话框

单击"确定"按钮，即可在输出窗口得到输出结果。结果分析见第 8 章实例 8.1。

10.7　典型相关分析

典型相关分析是研究两组变量之间相关关系的一种多元统计方法。在 SPSS 中，可以用两种方法来拟合典型相关分析。

第一种是采用 Manova 过程来拟合，第二种是采用专门提供的宏程序（SPSS 安装后自动带的程序代码）。由于第二种方法在使用上非常简单，而且输出结果非常详细，本书主要介绍第二种方法。

首先，在 SPSS 中定义变量和准备数据。

然后，调用 CANCORR 程序。选择"文件 → 新建 → 语法"选项，打开如图 10.27 所示的程序编辑器窗口。

在编辑器的工作区域输入如下的程序代码。

INCLUDE '安装路径 \Canonical correlation.sps'
CANCORR SET1= 第一组变量名列表
　　　　　SET2= 第二组变量名列表.

其中，INCLUDE 命令读入典型相关分析的宏程序，然后使用 CANCORR 名称设置变量组。需要注意的是，最后的 "." 表示整个语句的结束，不能遗漏。如果 SPSS 软件安装在 "C:\Program Files\SPSS" 目录下，第一行代码为 **INCLUDE** 'C:\Program Files\SPSS\Canonical correlation.sps'。

扫一扫
看彩图

图 10.27　程序编辑器窗口

　　最后，输入完宏程序及相关参数后，在图 10.27 窗口中选择 "运行 → 全部" 选项，即可得到典型相关计算结果，SPSS 将结果输出到输出窗口中。

参考文献

方开泰, 1989. 实用多元统计分析. 上海: 华东师范大学出版社

高惠璇, 2005. 应用多元统计分析. 北京: 北京大学出版社

何晓群, 2019. 多元统计分析. 5 版. 北京: 中国人民大学出版社

胡乃武, 闫衍, 1998. 中国经济增长区际差异的制度解析. 经济理论与经济管理, （1）: 24-27

克劳斯·巴克豪斯, 本德·埃里克森, 伍尔夫·普林克, 等, 2017. 多元统计分析方法: 用 SPSS 工具. 上海: 格致出版社, 上海人民出版社

李静萍, 谢邦昌, 2008. 多元统计分析方法与应用. 北京: 中国人民大学出版社

理查德·A. 约翰逊, 迪安·W. 威克恩, 2008. 实用多元统计分析. 6 版. 影印本. 北京: 清华大学出版社

刘炳辉, 李晓青, 2007. 海峡西岸经济区产业竞争力实证研究. 统计研究, 24（12）: 18-21

卢纹岱, 2006. SPSS for Windows 统计分析. 3 版. 北京: 电子工业出版社

任雪松, 于秀林, 2011. 多元统计分析. 2 版. 北京: 中国统计出版社

汪冬华, 马艳梅, 2018. 多元统计分析与 SPSS 应用. 2 版. 上海: 华东理工大学出版社

王斌会, 2016. 多元统计分析及 R 语言建模. 4 版. 广州: 暨南大学出版社

王静龙, 2008. 多元统计分析. 北京: 科学出版社

王力宾, 顾光同, 2010. 多元统计分析: 模型、案例及 SPSS 应用. 北京: 经济科学出版社

王学民, 2021. 应用多元统计分析. 6 版. 上海: 上海财经大学出版社

薛薇, 2021. 统计分析与 SPSS 的应用. 6 版. 北京: 中国人民大学出版社

易丹辉, 王燕, 2019. 应用时间序列分析. 5 版. 北京: 中国人民大学出版社

余锦华, 杨维权, 2005. 多元统计分析与应用. 广州: 中山大学出版社

袁志发, 郭满才, 宋世德, 2019. 多元统计分析. 3 版. 北京: 科学出版社

张红兵, 贾来喜, 李潞, 2007. SPSS 宝典. 北京: 电子工业出版社

张立军, 任英华, 2009. 多元统计分析实验. 北京: 中国统计出版社

张润楚, 2006. 多元统计分析. 北京: 科学出版社

朱建平, 2016. 应用多元统计分析. 2 版. 北京: 科学出版社